최신 환경과 소음

김재용 저

도서출판 동화기술

머리말

PREFACE

18세기 중엽 산업혁명 이후 근대문명의 태동이 시작되었다. 화석의 힘으로 증기왕복기관을 가동시킬 줄 알면서부터 인류는 에너지, 즉 열과 전기를 사용하게 되었다. 문명의 발달과 함께 급변하는 21세기에 있어 ultra super급 컴퓨터를 기본으로 전자정보시스템 체계를 갖추고부터 현재는 물리화학적, 전자, 기계, 화공, 환경, 소재 분야까지 포함, 상상하기 어려울 정도까지의 최첨단기술로 무장한 미래시대를 끝임 없이 추구하고 있는 상황이다. Macro와 micro의 범위에 대한 기준 구분을 결정하지 못할 세상으로 변해가고 있기에 이를 위한 기술 역시도 한계점을 찾기는 어렵다. 과거부터 화석연료와 원자력에너지를 주로 사용해오던 이 시기에 신재생에너지의 개발이 중요하다. 왜냐하면 에너지 생산을 위한 화석연료의 연소 시 필히 배출되는 CO_2로 인한 지구온난화문제가 야기될 뿐만 아니라 한정되어 있는 화석연료의 고갈문제 때문이다. 시대가 발달함에 따라 산성비, 오존층파괴, 초미세먼지, 황사현상, 중국산 스모그, 기후변화협약, 유해 화학물질 발생과 소음을 포함한 대기질, 수질, 폐기물 분야 등등 현재 인류가 시급히 처리해야만 할 환경오염의 범주 역시도 광범위하게 커지고 있다. 소음은 불쾌한 소리에너지이지만, 우리들 주변에 있는 소음을 듣는 사람에 따라 소음(noise)도 되고 쾌적한 소리(music)도 되므로 다소 차이가 있을 수도 있다. 항공기소음 등의 특별한 경우를 제외하고는 소음민원은 소음발생원에서 피해자까지의 거리가 700 m를 넘는 일이 거의 없다. 소음민원은 소음발생자와 인접한 사업자나 주민과의 문제이며, 소음피해는 사람마다 달라 다양하다.

소음문제 특징은 공기(대기) 중의 물리적인 변화에 의해서 일어나기 때문에 높은 소음을 소음기(消音器)로 흡수시키면 감소되어 폐기물 등과 같은 2차 오염물질이 발생되지 않는다. 소음공해에 대한 고통호소는 천차만별이며, 다른 환경오염과 달라서 주로 직접 인간이 감지하기 때문에 주민의 일상생활과 관계가 깊다. 환경문제 불편고발 건수는 대기오염 11.4%, 물오염 8.6%, 소음・진동 34.4%, 악취 12.6%, 지반침하와 토양오염 등이 34.4% 정도이며 계속해서 점점 소음진동 건수가 증가될 것으로 본다. 확실한 소음공해 고통해소를 위해서는 전반적으로 소음측정기기, 소음공정시험법, 소음방지기술, 등가소음측정법과 항공기소음, 도로 교통소음, 철도소음, 아파트 층간소음, 발파소음, 공장기계소음 등의 이해가 필요하다고 생각된다.

본 교재에서는 먼저 환경분야에 대한 수질·대기·폐기물의 개론적 내용을 소개하고 뒤쪽으로 소음분야에 관한 내용을 수록하였다.

환경분야에서 근무한지 어언 30여년에 가깝기 때문에, 그간 직접 대학 강단에서 진행한 강의와 연구 및 수행과제들을 통해 습득한 내용들을 담아 필요한 사람들에게 다소라도 도움이 되었으면 하는 마음으로 이 책을 집필하게 되었습니다. 부족한 점이 있더라도 선·후배 교수 및 동료 여러분들의 양해를 구하며, 지적사항이 있을시 언제든지 바로잡을 자세가 되어있음을 밝히는 바입니다. 이 책이 나올 수 있게끔 도와주신 도서출판 동화기술의 정우용 회장님과 서철종 상무님 외 본 "최신 환경과 소음" 교재 편찬에 도움을 주신 모든 분들께 진심으로 감사드립니다.

개신골 환경에너지공학연구실

김재용 교수

목차

CONTENTS

Chapter 1. 환경개론

Chapter 2. 소음개론

Chapter 3. 환경소음

Chapter 4. 소음방지기술

Chapter 1

환경개론

1.1 수질환경개론

1.1.1 서론

19세기 말 산업혁명 이후 산업화가 진행되면서 산업구조 및 생활양식이 급속히 변화하였다. 그로 인해 배출되는 오염물질의 양도 많아지고 종류도 다양해졌으며, 용수사용량도 급증하여 폐수 및 폐기물 배출량도 매년 증가하게 되었다.

우리나라도 60년대 이후 경제개발에 따라 산업구조가 1차 산업 중심에서 2차 산업 중심의 산업사회로 변화됨에 따라 도시의 거대화와 인구밀도가 점점 증가하였고, 인구 밀집지역에서 발생하는 다량의 오염 물질들이 주변 수질환경을 급속히 파괴하여 왔다.

지방자치제(local self-government) 이후 지방재정 확충을 위하여 앞 다투어 산업시설 및 레저단지 유치 경쟁에 나서면서 자연환경은 또 한 번 위협을 받고 있는 실정이다. 수질오염의 문제는 지금의 우리 세대뿐만 아니라 후대에까지 영향을 미칠 수 있으며, 우리의 생존과도 밀접한 관계가 있다고 말할 수 있다.

한 번 훼손된 자연은 원상태로 복구한다는 것은 불가능한 일이며, 어느 정도로 회복하는 데에도 상당기간의 시간이 필요하다.

무분별한 개발에 의해 오염된 자연환경을 복구하는데 소요되는 비용은 개발을 통해 얻어지는 이익의 수십 배에 달한다고 한다. 늦기 전에 환경파괴는 중단되어야 하며, 오염되지 않은 하천과 호소는 더욱더 잘 보존되어야 할 것이다.

(1) 수자원의 중요성

물은 인간 생활에 필수적이며 자연에 존재하는 가장 풍부한 물질 중의 하나로서 지표면의 3/4을 차지하고 있다. 하지만 이러한 많은 양의 물도 우리가 사용할 수 있는 양은 제한되어 있다. 지구 전체의 수자원은 해양수가 97.2%, 빙하나 만년설 2.15%, 담수 0.65%이다. 이 중 사용할 수 있는 담수는 지하수가 97.54%, 대기수 0.16%, 토양수 0.8%, 지표수 1.5% 이다. 정작 수자원으로 이용 가능한 지표수는 전체 물분포의 약 0.01% 해당한다.

급격한 인구 증가와 산업발전이 있기 전에는 자연의 자정작용(self purification)으로 충분히 깨끗한 물을 이용할 수 있었기 때문에 물의 중요성을 양적인 관점으로만 판단하였다. 하지만 최근에는 수자원에 대한 중요성의 인식이 양과 질의 원활한 공급으로 바뀌었다.

인간생존에 있어서 물은 필수적인 요소이다.

표 1.1 지구 전체 수자원 분포도

위치	부피(10^{12} m^3)	비율(%)
육지	-	-
담수호	125	0.009
염수호와 내해	104	0.008
하천(평균 순간 부피)	1.25	0.0001
토양 수분	67	0.005
지하수(깊이 4,000 m 상부)	8,350	0.61
만년설과 빙하	29,200	2.14
육지 전체(약)	37,200	2.8
대기(수증기)	13	0.001
바다	1,320,000	97.2
전체 합계	1,360,000	100

(2) 우리나라의 수자원 현황

우리나라의 연평균 강수량은 1,274 mm로 세계평균 973 mm보다 1.3배이다. 1인당 강수량은 2,900 m^3/년으로 세계평균 26,800 m^3/년의 11%에 불과하다. 1인당 수자원 혜택이 매우 적은 편이다. 또한, 우리나라의 특성상 연도별, 지역별, 계절별 강수량의 차이가 크고 변화의 폭이 커서 수자원 관리에 어려움을 겪고 있다. 연도별로 754~1,688 mm 지역별로 1,000~1,600 mm 강우량을 보인다. 전체강수량의 2/3가 6~9월에 집중하고 있고, 겨울과 봄철에는 강수량이 적어 가뭄이 빈발한다. 이러한 강우가 계절적으로 편차가 커서 하천 유출량의 극심한 계절적 불균형을 이루며, 5대강 주요하천의 최대유량과 최소유량의 비(ratio)인 하상계수가 보통 300 수준으로 100 이하인 대륙의 하천에 비해 매우 커서 수자원 관리에 어려움을 겪는다. 우리나라의 전체 지하수 부존량은 약 1,170억 톤 정도이나 지질구조 특성상 대수층의 발달이 빈약하여 많은 양의 지하수 개발에 어려움이 있다.

우리나라 수자원부존량은 연평균 강수량이 1,267억 톤이며, 증발 및 지하침투로 45%에 해당하는 570억 톤이 손실되고, 하천 유출이 55%인 697억 톤 되고 있다. 이 중에 467억 톤(37%)은 6~9월에 집중되어 평상시 유출량은 18%인 230억 톤에 불과하다. 하천유출량 중 31%인 396억 톤이 바다로 유실되고, 총 이용 가능량은 24%인 301억 톤이다. 우리나라의 수자원 이용현황을 표 1.2에 나타내었다.

표 1.2 우리나라의 수자원 이용현황

수자원 이용가능량	하천수 이용		댐용수 이용		지하수 이용
	172억 톤(14%)		103억 톤(8%)		26억 톤(2%)
	총 301억 톤(총량의 24%)				
사용수량 (총 301억톤)	생활용수	공업용수	농업용수		유지용수
	49억 톤(16%)	23억 톤(8%)	139억 톤(46%)		90억 톤(30%)

※ 자료 : 한국수자원공사

(3) 수질공학 정의

상·하수도처리계획과 같은 모델링의 공공의 사업은 토목공학으로 분류되고 있다. 토목공학의 가장 큰 비중을 차지하는 공중위생공학에서 파생된 수질공학은 공학기술과 연관이 있는 생물학, 화학, 물리학의 원리가 포함되어 있는 수질과 상호 관련된 학문이다. 우리는 이 분야의 공학도와 과학자들에 개별적인 기초학문과 환경반응의 매우 복잡한 성질사이에서 관계를 잘 인식하여야 한다.

수질공학이란 위생적이고 안전하게 수질을 얻기 위한 종합적인 학문이다. 위생적이고 안전한 수질을 얻기 위해서는 수인성 전염병의 발병을 최소화하여야 하고, 이를 위해서는 위생적이고 안전한 수원이 충분히 확보되는 것이 중요하다. 여기서 말하는 위생적이고 안전한 수질이란 확보된 수원에 눈에 띠는 부유물질이 없고, 지나친 색도를 띠지 말아야 하며, 냄새와 맛을 가지고 있지 않으며, 불필요한 용존성 물질이 없어야 하며, 인체에 무해해야 하고, 분뇨의 오염을 나타내는 박테리아 등이 없어야 한다. 우리는 수질오염을 올바르게 이해하기 관리하기 위하여 물의 특성과, 물의 위생관리, 수질오염과 자정작용의 관계, 수처리 방법 등을 알아야할 필요성이 있다.

1.1.2 물의 특성

지구는 다른 행성과 다른 점이 무수히 많지만 그 중에 물이 대단히 많다는 것은 단연 가장 중요한 다른 점이다. 지구표면의 약 70%가 해양으로 지구 표면을 덮고 있으며, 지구상에 사는 우리 인간의 몸도 약 70%가 물로 구성되어 있다. 물은 생명을 유지하기 위해 없어서는 안 될 매우 중요한 물질인 것이다. 지구상에서 물은 순환과정에 의하여 새로운 물로 변화 생성되기 때문에 매우 신비로운 물질로 인식되어져 있고, 여러 가지 작용을 하기 때문에 환경적으로 매우 중요한 역할을 한다고 하여 자연환경과 인간 생활에 이로운 물질이 될 수도 있고 해로운 물질이 될 수도 있다. 이들 특성에 대하여 정확한 이해와 지식이 필요하다. 여기서 우리는 물의 물리적 특성과 화학적 특성에 대해 알아보고자 한다.

(1) 물의 물리적 특성

물의 물리적 특성에 관한 항목들은 측정하기 쉬우며, 관측이 용이한 온도, 맛과 냄새, 색도, 탁도, 총 고형물, 전기전도도 등이 있다.

1) 온도

일반적으로 온도가 상승하면 화학반응이 촉진되고, 기체의 용해도는 감소가 된다.

고체나 기체가 액체에 녹는 것은 온도와 밀접한 관계를 가지고 있으며, 온도 상승에 비례하여 고체의 용해도는 증가한다. 하지만 기체는 온도상승에 반비례하여 온도가 낮아지면 용해도가 증가하게 된다. 온도는 보통 섭씨(℃)로 표시하며 유리제 수은막대 온도계를 이용하여 즉시 측정한다. 그 이유는 시간이 경과하면 온도의 변화가 일어나므로 현장에서 즉시 측정하여야 하기 때문이다.

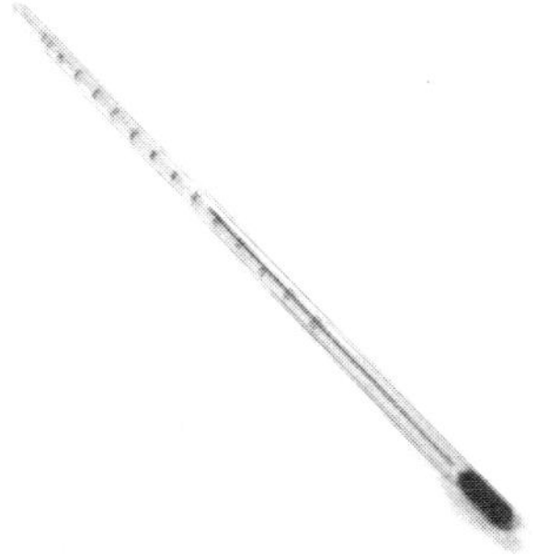

그림 1.1 온도계

기온 측정은 통풍이 잘되고 직사광선이나 복사열의 영향이 없는 지상 1 m에서 측정하여야 하고, 최소한 0.1℃마다 눈금을 표시해야 한다. 물의 밀도는 4℃일 때 가장 높으며, 물이 얼면 부피가 1/8이 팽창하게 되고 수온의 증가는 표면장력(72.75 dyne/cm 20℃기준)에 감소를 가져 온다.

2) 맛과 냄새

물의 맛이나 냄새의 원인으로 크게 자연환경에 의한 것과 인위적인 원인에 의한 것으로 구분한다. 자연환경에 의한 것은 생물(조류, 플랑크톤 등)이 기인하고, 인위적인 원인에 의한 것은 공장배출수(페놀, 클로로페톨, 중유, 기타 화학약품),상수 시설의 수계통에서의 이상(접합이상, 배관이상, 물탱크관리부실 등)에 의해 이상한 맛과 냄새를 유발할 수 있다. 냄새는 감각적 방법과 기구 분석법으로 측정할 수 있다. 감각적 방법은 신선한 공기로 희석한 공기를 몇 사람에게 맡아보게 하고, 최소검출한계 농도(Minimum Detectable Threshold Odor

Concentration ; MDTOC)까지의 희석 배수를 기록한다. 검출 가능한 냄새농도는 일반적으로 D/T (Dilution to Threshold)라고 불리는 MDTOC까지 감소시키는데 소요된 희석배수로 추정할 수 있다. 즉, 시료공기 1부피에 희석공기 4부피가 필요하였다면, 이 냄새의 농도는 "MDTOC까지 4배 희석(4Dilution to MDTOC)"이라고 한다. 냄새 강도 측정에 ED50을 사용하기도 한다. 그러나 이러한 최소 한계농도의 감각적 측정에는 적응 및 교차적응(Adaption and Crossadaption), 상승작용(Synergism), 주관성(Subjectivity), 시료의 변질 등에 의하여 오차가 발생할 수 있다. 기기를 이용하는 분석기술이 상당히 진보되었더라도 인간의 감각보다 둔하기 때문에 관능법의 검출한계지수(Threshold Odor Number ; TON)를 이용하여 측정시료에 냄새 없는 물을 주입해 냄새를 겨우 감지할 수 있는 때까지 희석시킴으로써 구할 수 있다.

$$\mathrm{TON} = \frac{A+B}{A} \tag{1.1}$$

여기서, A : 냄새를 가지고 있는 시료의 부피(mL)

B : 냄새를 가지고 있지 않은 물의 부피(mL)

3) 색도

순수의 물은 색깔이 없으나 자연수는 물에 함유된 불순물에 의해 조금씩 색을 띠게 된다. 색도는 크게 참색도(True color)와 겉보기색도(Apparent color)로 나눌 수 있다. 참색도는 현탁물질을 제거한 후에 용존물질에 의한 색을 말하고, 겉보기색도는 현탁물질에 의하여 야기되는 색도를 말한다. 색도의 측정방법은 여러 가지 방법이 있을 수 있으나, 수질시료를 여과하여 겉보기 색도를 제거한 후 표준물질을 차례로 넣은 색도 비교관을 이용하여 직접 비교함으로써 측정한다. 시료 보관은 생물학적이나 물리적인 변화가 일어날 수 있기 때문에 채취 후 72시간 내에서 측정하여야 한다. 색도는 일반적으로 보통 폐수의 분석 항목에서 제외된다.

4) 탁도

탁도(Turbidity)란 물의 탁한 정도 또는 물에 빛의 흡수, 산란되는 정도의 척도로 정의할 수 있다. 탁도 성분의 주체를 구체적으로 살펴보면 점토계 콜로이드, 플랑크톤, 유기물질 등이 있다. 흡수와 산란은 현탁물질의 크기와 표면 특성에 의해 영향을 받기 때문에 탁

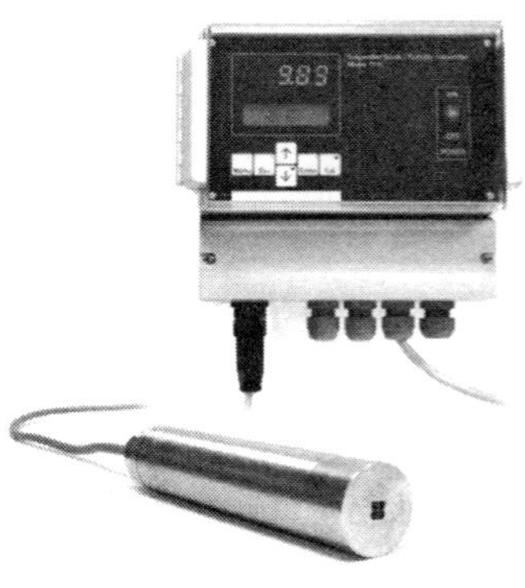

그림 1.2 탁도계

도는 현탁물질의 직접적인 정량방법은 아니다. 콜로이드 물질은 화학물질을 흡착하여 해롭고 좋지 못한 맛과 냄새를 내며 생물에 해를 미칠 수 있다.

탁도의 측정법은 잭슨법과 네펠로법이 있으며, 잭슨법은 육안으로 측정하여 JTU (Jackson Turbidity Unit)로 표현한다. 네펠로법은 분석기기인 탁도계를 이용하여 측정하며 NTU (Nephelometric Turbidity Unit)로 표현한다.

5) 총 고형물

총 고형물은 부상성물질, 침전물질, 콜로이드물질, 용존물질 등으로 이루어진다. 물속에 함유되어 있는 총 고형물은 시료를 104℃(±1℃)에서 증발시켰을 때 잔류물로 남는 모든 물질을 말한다.

총 고형물은 크게 용존고형물(Dissolved solids ; DS)과 부유고형유물(Suspended Solids ; SS)로 나누어진다. 총 고형물에 용존고형물과 부유고형물의 관계를 그림으로 나타내었다.

총 고형물	=	총용존 고형물	+	총부유 고형물	TS	=	TDS	+	TSS
‖		‖		‖	‖		‖		‖
휘발성 고형물	=	휘발성 용존고형물	+	휘발성 부유고형물	VS	=	VDS	+	VSS
+		+		+	+		+		+
잔류성 고형물	=	잔류성 용존고형물	+	잔류성 부유고형물	FS	=	FDS	+	FSS

그림 1.3 물속의 고형물 관계

6) 전기전도도

전기전도도(Electrical Conductivity, EC)는 용액이 전류를 운반할 수 있는 정도를 말한다. 용액 중의 이온세기를 빠르게 평가할 수 있는 항목으로 전기저항(Ω)의 역수 $\frac{1}{ohm}$ 또는 mho(전기전도율)로 나타내며, 국제단위계에서는 도전율의 단위인 S(Siemens, 지멘스)가 널리 통용되고 있다. 측정원리는 용액에 담겨있는 2개의 전극에 일정한 전압을 가하면, 가한 전압이 전류를 흐르게 하고 이때 흐르는 전류의 크기는 용액의 전도도에 의존한다는 사실을 이용한 것이다.

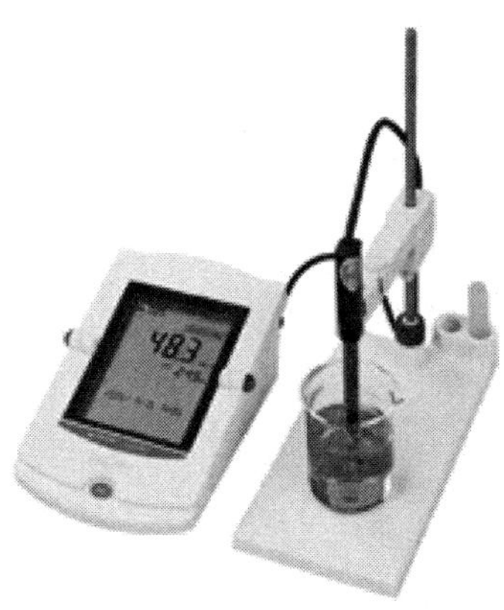

그림 1.4 전기전도도계

(2) 물의 화학적 특성

원자량이란 탄소의 동위원소 C12에 근거한 원자량을 기준으로 비교 측정한 것이다.

분자량은 분자 내의 모든 원자량의 합을 말한다. 몰용액이란 물 1L 내에 물질을 g분자량이 포함된 용액을 말하고, 원가란 합성되거나 분해시 생기는 수소의 수에 의해서 측정되는 양이다. 기본적으로 물의 화학적 특성에 미치는 인자로서는 pH, 알칼리도, 산도, 경도, 용존산소, 산소요구량 등이 있다.

1) pH

pH란 수소이온농도의 역수의 대수값으로 물속에 포함되어 있는 수소이온농도를 pH의 범위로 측정한다. pH의 범위는 0～14까지 표현을 하고, 중성 7을 기준으로 산성은 7 미만, 알칼리성은 7 이상으로 표현한다. 많은 화학반응은 pH에 의해 조절이 되고 pH 6～8의 범위에서 가장 높아지게 된다.

pH의는 다음 식과 같이 표현이 가능하다.

$$pH = -\log[H^+] = \log\frac{1}{[H^+]} \tag{1.2}$$

2) 알칼리도

알칼리도(alkalinity)는 산(H^+)을 중화시킬 수 있는 능력을 의미한다. 자연에서의 물은 HCO_3^-가 많아도 OH^-를 내놓지 않기 때문에 평시 pH가 높아지지 않는다. 알칼리도 단위는 mg/L as $CaCO_3$로 나타내는데 수중의 수산화물(OH^-), 탄산염(CO_3^{2-}), 중탄산염(HCO_3^-)으로 존재하는 알칼리도를 $CaCO_3$로 환산해서 1 L 중의 mg량, 즉 ppm으로 표시한다.

※ 알칼리도 공식

$$\text{알칼리도}(\text{mg/L as } CaCO_3) = \frac{A \times N \times 50,000}{V} \tag{1.3}$$

여기서, A : 적정에 소비된 산의 양(mL)
N : 적정에 사용한 산의 N 농도
V : 시료의 부피

3) 산도

산도(acidity)란 알칼리(OH^-)를 중화시킬 수 있는 능력을 말한다. 즉, 알칼리를 중화시키는 물질의 존재정도를 $CaCO_3$로 나타낸 값이다. 알칼리도와의 반대 개념이라고 생각하면 된다. 산도를 유발하는 물질로는 H^+와 CO_2가 있다. 산도 유발물질은 수중에 잔류하여 하수관 등 처리시설의 부식을 일으킨다.

4) 경도

경도(Hardness)란 2가의 양이온(Ca^{2+}, Mg^{2+}, Fe^{2+}, Mn^{2+}, Zn^{2+}, Sr^{2+} 등)의 함유 정도를 같은 당량의 $CaCO_3$로 환산하여 나타낸 값으로 칼슘정도와 마그네슘경도가 주를 이룬다. 이중 Ca^{2+}와 Mg^{2+}가 압도적인 양을 차지한다.

총 경도를 구하는 방법은 수질분석 결과값에서 경도유발물질을 파악하여 $CaCO_3$로 환산하여 합해주면 된다.

$$\text{경도(mg/L as CaCO}_3\text{)} = \frac{\text{M}^{2+}\,\text{mg/L}}{\text{M}^{2+}\text{당량}} \times 50 \tag{1.4}$$

(M^{2+} : 2가 양이온 금속)

총경도 > 알칼리도이면 일시경도 = 알칼리도 총경도 < 알칼리도이면 일시경도 = 총경도

5) 용존산소

용존산소(dissolved oxygen, DO)는 수질관리에 있어서 가장 중요한 분석 항목이다. 수중에 녹아 있는 산소를 뜻하며 생물학적 활동을 위해서는 반드시 필요하며, 수중의 화학적, 생물학적 반응을 추정하는 중요한 항목 중 하나이다. DO의 증가 원인으로는 공기 중의 산소(21%)의 자연적 용해와 조류(algae), 수생생물의 광합성작용 등에 의하여 증가할 수 있다.

물속에서의 용존산소의 변화는 유기물이 많아지면 용존산소량은 감소한다. 그 이유는 호기성 분해에 DO를 소비하기 때문이다. 수온이 높을수록 용존산소량은 감소하는데 기체의 용해도는 온도가 낮을수록 커지기 때문이다. 물이 깨끗할수록 용해도가 커지기 때문에 용존염류의 농도가 높을수록 용존산소량은 감소하고, 해수는 용존염을 3%정도 함유하므로 같은 수온하에서는 해수보다 담수의 용존산소량이 높다.

DO농도는 헨리의 법칙에 의해서 설명이 가능한데 이를 식으로 표현하면 다음과 같다.

$$C_s = H \cdot P \tag{1.5}$$

여기서, C_s : 기체의 평형(포화) 농도(mg/L)

H : Henry 상수(mg/L · atm)

P : 분압(atm)

표 1.3 온도에 따른 포화농도

20℃ 포화농도	9.17 mg/L
10℃ 포화농도	11 mg/L
어류 허용농도	5 mg/L 이상
폭기조 이상적 농도	2 mg/L

6) 산소요구량

① BOD (Biochemical Oxygen Demand, 생화학적 산소요구량)

생화학적 산소요구량(BOD)은 유기물을 분해할 때 미생물에 의해 안정화 시 필요한 산소의 양을 말한다. 가정하수의 대표적 오염물질은 유기물질이다. 유기물이 하천에 유입되면 미생물에 의해 호기성 분해가 되어 산소를 고갈시키는데, 부패돼서 악취를 유발하고 수자원으로서의 이용가치를 저하시킨다. 유기물이 많으면 오염된 수질이라 판단할 수 있는 지표가 되는데, 직접 정량하는 건 한계가 있기에 소비되는 산소량을 정량하여 유기물량을 측정하는 간접지표가 BOD이다.

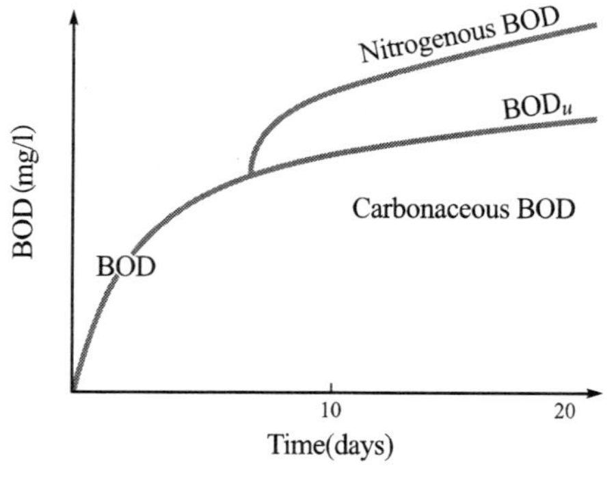

그림 1.5 BOD 곡선

시간이 경과함에 따라 BOD값은 2단계로 구분되는데, 1단계는 주로 탄소화합물이 산화 분해될 때 산소를 소비되는 단계이며 7~10일 경과하여 2단계로 질소화합물이 질산화반응으로 산소를 소비되는 단계이다.

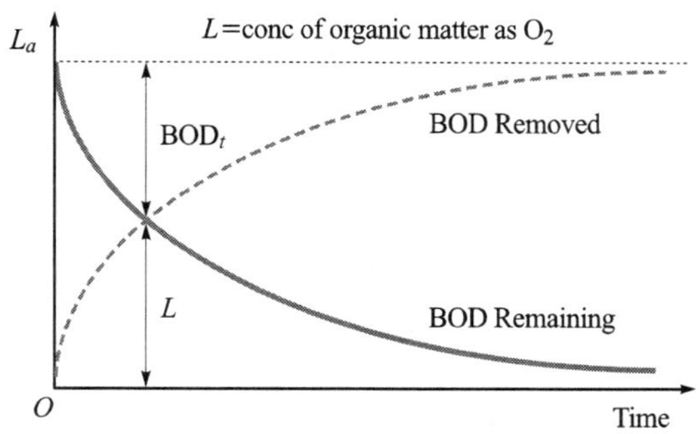

그림 1.6 시간에 따른 최종 BOD 변화 곡선

$$L = L_a \times 10^{-k_1 \cdot t} \tag{1.6}$$

여기서, L : t시간 경과 후 잔존 BOD (mg/L)
L_a : 최종 BOD (BODu mg/L)
k_1 : 탈산소 계수(1/일)
t : 경과일수(일)

t시간 경과 후 BOD값(L_t)은 $L_t = L_a - L = L_a(1 - 10^{-k_1 \cdot t})$으로 나타낸다.
도시 하수에서 대체로 BOD_{20}의 값이 BODu에 근접($BOD_{20} ≒ BOD_u$)하고 $BOD_u ≒ 1.5BOD_5$를 나타낸다.

② COD (Chemical Oxygen Demand, 화학적 산소요구량)
화학적 산소요구량(COD)은 유기물의 간접 정량법으로 산화제로 유기물을 산화시킬 때 필요한 산소량을 말하는데, 유기물 정량의 대표는 BOD이지만 신속하게 정량하고자 할 때는 COD를 사용한다. BOD는 유기물을 미생물이 산화분해 시키지만 COD는 산화제가 산화분해 시켜서 정량하므로 시간소요가 짧고 생분해성 유기물과 난분해성 유기물을 모두 정량할 수 있다.

1.1.3 수질오염

수질오염은 깨끗한 자연수에 인간의 생산 활동으로 인해 오염물질이 혼입되어 고유한 물리적, 화학적, 생물학적 성질이 변화되고, 이로 인해 그 이용가치가 떨어지고 인간과 생태계에 피해를 가져오게 되는 현상이다. 즉. 오염물질이 물의 자연자정능력을 초과하여 자연수체 내로 배출되어 해당 수체가 이용목적에 적합하지 않게 된 상태를 말한다.

(1) 해외수질오염사례

1) 템즈강 사건(Thames River)

현대적 개념의 수질오염이 문제화된 것은 19세기 후반 영국의 경우가 처음이다. 당시 런던에서는 거듭되는 콜레라 유행에 대한 대책으로 1855년 오물배제법을 정하고 하수도에 의한 오물배출을 촉진시켰다. 그 결과 처리되지 않은 하수가 템스강에 다량으로 방류되어 급속하게 오염되기 시작하였다.

런던시를 관통하는 템즈강은 산업혁명으로 런던의 도시화가 급속히 진행되면서 심각한 수질 오염의 몸살을 앓게 되었는데 19세기에 이르러서는 악취가 진동하기 시작해서 강변에 위치한 의사당에서는 소독약에 담갔던 천으로 창문을 가리는 사태도 벌어졌다.

19세기 중엽에는 템즈강의 오염에 기인하는 콜레라가 런던시를 휩쓸어 수 만 명의 목숨을 앗아가기도 했다. 이런 재난에 힘입어 정부에서는 템즈강에 유입하는 하수도 관망을 개선하는 등 나름대로 노력을 기울여서 19세기 후반에는 일시적으로나마 수질이 개선되기도 하였다. 그렇지만 20세기에 들어서 영국이 양대 세계대전에 시달리면서 예산상의 여력이 없게 되자 텀즈강의 수질은 악화일로를 걷게 되었다.

이런 템즈강의 수질 문제를 해결해보고자 런던 의회는 수질 현황을 조사하고 오염원 배출 실태를 조사하기로 결의하였다. 그 결과 1960년대부터 '템즈강 조사 위원회'라는 연구 집단이 활동하기 시작하여 근 10년에 걸쳐서 템즈강의 오염원인을 밝히는 데에 큰 역할을 하였다.

이런 노력의 결과 1970년부터 업무에 착수한 영국 환경부는 탬즈강 수질 개선을 최우선 과제로 삼았으며 이후 20여년간 수십억 파운드의 예산을 집행하였다.

런던시와 템즈강 유역의 주변 도시들은 먼저 템즈강에 유입되는 오염원들을 철저히 조사하고 하수도 관망을 정비했으며 모든 하폐수는 다 폐수처리장을 거쳐야만 템즈강에 들어갈 수 있도록 수많은 폐수처리장을 건설하였다.

그 결과 1970년대에 들어서는 수질 개선의 효과가 서서히 나타나기 시작해서 1974년에는 템즈강에서 사라진 지 근 100년 만에 연어가 다시 돌아오게 되었다. 이렇게 개선되기 시작한 템즈강의 수질은 1980년에 들어서부터 점점 더 원래의 모습을 회복하기 시작했다.

지금은 강변을 따라 나있는 산책로와 자전거 도로, 풍물거리, 기념건물 및 기념물 등을 정비하고 무수히 많은 소공원들과 스포츠 시설들을 개설하였다.

오늘날의 탬즈강은 각종 용수원으로서는 물론 시민들이 보트타기, 물놀이, 낚시 등을 마음 놓고 즐길 수 있는 친근한 강으로 완전히 탈바꿈하였다. 템즈강의 수질이 세계에 자랑할 만큼 개선된 것은 과거 수십 년 동안 관민이 합심해서 많은 예산을 투여한 덕분이다. 그렇지만 그에 못지않게 템즈강이 시민들이 가까이할 수 있는 새로운 강으로 거듭날 수 있었던 것은 템즈강을 아끼는 시민들의 자발적인 노력에 힘입은 바 크다고 하겠다.

지금의 템스강은 세계 대도시의 강 가운데 가장 깨끗한 수질을 유지하고 있는 강으로 완전히 탈바꿈했다. 런던 시민의 상당수가 수돗물을 믿고 마실 수 있는 정도가 됐다.

그림 1.7 템스강(Thames River, 그림 출처 : 네이버 백과사전)

2) 스위스 바젤 사건(1986)

라인강 상류유역에 위치하고 있는 스위스 바젤 부근의 화약 및 의약품 제조 회사인 산도스사의 화학물질 저장고에서 화재가 발생하였다.

이 창고에 보관되어 있던 1,300톤에 달하는 90여종의 화학물질이 물과 함께 라인강으로 유입되어 죽음의 강으로 변하고, 부근 토양과 지하수로 스며들어 오염시켰다. 화재로 발생한 유독 가스는 사람과 주변 생물에 큰 피해를 유발하였다.

라인강에 서식하던 수중생물은 떼죽음을 당하였고, 사고지점 하류 400 km에 해당하는 하천구간의 생물은 완전히 사라져 버렸다. 피해액은 400억 달러로 추정되고 있으며, 지금도 하천 퇴적물에서 유해물질이 검출되고 있어 본래대로 회복까지는 매우 오랜 시간이 필요한 실정이다.

(2) 국내수질오염사례

1) 낙동강 페놀사고

1991년 3월 14일 경상북도 구미시 구포동에 있는 D전자의 페놀원액 저장 탱크에서 페놀수지 생산라인으로 통하는 파이프가 파열되어 발생되었다. 약 30톤의 페놀원액이 옥계천을 거쳐 대구 상수원인 다사취수장으로 흘러듦으로써 수돗물을 오염시켰다.

페놀원액은 약 8시간 동안이나 새어 나왔으나 발견하지 못했고, 수돗물에서 악취가 난다는 대구 시민들의 신고를 받은 취수장측에서는 원인을 규명하지도 않은 채 페놀 소독에 사용해서는 안 되는 염소를 다량 투입, 사태를 악화시켰다. 다사취수장을 오염시킨 페놀은 계속 낙동강을 타고 흘러 밀양과 함안, 칠서 수원지 등에서도 잇따라 검출되어 부산, 마산을 포함한 영남 전 지역이 페놀 파동에 휩쓸리게 되었다.

이 사건으로 인해 대구지방 환경청 공무원과 D전자 근무자들이 구속되었으며, 고의성이 아닌 단순한 과실이었다고 D전자는 조업 정지 처분을 받았다. 20일 만에 조업 재개가 허용되었다. 하지만 페놀탱크 송출 파이프의 이음새 부분이 파열되어 또다시 페놀원액 2톤이 낙동강에 유입되는 2차 사고가 일어남으로써 사태가 악화되어 국민들의 항의 시위가 확대되었다. 마침내 D그룹 회장이 물러나고, 환경처 장차관이 인책, 경질되는 결과까지 초래하였다.

이후 물의 소중함과 환경보전에 관한 국민의 관심이 증대되었고, 환경범죄의 처벌에 관한 특별조치법이 제정되었다. 공장 설립시의 환경 기준이 강화되었으며, 행정구역에 따른 시도별 수질관리의 문제점을 개선하기 위해 한강, 낙동강, 금강, 영산강 등 전국 4대 강을 수계별로 관리하도록 하는 유역별 환경관리위원회를 구성하였다.

(3) 처리공정 분류

1) 물리적 처리공정

물리적 공정으로는 침전, 여과 및 기체전달 등을 들 수 있다. 이들은 원수 및 폐수 중에 함유된 물질을 제거하는데 이용되기도 하고, 화학 및 생물학적 공정의 생성물을 제거하는데 이용되기도 한다. 폐수처리장에서 첫 번째 단계는 스크린 과정이다.. 스크린 과정의 목적은 처리장치와 처리과정을 방해하는 부유물질(Floating material)의 제거이다. 두 번째 단계는 스크린(screen)을 통과한 고형물을 0.3 cm 정도로 처리하는 분쇄과정이다. 세 번째 과정은 침사지(grit chamber)로서 사석과 모래(sand) 제거 과정이다. 네 번째 과정은 가능한 많은 고형물을 침전시키기 위한 침전과정이다. 침전(sedimentation)은 용수 및 폐수 중의 입자 및 콜로이드를 제거하는데 이용되며, 입자들이 너무 작아서 상당한 시간이 지나도 가라앉지 않을 때에는 화학약품을 투입하여 응집시켜 입자를 크게 해서 빨리 가라앉도록 한다.

2) 화학적 처리공정

많은 용수 미 폐수처리 공정에서는 화학약품이 이용된다. 예를 들면, 석회의 주입은 음료

수 처리시 경도를 제거시키며, 폐수처리시 인산염을 침전시키게 된다. 침전이 잘 이루어지게 하기 위해서는 화학약품으로 pH를 조절할 필요가 있는 경우도 있다. 염소는 용수 및 폐수처리에 있어서 살균제는 물론 산화제로도 가끔 사용되고 있다. 화학응집은 침강 또는 여과의 보조수단으로 이용되기도 하는데, 자근 입자와 콜로이드의 조건을 변화시켜 크고 잘 가라앉을 수 있는 플럭을 형성시킨다.

3) 생물학적 처리공정

생물학적 공정들은 음용수의 처리에는 사용되고 있지 않다. 이것은 원수에 함유되어 있는 생분해성 유기물이 낮은 수준이기 때문이다. 그러나 폐수처리에 있어서는 생물학적 공정들이 널리 사용되고 있으며, 생분해성 유기물과 기타 영양물들을 좀더 다루기 쉬운 형태로 변화시킨다. 용해성 또는 콜로이드성 유기물을 생물체로 변화시키고 이 생물체를 다시 액체로부터 분리시키는 2차 처리의 기본을 이루고 있는 것이 생물학적 공정이다.

4) 전기화학적 처리공정

물을 전기분해해서 산성수와 알칼리수로 제조하여 많은 부분에 응용되고 있다.

폐수처리에도 이용가능하지만 실제로 하수종말처리장에서는 처리용량이 너무 커서 아직까지 실용화단계에는 미치지 못하는 상태이다. 알칼리수는 음용수로도 이용되고, 산성수의 경우는 일본에서 일부 의료기기 소독용으로나 과일 세척용으로도 사용된다.

(4) 수질오염대책

고대문명은 약 7,000년 전에 나일강, 인더스강, 티그리스・유프라테스강 및 황하강 등 하천유역에서 발생하였고, 그 후에도 하천유역은 생활의 장으로 이용되어 왔다. 하지만 최근에는 인간의 산업활동으로 인한 수환경의 파괴가 이루어지고 있다. 이런 문제점에 대응하기 위해서는 다양한 분야에서 수질환경에 관한 조사와 연구가 행해져야 할 필요가 있다. 따라서 수질환경을 보전하기 위해서는 보다 체계적이고 장기적인 안목에서 목표를 수립하고 실행해 나가야 할 필요가 있다.

① 순환을 기초로 한 경제적 시스템의 구현
② 자연과 인간의 공생확보
③ 환경보전에 대한 행동에 적극적인 참여
④ 국제적인 대책 마련을 위한 협력체계 추진

또한 앞으로의 수질환경은 다양해져 가는 사회 환경에 발맞추어 여러 가지 사회적 기능 즉, 환경생태계 유지기능, 친수기능, 휴식공간기능 등을 수행할 수 있도록 재정비되어야 할 필요가 있다. 따라서 수질환경이 앞으로 다양한 기능을 수행할 수 있도록 기본적으로 가져야할 바람직한 방향으로는 ① 건전한 수환경계의 확보, ② 생물의 다양한 생식, ③ 하천과 지역의 관계 재건축 등을 들 수 있다.

1.2 대기환경개론

1.2.1 지구와 대기오염

우리가 살고 있는 지구에서는 많은 변화와 문제들이 나타나고 있다. 환경에 있어서 가장 문제가 되어 가고 있는 사막화, 온난화, 오존층 파괴, 산성비 등과 같이 전 세계적으로 환경에 관하여 큰 문제가 되고 있다. 그러나 대기오염의 역사는 옛날 인류가 불을 이용한 때로 거슬러 올라가며 본격적인 대기오염이 시작된 것은 13세기 후의 영국의 산업혁명과 시작되었으며 그에 따르는 석탄 매연에 의한 대기오염이 심각한 문제가 되어 석탄 사용이 금지된 때가 있었다. 이 석탄에 의한 매연과 SO_2를 주성분으로 하는 대기오염은 런던을 중심으로 한 영국과 구라파 및 미국의 동부가 심하였고 이러한 형의 스모그를 런던스모그라 한다. 런던스모그는 1952년 12월 5일부터 9일까지 5일간 영국의 수도 런던에서 주로 60%가 가정 난방용, 기타 공장, 발전소의 석탄 연료 사용에 따라 발생한 CO, 먼지, SO_2가 지표면에 축적되어 발생한 사건이다. 런던은 템즈강 유역의 하천 평지로서 인구가 조밀한 도시이다.

기상은 고기압, 무풍 및 기온 역전으로 2주간 차가운 스모그현상이 지속되었다. 각 지역에서 방출한 SO_2, 매연과 먼지(TSP)가 96%의 짙은 안개 속에서 지표면에 축적되어 발생한 사건이다. 그로 인하여 세계 여러 연구가들이 관심을 불러 일으켰고, 근대적인 대기오염의 연구 및 대책의 계기가 되었다.

그림 1.8 지구 위성사진

1.2.2 대기오염의 정의

대기오염의 정의는 국가나 단체 또는 학자에 따라 다를 수 있으나 세계보건기구(WHO)가 규정 하고 있는 대기오염의 정의는 다음과 같다. "대기 중에 인위적으로 배출된 오염물질이 한 가지 또는 그 이상이 존재하여, 오염물질의 양, 농도 및 지속시간에 따라 어떤 지역의 불특정 다수인에게 불쾌감을 일으키거나 해당지역에 공중 보건상 위해를 끼치고, 인간이나 동물, 식물의 활동에 해를 주어 생활과 재산을 향유할 정당한 권리를 방해받는 상태"라 규정되어 있다.

우리나라 같은 경우 1978년 7월 1일부터 시행된 환경보전법상에서 대기오염의 정의가 포함되어 있지 않았으나 기본적인 대기오염물질에 관한 정의는 명시되어 있다.

대기환경보전법상 용어 정의는 다음과 같이 나타날 수 있다(대기환경보전법 2조 용어 정의 1~18 참조).

① 대기오염물질 : 대기오염의 원인되는 가스・입자상 물질로서 환경부령으로 정하는 것을 말한다.
② 기후・생태계변화유발 물질 : 지구 온난화 등으로 생태계의 변화를 가져올 수 있는 기체상 물질로서 온실가스와 환경부령으로 정하는 것을 말한다.
③ 온실가스 : 적외선 복사열을 흡수하거나 다시 방출하여 온실효과를 유발하는 대기 중의 가스 상태 물질로서 이산화탄소・메탄・아산화질소・수소불화탄소・과불화탄소・육불화황을 말한다.
④ 가스 : 물질이 연소・합성・분해될 때에 발생하거나 물리적 성질로 인하여 발생하는 기체상물질을 말한다.
⑤ 입자상물질 : 물질이 파쇄・선별・퇴적・이적될 때, 그밖에 기계적으로 처리되거나 연소・합성・분해될 때에 발생하는 고체상 또는 발생하는 고체상 또는 액체상의 미세한 물질을 말한다.
⑥ 먼지 : 대기 중에 떠다니거나 흩날려 내려오는 입자상 물질을 말한다.
⑦ 매연 : 연소할 때에 생기는 유리탄소가 주가 되는 미세한 입자상 물질을 말한다.
⑧ 검댕 : 연소할 때에 생기는 유리탄소가 응결하여 입자의 지름이 1미크론 이상 되는 입자상 물질을 말한다.

대기오염물질은 크게 1차 오염물질과 2차 오염물질로 분류하며 1차 오염물질은 발생원에서 직접 대기로 방출되는 오염물질로써 CO, CO_2, H_2, NaCl 등이 있으며 2차 오염물질은 배출된 오염물질이 대기 중에서 화학반응(합성, 분해)을 일으켜 발생된 물질로써 O_3, 알데히드, PAN(CH_3COONO_2) 등이 있다.

과거 우리나라 연도별 아황산가스 배출량을 보면 표 1.4에서와 같이 매년 유류 등 총 연료 사용량의 증가에도 불구하고 저공해연료 공급확대 및 저공해 자동차 보급 등으로 총 오염물질 배출량은 오히려 감소하고 있다. 그러나 자동차의 급속한 증가 등으로 인하여 질소산화물, 먼지, 일산화탄소, 탄화수소 배출량은 점차 늘어나고 있는 추세에 있다.

과거 우리나라에서는 대기환경기준은 1979년 2월에 아황산가스에 대한 기준을 설정 하였으며 1983년 8월에는 일산화탄소, 먼지, 이산화질소, 탄화수소, 오존에 대한 환경기준을 설정하였다. 1991년 2월에는 납에 대한 환경기준을 추가하였으며 1993년에는 아황산가스, 일산화탄소 등 일부 오염물질이 환경기준을 달성함에 따라 이들 항목에 대하여 환경기준을 점차 강화시켰다.

표 1.4 우리나라의 연도별 대기오염물질 배출량(단위 : 톤/년)

연도 \ 오염물질	계	아황산가스	질소산화물	먼지	일산화탄소	탄화수소
1992	4,867,637	1,613,549	10,67,001	392,243	1,630,378	164,466
1993	4,583,839	1,571,700	1,186,697	389,750	1,290,527	145,165
1994	4,526,250	1,602,764	1,191,533	429,398	1,156,464	146,091
1995	4,349,606	1,532,320	1,152,765	405,526	1,109,097	149,898
1996	4,424,546	1,500,260	1,257,993	423,694	1,088,788	153,811
1997	4,364,723	1,356,395	1,278,348	438,531	1,129,092	162,357
1998	3,768,473	1,146,005	1,083,774	420,034	977,263	141,397
1999	3,709,190	951,183	1,135,503	439,815	1,036,045	146,644

1.2.3 대기오염의 역사적 사건

(1) 자연적인 대기오염사건(인도네시아 Krakatau 섬의 분화구)

수마트라와 자바섬 사이에 순다해협(Sunda Strait)에 위치해 있다. 역사 기록을 보면 1883년에 Krakatau 섬의 대부분을 파괴하였으며, 해저 분화구를 갖고 있고 호주에서도 들을 수 있을 정도로 커다란 폭발이 있었다. 뒤에 섬이 Rakata 섬이고 1883년 폭발로 분화 산 정상이 날아가 분화구가 생겼다. 전면에 보이는 Anak Krakatau (Karakatau의 자녀) 화산은 후에 콘처럼 생긴 분화구가 만들진 것이며 1928년에 바다 표면 쪽으로 무너졌고 그 후로도 빈번한 활동이 있어왔다. 사진의 오른쪽 검은 용암은 1975년에 분출된 것으로써 그 지역 주민의 건강에 막대한 피해를 준 자연적인 대기오염 사건이며 그림 1.9에 나타내었다.

그림 1.9 인도네시아 Krakatau 섬

(2) 인위적인 주요 대기오염사건

1) Meues Valley 사건

1930년 12월 1일부터 3일까지 벨기에 뮤즈계곡에 발생한 스모그 사건으로 금속, 유리, 아연, 제철, 유리제조, 초자공장 등에서 배출되는 SO_2, H_2SO_4, mist, 불소화합물, 미세입자등 주원인 이었으며 특히 SO_2는 10～38 ppm 범위에서 3일 이상 지속되었다.
그에 따른 피해로서는 6000명의 환자와 63명의 사망자가 발생하였다. 대부분 심폐질환자들로 노인층이 많았고 환자는 전 연령층이 호흡관란과 흉부통징, 점막자극 등을 보였다. 사망자 부검 결과 기관지점막 자극, 검댕이, 먼지를 폐포에서 확인하였다. 그 외 가축, 조류 식물 등에 치사적인 피해를 준 사건이다.

2) Donora 사건

1948년 10월 26일 미국 펜실베니아주의 동부 계곡에 자리 잡고 있는 도노라(Donora)라는 조그마한 도시에서 발생한 사건으로 이 도시에서는 제철과 전선을 생산하고 석탄과 아연을 가공하는 공장들이 있는 130 m 계곡에 4일간 무풍상태와 기온역전으로 이들 공장에서 배출되는 SO_2, H_2SO_4, mist 등의 정체현상으로 연무를 발생시켜 피해를 주었다. 그 피해는 호흡곤란, 폐통 등 호흡기질환자 급증으로 인구 14000명 중 43%인 전 연령에 자극증상이 발생하여 6000명의 환자와 18명의 사망자가 발생하였다.

3) Poza Rica 사건

1950년 10월 24일 멕시코시 동부에 있는 공업지대인 포자리카에서 공장에서 흘러 나온 유황가스가 대량 누출되어 인근마을에 유출되었다. 유황가스는 특징은 계란 썩은 냄새를 가진 독가스로서 그로인하여 불과 1시간 사이에 22,000명 중 320명이 급성중독에 걸려 병원에 입원하였으며 22명이 사망하였다. 그 외는 기침, 호흡기곤란, 점막자극 등 증상을 나타내었다.

4) London smog 사건

1952년 12월 3일 약 5일간 영국 런던에서 사건이 일어났다. 사건의 원인은 가정에서는 동기의 추위를 견디기 위해 석탄을 난방에 대량 소비하여 사용하였으며 그 외에 발전소, 공장 에 따른 부유입자물질이나 아황산가스가 지표면에 축적되어 발생한 사건으로 기상은 무풍 및 기온역전으로 2주간 차가운 스모그 현상이 지속되었다. 사고당시 1주간 사망자수는 평상시보다 약 2.6배인 4000명 이상이 사망하였으며 발생 2개월 후 8000명의 과다 사망자를 낸 사건으로 특히 1세 이하의 유아와 45세 이상의 심폐성 환자에게는 연령에 비하여 중증을 나타내었고 스모그 회복 후에도 수주 후 높은 사망률과 만성기관지염, 천식, 폐섬유종 등을 일으켰다. 서론에서도 이야기 하였지만 대기오염사건 중 가장 많은 사망자가 일어난 사건 중 하나이다.

5) Los Angeles 사건

1954년 7월 이후 미국 캘리포니아주 남부의 사막기후 지대에 형성된 미국에서 세 번째로 큰 도시에서 자동차에서 나오는 배기가스, 즉 올레핀계 탄화수소, 질소산화물, 황산화물 등과 태양광선 중 자외선에 의해서 발생한 광화학적 산화물에 의한 신종 광화학 스모그 사건이다. LA는 해안분지로서 1년 내내 해안성 안개와 기온역전과 백색 연무 현상이 거의 매일같이 발생하였고 그에 따른 피해로서는 백색 연무의 광화학 스모그현상으로 눈, 코, 기도, 폐 등의 점막에 지속적이고 반복적인 자극으로 전 시민의 일상생활에 불쾌감을 주었고 시정악화, 식물과 과일의 손상, 가죽제품의 피해, 고무제품의 균열과 노화, 건축물 손상 등의 피해를 초래하였다.

(3) 대기오염으로 인한 생태계파괴

1) 지구온난화

지구온난화(global warming)란 인간활동에 의해 대기 중으로 배출되는 온실가스(GHG : Green House Gas)들이 대기 중으로 방출되는 복사에너지를 흡수함으로써 대기온도를 상승하게 되는데 이러한 현상을 "지구온난화"라 한다.

온실가스의 종류에는 이산화탄소, 수증기, 메탄, CFCs, SF6, 오존, N_2, 등이 있다. 온실가스는 태양으로부터 방사되는 에너지는 탄산가스와 수증기에 의해 흡수되지 않고 지표에 도달하지만, 지표에서 방사되는 에너지는 흡수된다. 따라서 지구로 들어온 태양광선 중 2/3은 지표에 흡수되고 1/3은 재방사 되는데 재방사된 태양복사 에너지가 CO_2층에 의해 지표에서 대기로 방출되지 못하고(CO_2층에서 적외선 특히 12~18μm 영역, H_2O에서는 8μm 이하 혹은 20μm 이상의 에너지를 흡수) 지표로 환원되므로 지구 위에 뚜껑을 덮은 격이 되어 지표부근의 대기온도는 점점증가하게 되는데 이러한 현상을 온실효과라 한다.

그림 1.10 지구온난화가 일어나는 과정

① 지구온난화에 의한 영향

- 지구기온의 상승
  - 극지방 등의 빙하가 녹거나 해수온도 상승에 따른 팽창효과로 해수면 상승
- 육지의 침식
  - 해수면 상승에 따른 농경지 침식 등으로 식량 생산량 감소

- 기후변동
  - 해수 온도 상승으로 태풍, 허리케인, 사이클론 등의 열대성 저기압 세력이 강해져 폭풍과 흡수에 의한 피해가 증가
  - 고위도 지방은 겨울은 따뜻해지고 여름은 더 더워지기 때문에 고온성 병원균에 의한 전염병 발생률이 증가되고 병충해로 인한 농작물 피해가 증가
- 농업과 살림
  - 열대와 적도 지역에서 기온상승에 의한 증발량 증가로 곡물재배를 할 수 없을 정도로 토양 수분 낮아져 곡물 생산량 감소가 예상되는 반면 북유럽, 소련, 북미지역에서는 곡물 생산 증가가 예상된다.
  - 유럽서부, 미국남부, 호주 서부, 남부 아프리카 지역 등에서 곡물 생산이 감소되어 세계 곡물 가격에 막대한 영향을 미칠 것으로 예상된다.

② 지구온난화에 대한 대책

지구온난화를 해결하기 위한 방안으로는 근본적으로 화석연료의 사용을 대처할 수 있는 새로운 연료의 개발을 들 수 있으나 이전 단계로 CO_2 배출억제와 제거기술의 도입을 서둘러야 한다. 이와 더불어 CH_4, N_2O, CFC, O_3와 같은 다른 오염물질의 관리도 중요하다 최근 연구에 따르면 앞으로는 이산화탄소보다는 이러한 온실가스에 의한 기여율이 더 높아질 것으로 보기 때문이다. 결론적으로 지구온난화에 대처하는 우리의 노력 여부의 선택의 문제가 아니라 이제는 당위의 문제가 된 것이다. 지구온난화는 전 지구상에 존재하는 모든 인간의 공통된 문제이기 때문에 어느 한쪽의 일방적 노력만으로 되는 것은 아니며 전세계의 협조 없이는 의미 있는 해결이 불가능하기 때문에 1988년에 구성된 기구인 '기후변화에 관한 정부간 패널(IPCC ; Intergovernmental Panel on Climate Change)'이 탄산가스가 지구온난화의 주범이라고 공식 선언한 이래, 1992년 브라질의 리우데자네이루에서 열린 유엔환경개발회의(UNCED)에서 지구온난화를 방지하기 위해 우리나라를 포함한 전 세계 156개국이 '기후변화방지협약'에 서명했다.

2) 스모그

산업혁명 초기에 대부분 도시의 통상적인 오염물질들은 석탄을 태움으로써 발생되는 입자상 물질(연기입자)과 아황산가스였다. 이러한 연기(smoke)와 공기 중에 형성된 안개(fog)를 합성하여 스모그(smog)라 하였다. 대표적으로 런던형 스모그가 있다. 20세기 초에 석탄사용이 오일과 천연가스로 대체되었을 때 대기오염은 상당히 감소되었다. 그러나 1950~1960년대에 대부분의 도시가 스모그라고 불리는 갈색 연무에 의해 뒤덮여 있는 것을 알게 되었으

며, 햇빛이 그 생성에 어떤 역할을 하기 때문에 광화학스모그라고 불린다. 생성하는 주범은 자동차이며 대표적으로 LA형 스모그가 있다.

① 중국산 스모그

중국은 1990년대 이후 급속한 경제성장과 함께 이를 뒷받침하기 위해 화석연료 사용량을 크게 늘려, 현재 석탄 의존도가 70% 이상에 이른다. 이 결과 난방 수요가 증가하는 겨울철에서는 거의 매일 스모그가 관측된다. 이렇게 발생한 스모그는 '편서풍'을 타고 한국 하늘로 날아온다. 중국 내륙에서 발생한 대기오염 물질이 매년 한국을 뒤덮는 일이 반복된다.

3) 사막화

사하라 남쪽에서부터 시작되어 세계 각지에서 일어나는 지구의 사막화가 주목되고 있으며 세계 여러 곳에서 사막화는 빠른 속도로 확대되고 있다. 사막화는 기상이변과 인간의 활동이 다양해진 요인에 의해서 건조 또는 반건조지대에서 일어나는 토양 황폐와 현상의 하나로서 세계 전체 인구의 1/6과 전체 육지면적의 1/4 이상이 영향을 받고 있다.

사막화의 원인은 크게 3가지로 분류하면 환경오염으로 인한 기후변화, 가축 생산이나 작물활동 같은 농업활동, 발전을 위한 벌목 및 토지개발로 인한 인위적 요인에 많은 영향을 받는 것으로 나타나고 있다.

① 사막화에 대한 대책

사막화의 방지를 위해서는 먼저 지구 관측 위성을 이용한 사막화의 모니터링이 중요하다. 즉, 넓은 범위의 사막화 과정, 정도, 분포 등을 파악하고 장기적으로 변화를 관측하는 것이 필요하다. 또한 사막화를 과정별로 분석하는 일도 필수적이다. 먼저 식생 황폐에 따른 사막화에 대해서는 식생의 변동을 해석할 필요가 있다. 현재는 기상 위성 노아(NOAA)를 통하여 평면적인 생체량(Biomass)의 분포를 알 수 있다. 장래에는 식물의 생육형, 군락구조 등의 입체적 정보를 알아내는 일이 가능해 질 것이다. 또 토양 황폐에 수반되는 사막화에 관해서는 지표면의 염류집적 상황을 조사하기 위해 토양 표층의 이화학적 성질을 모니터링 하는 일이 필요하다. 기후 이변에 따른 사막화에 대해서는 지구의 대기가 사막화에 어떠한 영향을 미치는 지 기후모델을 이용하여 평가해야 한다. 그러기 위해서는 사막화에 관련된 다양한 현상을 파악하고, 그 분포와 시간적 변화를 종합적으로 관측해야 한다. 그리고 각각의 현상이 상호간에 미치는 영향을 조사할 필요가 있다.

이러한 사막화의 기초 연구와 함께 사막화에 대한 대책을 추진해야 한다. 그러나 여기에 요구되는 것은 단순히 첨단 기술의 도입만이 아니라 지역마다의 사막화 과정, 상황 그리고 그 배경이 된 자연적, 사회적 조건을 고려한 적절한 기술의 개발이다.

1992년 6월에 브라질의 리우데자이루에서 '지구정상회의(환경과 개발에 관한 국제 연합회의)'가 열렸다. 이 회의에서 채택된 '의제21(Agenda21)'에는 '사막화 방지 조약'의 체결을 검토하는 일이 포함되어 있다. 조약의 체결이 준비 단계에 들어감으로써 사막화 문제가 국제적으로 다루어지게 되었다.

4) 산성비

깨끗한 대기 중의 물의 pH는 약 5.6인데 이는 공기 중에 0.032%, 즉 320 ppm 정도로 존재하는 탄산가스가 물에 녹아 H_2CO_3의 포화용액이 되었을 때 pH값이 5.6으로 이를 기준하여 값보다 낮은 pH의 비를 산성비라 한다(대기 중의 SO_X, NO_X, 염화물 등이 빗물과 반응하여 H_2SO_4, HNO_3, HCl 등의 산성 물질로 전화되어 빗물의 pH를 5.6 이하로 떨어지게 하는데 이를 산성비라고도 한다).

산성비에 따른 피해로서는 산성이 된물은 여러 가지 경로를 통해 많은 생물에게 나쁜 영향을 미치는데 특히 산성에 약한 물고기 종류에서 그 영향이 제일 먼저 나타나 점차 다른 생물로 확산된다. 또한 땅에 산성 물질이 쌓이면 토양이 오염되어 그 땅에서 자라는 식물도 피해를 입는다. 이러한 산성비의 영향으로 세계 곳곳에서 삼림이 황폐화되고 하천이나 호수에서 물고기의 떼죽음 현상이 나타나고 있다. 또한 산성비는 금속 철재와 콘크리트 등 건축 구조물 그리고 고고학적 유물까지도 부식시켜 경제적, 문화적으로 큰 손실을 입히고 있다.

① 산성비에 따른 대책

산성비가 내리지 않게 하려면 주 원인물질인 황산화물과 질소산화물의 배출을 최소화해야하는데 가장 큰 요인 중 하나인 자동차의 배기가스를 줄이기 위해서는 자동차 촉매변화기의 효율을 높이는 것이 중요하며, 장기적으로는 전기, 메탄올, 태양열 등을 이용한 저공해 자동차의 개발이 필요하다. 또한 산업체에서 배출되는 오염물질을 줄여나가기 위해 화석연료를 청정연료로 대체하고 탈황시설을 의무화하며 자체 공정의 개선 및 설비의 합리적인 재배치를 통해 효율을 높여야한다. 이미 토양의 산성화가 진행된 지역에서는 탄산칼륨을 뿌려 토양을 중화하는 것도 필요하다. 이러한 산성비 문제는 전 세계적인 문제로 우리나라의 경우에도 중국에서 배출된 오염물질이 날아와 산성비를 발생시키고 있다. 따라서 국제적인 규약을 통해 산성비를 유발하는 물질의 배출을 규제해야 한다.

5) 기후변화

기후변화에 대해 이해하기 위해서는 우선 기후에 대한 이해가 필요하다. 일반적으로, '날씨'는 우리가 매일 경험하는 기온, 바람, 비 등의 대기 상태를 말하며, '기후'는 수십 년 동안 한 지역의 날씨를 평균화한 것이다. 기후는 위도, 바다로부터의 거리, 식물, 산의 존재 또는 다른 지리적 요소에 의존하기 때문에 장소에 따라 다양하며, 또한 시간에 따라서도 다양하다. 즉, 계절과 계절, 일년주기, 10년 주기 그리고 빙하 시기 같은 시간 규모에 따라 다르다.

수십 년 또는 그 이상 지속되는 기후 또는 변동성이 평균적 상태에 대해 통계적으로 중요한 변동을 '기후변화'라 말한다.

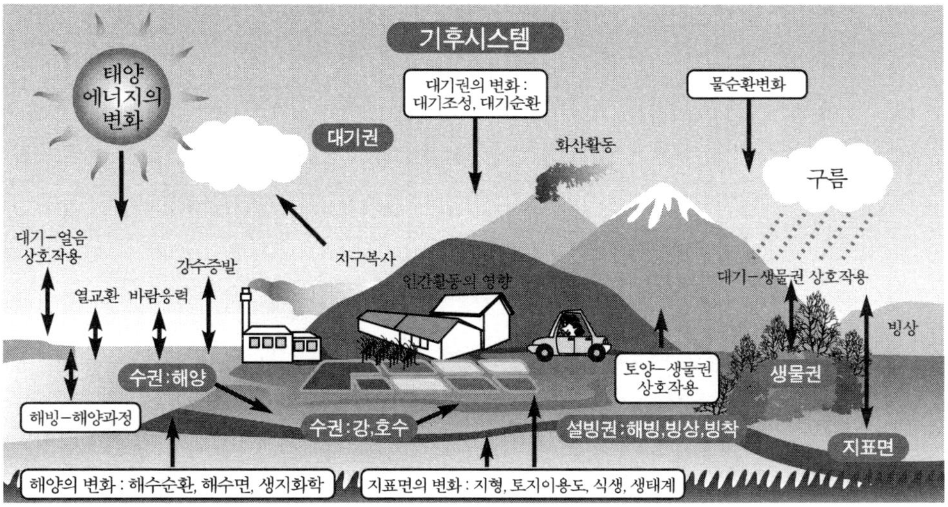

그림 1.11 기후변화의 순환[출처 : 기상청 기후변화 정보센터(2005)]

① 기후변화의 자연적인 원인

기후변화는 외적으로 야기된 변화뿐만 아니라 기후시스템 요소의 변화와 요소간의 상호 작용에 의해서 발생한다. 외적 요소에 의한 기후변화의 대표적인 예로는 화산분화에 의한 성층권의 에어로졸 증가, 태양 활동의 변화, 태양과 지구의 천문학적인 상대위치 변화 등이 있다. 외적 요인 없이도 기후시스템은 자연적으로 변할 수 있다. 이는 기후시스템의 5가지 주요 구성요소, 대기권, 수권, 빙권, 지권, 생물권 각 요소들이 각기 상호 작용하여 끊임없이 변화하기 때문이다.

② 기후변화의 인위적인 원인

인간 활동이 대규모적으로 기후에 영향을 미치기 시작한 것은 산업 혁명 초기인 18세기 중엽부터로 1970년부터 2004년 사이에 지구 온실가스 배출량은 70%나 증가한다(IPCC, 2007).

인간 활동, 특히 공장이나 가정에서의 화석연료 연소와 생물체의 연소 등은 대기 구성성분에 영향을 주는 온실가스와 에어로졸을 생산하여 온실가스를 증가시키고 대기 중 에어로졸에 의해 태양 복사에너지 반사와 구름의 광학적 성질변화(산란효과에 의한 지구 냉각화)를 일으키고 있다.

또한 CFCs 및 기타 불소 화합물, 브롬 합성물 등의 방출은 복사강제력에 영향을 주고 성층권의 오존층도 감소시킨다. 또한 도시화와 무리한 토지개발이나 산림채취 등으로 인한 토지 이용의 변화는 지구 표면의 물리적, 생물학적 특성에 영향을 준다.

③ 기후변화에 따른 대책

지구온난화에 따른 기후변화에 적극 대처하기 위하여 국제사회는 1988년 UN총회 결의에 따라 세계기상기구(WMO)와 유엔환경계획(UNEP)에 "기후변화에 관한 정부간 패널(IPCC)"을 설치하였고, 1992년 6월 유엔환경개발회의(UNCED)에서 기후변화협약(UNFCCC)을 채택하였다.

우리나라는 1993년 12월에 세계 47번째로 가입(2008년 7월 현재 192개국 가입하였으며 교토의정서의 온실가스 감축 의무체계의 불합리성을 주장하는 미국도 신재생에너지 및 청정에너지기술에 투자를 집중하고 있으며 2012년까지 온실가스 배출집약도(온실가스 배출량/GDP)를 18%까지 감축한다는 자체 계획을 수립, 시행하고 있고, 동북부 주를 중심으로 온실가스 배출권거래제도의 시행을 계획하고 있다.

일본의 경우도 국내외 감축 목표량을 설정하고, 청정개발체제 및 공동이행제 등을 통하여 국외협력사업의 활성화를 유도하는 한편, 2005년 중에 온실가스 배출권 거래제도를 시행한다는 계획을 가지고 있다.

1.3 폐기물환경개론

1.3.1 폐기물의 정의

(1) 폐기물의 정의

폐기물은 우리 인류가 살아가면서 자연스럽게 발생된다. 폐기물은 폐기물관리법에서 "쓰레기, 연소재, 오니, 폐유, 폐산, 폐알칼리, 동물의 사체 등으로서 사람의 생활이나 사업활동에 필요하지 아니하게 된 물질"이라고 정의되어 있다.

인구가 급증하고 공업화, 대중소비의 심화로 인해 폐기물 배출량이 급증하면서 환경오염이 심각해짐에 따라 일상생활에서 발생하는 생활폐기물과 산업활동에서 발생하는 산업폐기물 중 환경 및 국민보건에 미치는 유해정도를 기준으로, 유해한 산업폐기물은 특정폐기물로, 유해하지 않은 산업폐기물은 일반폐기물로 분류하고 있다.

(2) 폐기물의 분류

- 폐기물
  - 생활폐기물(사업장 폐기물 외의 폐기물)
  - 사업장폐기물
    - 건설폐기물
    - 지정폐기물
      - 폐유, 폐산 등 사업장 폐기물
      - 의료 폐기물(감염성 폐기물)
    - 건설・지정 폐기물 외의 사업장 폐기물

① 생활 폐기물 : 사업장 폐기물 외의 폐기물로서 일상생활에서 배출되는 쓰레기를 말한다.

② 사업장 폐기물 : 대기환경보전법, 수질환경보전법 또는 소음・진동규제법의 규정에 의하여 배출시설을 설치・운영하는 사업장, 기타 대통령령이 정하는 사업장에서 발생되는 폐기물을 말한다.

③ 건설 폐기물 : 건설현장에서 발생되는 폐기물을 말하며 자가처리 또는 위탁처리한다.

④ 지정 폐기물 : 사업활동에 수반하여 발생하는 슬러지(sludge), 폐유, 폐산, 폐알칼리, 폐고무, 폐합성수지 등 환경 및 국민보건에 유해한 물질로서 대통령령이 정하는 물질을 말한다.

⑤ 의료 폐기물 : 보건・의료기관, 동물병원, 시험・검사기관 등에서 배출되는 폐기물 중 인체에 감염 등 위해를 줄 우려가 있는 폐기물과 인체 조직 등 적출물, 실험동물의 사

체 등 보건·환경보호상 특별한 관리가 필요하다고 인정되는 폐기물로서 대통령령으로 정하는 폐기물을 말한다.

1.3.2 폐기물의 발생량

(1) 폐기물의 발생현황

폐기물의 발생실태를 보면 폐기물의 총량은 1993년 이후로 점진적으로 증가하기 시작하였고 1990년대 들어 생활폐기물은 감소하는 추세를 보였지만 사업장폐기물은 매년 10%이상의 높은 증가율을 보이면서 1993년을 기점으로 사업장 폐기물이 생활 폐기물보다 많아졌다. 2000년대에 들어서도 생활폐기물은 크지 않으나 사업장 폐기물은 높은 증가율을 보이며 증가하다가 2006년에 급격히 줄어들었으나 2007년 다시 높은 증가율을 보였다. 또한 2005년 건설폐기물이 급증하면서 총폐기물량이 급증하였고 여전히 폐기물량은 증가하는 추세를 보이고 있다.

표 1.5 폐기물의 발생현황

구 분		2004	2005	2006	2007	2008	2009
총계	발생량	303,514	295,723	318,928	337,158	359,296	357,861
	전년대비 증감율(%)	2.9	−2.6	7.8	5.7	6.6	−0.4
생활폐기물	발생량	50,007	48,398	48,844	50,346	52,072	50,906
	전년대비 증감율(%)	−1.4	−3.2	0.9	3.1	3.4	−2.2
사업장 배출시설계 폐기물	발생량	105,018	112,419	101,009	114,807	130,777	123,604
	전년대비 증감율(%)	6.2	7.0	−10.1	13.6	13.9	−5.5
건설폐기물	발생량	148,489	134,906	168,985	172,005	176,447	183,351
	전년대비 증감율(%)	2.1	−9.1	25.3	1.8	2.6	3.9

자료 : 한국폐기물협회

(2) 폐기물 발생량의 예측방법

1) 경향예측 모델(Trend method)

선형, 지수형, 대수형태의 수식화된 모델링으로써 최소 5년 이상의 폐기물처리 실적을 대입함으로써 미래의 시간에 따른 폐기물의 발생량을 예측할 수 있다.

2) 다중회귀 모델(Multiple regression)

대상지역의 기후, 면적 등과 같은 자연적 특성과 인구·생활상태 등의 사회적 특성 및 경제적 특성에 따라 쓰레기의 발생량이나 성상이 달라지는데 이러한 영향인자를 종합하여, 하나의 수식으로 표현함으로써 각 인자들의 효과를 총괄적으로 나타내게 된다. 또한 시간을 하나의 독립적 종속인자로 하여 선형, 지수형, 대수형태의 수식화 된 모델링에 대입하여 폐기물의 장래 발생량을 예측하는 방법이다.

3) 동적모사 모델(Dynamic simulation)

경향예측 모델과 다중회귀 모델의 단점을 보완할 수 있도록 만든 모델로 시간에 따른 폐기물의 발생량과 자연적, 사회적, 경제적 특성 등 모든 인자를 시간에 따른 함수로 나타내고 시간에 대한 함수로 표시된 각 영향 인자들 간의 상관관계를 수식화하는 방법이다.

(3) 폐기물 발생량의 조사방법

1) 적재차량 계수분석법(Load-count analysis)

특정 지역을 대상으로 일정기간동안 쓰레기 수거·운반차량의 대수를 조사하고 겉보기 비중을 보정하여 중량으로 환산한다. 이 방법의 조사 장소로는 중간적하장이나 중계처리장이 적합하다. 문제점으로는 쓰레기의 밀도 또는 압축정도를 정확하게 파악할 수 없으므로 오차가 클 수도 있다.

2) 직접계근법(Direct weighting method)

특정 지역을 대상으로 일정기간동안 수거·운반차량을 중간적하장이나 중계처리장에서 직접 계근하는 방법이다. 입구에서 폐기물을 적재하고 있는 차량과 출구에서 폐기물이 적재되어 있지 않은 차량을 계근하여 그 차이로 폐기물량을 산출한다. 정확한 폐기물량을 측정할 수 있다는 장점이 있으나 작업량이 많고 번거롭다는 단점이 있다.

3) **물질수지법**(Material balance method)

이 방법은 주로 산업폐기물 발생량 추산시 이용된다. 유입되는 폐기물의 양과 유출되는 폐기물의 양에 대한 물질수지를 세워 추정한다. 그러나 비용이 많이 들고 작업량이 많다는 단점이 있어 잘 사용되지 않고 특수한 경우에만 사용된다.

1.3.3 폐기물의 수거

(1) 폐기물의 수거단계

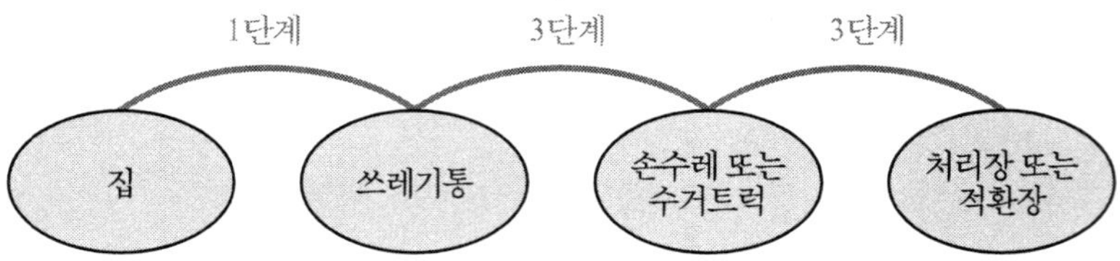

그림 1.12 폐기물의 수거 단계

(2) 수거노선 설정방법

1) 지형이 언덕일 경우는 높은 곳에서 내려가면서 수거한다.
2) 차고와 가까운 곳을 출발점으로 한다.
3) 반복운행과 U자 회전을 피하여 수거한다.
4) 출퇴근 시간과 같이 차량이 많은 시간은 피하여 수거한다.
5) 시계방향으로 수거노선을 결정한다.

(3) 폐기물의 수거방법

1) 문전 수거 : 수거인부가 직접 가정을 방문하여 폐기물을 수거하여 컨테이너에 하역시켜 청소차로 처리장까지 운반하는 형태이다. 수거 효율이 가장 낮다.
2) 타종 수거 : 일정 시간에 타종을 사용하여 미화원의 도움을 받아 직접 하역하여 수거하는 형태이다. 수거 효율이 가장 높은 수거 형태이다.
3) 대형 쓰레기통 수거 : 아파트 단지 등에서 사용하는 수거형태로 대형 쓰레기통에 폐기물을 밀집시킨 후 수거인부가 수거해 가는 형태이다. 수거효율이 비교적 높다.
4) Curb service : 정해진 수거일에 쓰레기 저장 용기를 연돌에 갖다 놓으면 수거차량이 용기를 비우고 빈 용기는 주인이 찾아가는 쓰레기 수거형태이다.

(4) 폐기물의 수송방식

1) 모노레일(Mono rail) 수송 : 폐기물을 중계지로부터 최종 처리처분장까지 수송할 때 모노레일의 철도를 이용하여 폐기물을 운반하는 방법이다.
2) 컨테이너(Container) 수송 : 컨테이너에 수집된 쓰레기를 컨테이너 중간기지에서 적환하거나 하적해 철도 혹은 대형 컨테이너 차량에 의해 최종 처분장까지 운반하는 방법이다.
3) 컨베이어(Conveyer) 수송 : 컨베이어를 최종 처분장까지 하수도처럼 개설하여 운반하는 방법이다.
4) 파이프라인(Pipe line) 수송 : 새롭게 개발되어 있는 수송방법 중 자동화, 에너지절약, 무공해 측면에서 월등한 방법이다.

(5) 3R 운동

1) 재활용(Recycle)

재사용이 불가능한 폐기물을 물리적으로 원료의 형태를 그대로 유지하여 제품을 생산하거나, 화학적 처리로 물질을 합성하거나, 생물학적으로 분해시키거나, 발효시켜 새로운 형태의 물질을 만드는 것으로 대부분의 자원화기술이 여기에 포함된다. 선별, 파쇄, 세척, 건조, 정제, 감용, 고형화 등 중간처리 과정을 거쳐 이를 원래의 용도 또는 타 용도의 원료로 재사용하는 것을 말한다.

2) 재이용(Reuse)

원래 상태의 폐기물을 예전의 용도 혹은 다른 용도로서 사용하는 것을 말한다. 일반적으로 용기형태의 재활용품이 대상이 된다.

3) 재회수(Recovery)

폐기물을 재이용, 재활용에 의하여 부가가치를 확보할 수 없는 폐기물이용하여 에너지원을 회수하는 것을 말한다. 가장 일반적인 방법은 소각을 통하여 폐열을 회수하는 것이며, 열분해에 의하여 연료용의 기름성분 및 가스를 얻는 것도 포함된다. 최근에는 고발열량의 폐기물을 고형화 시켜 다시 연료로서 이용하는 RDF기술도 포함시키기도 한다. 또 다른 개념에서는 복합성분 중에서 특정의 물질만을 회수할 시에도 재회수라는 용어를 사용하며, 최근에 폐가전, 컴퓨터 등에서 금, 은, 백금, 희토류의 금속을 얻는 것을 말하기도 한다.

1.3.4 폐기물 처리 방법

(1) 공정

1) 압축(Compression) 공정

① 폐기물을 기계적 힘을 이용하여 압축함으로써 부피를 감소시키는 공정

② 부피를 약 1/10 까지 감소시킬 수 있으며, 수분이 함유된 폐기물은 중량을 1~35% 정도 줄일 수 있다.

③ 폐기물의 밀도가 약 5배 정도 증가하므로 운송이 용이하다.

④ 폐기물의 부피가 감소하므로 매립면적을 줄일 수 있다.

2) 파쇄(Smash) 공정

① 폐기물의 성질을 미세하고 균일하게 하는 공정

② 공극이 많아지고 비표면적 또한 증가하여 건조와 연소 효율이 증대된다.

③ 일반적으로 폐기물을 파쇄할 때에는 부피가 감소되지만 종이류와 같이 특정한 물질들은 오히려 부피가 증가하여 운반이 불편하고 날림을 조장하기도 한다.

3) 선별(Assortment) 공정

① 선택적으로 유가자원을 회수하거나 불필요한 물질은 제거하는 공정

② 금속, 비금속, 플라스틱류, 유리 등을 선별하여 자원화 할 수 있다.

③ 돌맹이 등 불필요한 물질을 제거하여 후속시설을 보호한다.

④ 전처리 공정이나 후처리 공정에 이용된다.

4) 소각(Incineration) 공정

① 감량화, 폐열회수, 유기물의 안정화, 운송비 절감 및 매립 소요면적의 감소에 목적이 있다.

② 부패성 물질을 가장 위생적인 처리가 가능하다.

③ 감량효과가 다른 공정에 비해 크다.

④ 매립지 소요면적을 감소시킬 수 있고, 유효 매립면적을 증대시킬 수 있다.

⑤ 폐열을 회수하여 지역난방 등으로 사용 가능하다.

⑥ 시설 유지비가 많이 들고 대기오염 및 폭발사고를 유발할 수 있다.

5) 열분해(Pyrolysis) 공정

① 폐기물을 수증기가 없는 무산소상태 하에서 간접가열하여 가스와 오일, 차아(char) 등으로 분해하는 과정

② 소각이 가능한 폐기물과 소각이 어려운 난연소성 폐기물 또는 유독성 폐기물 등을

안전하게 유효 자원화한다.

③ 최종 폐기물의 감량화, 안정화, 안전화 시킴으로써 매립유효면적을 증가시키고, 2차 오염을 최소화 할 수 있다.

6) 용융(Fusion)

① 도시 고형 쓰레기, 하수 슬러지, 난연소성 폐기물 및 난분해서 폐기물 등을 안전하게 유효 자원화 한다.

② 중금속이 다량함유된 폐기물을 안전화시켜 유효자원으로 활용할 수 있다.

③ 폐기물을 재활용 / 자원화 / 최소화함으로써 유효매립면적을 증가시켜 2차 오염을 최소화할 수 있다.

7) 퇴비화(Composting)

① 유기성 폐기물을 이용하여 적정 조건을 맞춰주고 미생물의 분해작용을 이용하여 안정된 부식질을 만드는 것

② 생산된 퇴비는 토양 개량제로 사용할 수 있다.

③ 초기 시설투자비가 낮고 고도의 기술수준이 요구되지 않는다.

④ 생산된 퇴비는 질소와 인의 함량이 낮아 비료가치가 낮다.

1.3.5 폐기물 자원화

현재는 2050년까지 Wastes ZERO화 시대를 추구하는 정부 추진 정책에 의하여, 가급적 모든 "쓰레기"나 "폐기물" 표기 대신 폐자원이라는 표현을 하기로 하였다.

예) 음식물쓰레기, 플라스틱 폐기물 → 유기성 폐자원

표 1.6 폐기물 구분에 따른 자원화

구분	분야	개 발 내 용
유기계 폐기물	바이오매스 에너지화	생물체를 열분해시키거나 발효시켜 얻는 에너지이다. 바이오매스에 들어있는 석유성분을 추출하거나 생물의 배설물을 메테인발효시켜 연료로 이용한다.
	유기물 자원화	혼합 폐플라스틱 등 그 외 유기성폐기물의 선별분리
무기계 폐기물	유가 금속 회수	폐촉매, 전자스크랩, 폐전지, 도금폐액, 폐차 등 무기계 폐기물로부터 유가금속 회수 및 소재화 기술 확립
	무기물 자원화	폐분진, 제철 슬러지 등 무기계 폐기물의 대량처리 및 그 외 무기성폐기물의 소재화에 의한 고부가소재 자원화

Chapter 2

소음개론

2.1 기초의 복습

2.1.1 역학 용어

소음을 이해하기 위해서는 먼저 역학에 사용되는 용어와 단위의 이해가 필요하다.

(1) 힘(force)

Newton의 제2법칙으로부터 어떤 물체의 질량(mass)에 가속도가 작용하면 힘이 발생한다.

$$F = m \times a \quad [\mathrm{N}] \tag{2.1}$$

여기서, F는 힘, m은 물체의 질량(kg), a는 가속도(m/s^2)이다.

(2) 무게(weight)

어떤 물체가 지구(地球)의 중력에 의해 끌리는 힘을 말한다.

$$W = m \times \mathrm{g} \quad [\mathrm{N}\ 혹은\ \mathrm{kg_f}] \tag{2.2}$$

여기서, W는 무게 또는 중량, g는 중력의 가속도(=9.8 m/s^2)이다.

(3) 압력(pressure)

단위면적당 작용하는 힘을 말한다.

$$P = \frac{F}{A} \quad [\mathrm{N/m^2}] \tag{2.3}$$

여기서, P는 압력, A는 힘이 작용한 단면적(m^2)이다.

(4) 밀도(density)

단위부피당의 질량을 말한다.

$$\rho = \frac{m}{V} \quad [\mathrm{kg/m^3}] \tag{2.4}$$

여기서, ρ는 밀도, V는 부피(m^3)이다.

(5) 일(또는 energy)

어떤 물체가 힘 F에 의해 거리 l만큼 이동하면 그 물체는 일을 받아 에너지를 갖게 된다. 즉, 일과 에너지는 가역적이다.

$$E = F \times l \quad [\mathrm{N \cdot m}\ 또는\ \mathrm{Joule, J}] \tag{2.5}$$

여기서, E는 일 또는 에너지, l은 이동거리(m)이다.

(6) 동력 또는 출력(power)

단위시간동안 한 일을 말한다.

$$W = \frac{E}{t} \quad [\text{watt, W}] \tag{2.6}$$

여기서, W는 동력, t는 시간(sec)이다.

(7) 라디안(radian)

$\widehat{AB} = r$인 중심각의 크기(∠AOB)를 각의 단위로 1 radian이라 한다. 여기서, r은 원의 반경이다. 즉, θ rad인 호의 길이를 l이라 하면 $l = r\theta$가 된다(한편 360° = 2πrad).

$\therefore 1\,\text{rad} = \dfrac{360°}{2\pi} \fallingdotseq 57°$이며, 단위 rad는 보통 생략한다.

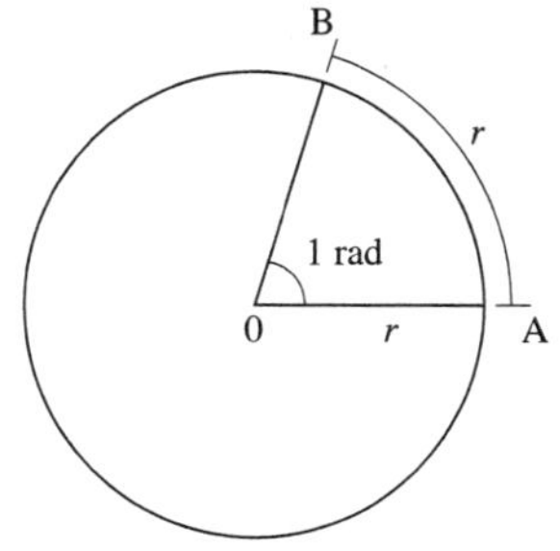

그림 2.1 라디안의 정리

2.1.2 SI Unit

SI Unit은 현재 세계 대부분의 국가에서 채택하여 사용하고 있는 단위계이며, 이 단위계의 명칭 '국제단위계'와 국제적인 약칭 'SI'는 1960년 제11차 국제도량형총회(CGPM)에서 결정된 것이다. 우리나라에서는 1964년 1월 1일 계량법에 의거 이 단위계만 사용하도록 하였다.

(1) SI 기본단위의 기본량, 명칭, 기호

현재 사용되고 있는 7개 SI 기본단위의 명칭과 기호가 표 2.1에 수록되어 있으며, 이들 기본단위와 연관된 기본량 또한 나타나 있다.

표 2.1 SI 기본단위

기본량	SI 기본단위		기본량	SI 기본단위	
	명칭	기호		명칭	기호
길이	미터	m	열역학적 온도	켈빈	K
질량	킬로그램	kg	물질량	몰	mol
시간	초	s	광도	칸델라	cd
전류	암페어	A			

제10차 CGPM(1954)에서 처음 6개의 기본단위가 선정되었고, 제11차 CGPM(1960)에서는 이를 바탕으로 하는 단위계에 국제단위계(SI)라는 공식 명칭을 부여하였다. 제13차 CGPM(1967~1968)에서 열역학적 온도의 단위를 "°K"에서 "K"로 바꾸었고, 제14차 CGPM(1971)에서 물질량의 단위 몰(기호 : mol)이 추가되어 현재에 이르고 있다.

(2) 미터법과 SI 단위에 사용되는 접두어

제11차 CGPM(1960)은 SI 단위의 십진 배량과 십진 분량에 대한 명칭과 기호를 구성하기 위하여 일차로 10^{12}부터 10^{-12} 범위에 대하여 일련의 접두어와 그 기호들을 채택하였다. 제12차 CGPM(1964)에서 10^{15}과 10^{18}에 대한 접두어가 추가되었다. 그리고 제15차 CGPM(1975)에서 10^{-15}과 10^{-18}에 대한 접두어가, 그리고 제19차 CGPM(1991)에서는 10^{21}, 10^{24}, 10^{-21}, 10^{-24}에 대한 접두어가 추가되었다.

표 2.2 SI 단위에 사용되는 접두어

배수	접두어	기호	배수	접두어	기호
10^{24}	요타	Y	10^{-1}	데시	d
10^{21}	제타	Z	10^{-2}	센티	c
10^{18}	엑사	E	10^{-3}	밀리	m
10^{15}	페타	P	10^{-6}	마이크로	μ
10^{12}	테라	T	10^{-9}	나노	n
10^{9}	기가	G	10^{-12}	피코	p
10^{6}	메가	M	10^{-15}	팸토	f
10^{3}	킬로	k	10^{-18}	아토	a
10^{2}	헥토	h	10^{-21}	젭토	z
10^{1}	데카	da	10^{-24}	욕토	y

(3) SI단위의 종류

1) 길의의 단위(미터)

'미터는 빛 진공에서 1/299792458초 동안 진행한 경로의 길이이다.'
(제17차 CGPM/1983)

빛의 속력이 기본 물리 상수의 하나로서 그 값이 일정하고 변하지 않는다는 바탕 위에 모든 물리학 법칙이 세워져 있다.

정의의 결과로 빛의 속력은 정확히 299792458 m/s로 고정된 것에 주목하여야 한다. 빛의 속력이 기본 물리 상수의 하나로서 그 값이 일정하고 변하지 않는다는 바탕 위에 모든 물리학 법칙이 세워져 있다. 그러나 실제 그 값이 얼마인가 하는 것은 측정 단위에 의하여 정해진다. 그러므로 미터와 시간의 단위가 독립적으로 정의되었을 때에는 빛의 속력도 측정에 의해서 그 값이 결정되었으므로 이에 따른 불확도를 가질 수밖에 없었다.

즉, 미터의 정의가 바뀌기 전의 빛의 속력은 보통 299792458(1.2) m/s으로 나타내었는데 이때 괄호 속의 숫자는 불확도를 나타내는 것으로 1 (1 표준편차) 값을 나타내었고, 또는 문헌에 따라 신뢰 수준 99 %를 갖는 확장불확도 값으로 4×10^{-9}으로 표시하기도 했다. 그러나 이제는 빛의 속력이 미터의 정의에서 보이는 값을 갖는 것으로 고정된다는 의미이다. 따라서 불확도가 영(0)인 정확한 값이 되고, 그 대신 미터의 정의가 빛의 속력에 바탕을 두게 된 것이다.

2) 질량의 단위(킬로그램)

> '킬로그램은 질량의 단위이며 국제킬로그램원기의 질량과 같다.'
> (제3차 CGPM/1901)

1889년 제1차 CGPM에서 백금-이리듐으로 만들어진 국제킬로그램원기를 인가하여, "이제부터는 이 원기를 질량의 단위로 삼는다."라고 선언하였고, CGPM에서 지정한 상태 하에 국제도량형국(BIPM)에 보관하도록 하였다.

제3차 CGPM(1901)에서 위의 정의에서 보는 바와 같이 "질량"의 단위라고 강조한 것은 그간 흔히 "무게(重量)"의 뜻과 혼동되어 사용되어 왔기 때문에, 이 무게라는 단어의 의미가 때로는 질량을, 때로는 역학적 힘을 나타내는데 사용되므로 이러한 모호함을 없애고 질량을 뜻함을 명백히 하기 위한 것이다. "무게"는 우리가 어느 물체를 들 때 느끼는 것, 즉 "힘"과 같은 성질의 양을 나타내는 것으로 한 물체의 무게는 그 질량과 중력가속도를 곱한 것과 같다. 그러나 중력 가속도는 지구상에서 위치에 따라 다르므로 무게도 위치에 따라 달라진다. 편의상 표준 무게를 정의하여 사용할 수 있는데, 한 물체의 표준 무게는 그 질량과 표준 중력가속도의 곱이 된다.

현재 국제적으로 정한 표준 중력가속도는 9.80665 m/s^{2}이며 gn으로 표시한다.

3) 시간의 단위(초)

'초는 세슘-133 원자의 바닥상태에 있는 두 초미세 준위 사이의
전이에 대응하는 복사선의 9192631770 주기의 지속시간이다.'
(제13차 CGPM/1967~1968)

'이 정의에서 세슘원자는 온도가 0 K인 바닥상태에 있는 원자를 가리킨다.'
(CIPM/1997)

시간의 단위인 초는 예전에는 평균태양일의 1/86400로 정의되었었다. 여기서 "평균태양일"의 정확한 정의는 천문학 이론에 바탕을 두고 있고, 이렇게 정의된 초를 평균태양초라고 한다. 측정에 의해서 밝혀진 바로는 지구 자전의 불규칙성을 이론적으로 설명할 수 없다는 것과 이 불규칙성으로 인해 이 정의로는 시간의 단위를 우리가 요구하는 정확도로 실현할 수 없다는 것이다.

1956년 CIPM은 시간의 단위를 좀 더 엄밀하게 정의하기 위하여 국제천문학연맹이 태양년을 기초로 하여 만든 정의를 채택하였고, 1960년 제11차 CGPM에서 비준되었는데, 이것이 바로 역표초이며, 그 정의는 "초는 역표시로 1900년 1월 0일 12시에 대한 태양년의 1/31556925.9747이다." 다시 말해서, 평균태양초는 지구의 자전 주기를 기준으로 하였으나 역표초는 지구의 공전 주기를 기준으로 한 것이다. 위 정의의 표현을 바꾸어보면, 이렇게 정의된 초로는 1태양년이 약 31556926초가 된다는 의미이다. 또한 하루의 길이가 86400초이므로 1년은 약 365.2422일이 된다는 것을 알 수 있고, 여기서 365일을 빼고 남는 부분이 윤년의 근원이 되는 것이다.

4) 전류의 단위(암페어)

'암페어는 무한히 길고 무시할 수 있을 만큼 작은 원형 단면적을 가진
두 개의 평행한 직선 도체가 진공 중에서 1미터의 간격으로 유지될 때,
두 도체 사이에 매 미터당 2×10^{-7} 뉴턴의 힘을 생기게 하는 일정한 전류이다.'
(제9차 CGPM/1948)

1946년 처음 암페어를 정의할 때는 원문에서 "힘의 MKS 단위"라는 표현을 사용하였었는데, 제9차 CGPM에서 이 단위의 명칭으로 "뉴턴"이 채택되었으므로 위의 정의는 이 새로운 명칭으로 대치시킨 것이다. 이 정의에 따라 진공의 투자율은 정확히 $4\pi \times 10^{-7}\ \mathrm{H \cdot m^{-1}}$로 고정된다는 것을 주목하여야 한다.

전류와 저항에 대한 소위 "국제" 전기단위는 1893년 시카고에서 열린 국제전기협의회(International Electrical Congress)에서 도입되었고, "국제" 암페어와 "국제" 옴의 정의는 1908년 런던국제회의에서 확정되었다.

제8차 CGPM(1933)에서 "국제" 단위를 소위 "절대" 단위로 대치시키자는 만장일치의 요구가 이미 있었지만 이들을 폐기하자는 공식적인 결정은 제9차 CGPM(1948)에서 비로소 취해졌다. 이 회의에서 CIPM(1946)에 의해 제안된 위의 정의에 따라 전류의 단위로 암페어를 채택하였다.

5) 열역학적 온도의 단위(켈빈)

> '열역학적 온도의 단위인 켈빈은 물의 삼중점의 열역할적 온도의 1/273.16이다.'
> (제13차 CGPM/1967～1968)

열역학적 온도의 단위는 실질적으로 제10차 CGPM(1954)에서 정해졌는데, 여기서 물의 삼중점을 기본 고정점으로 선정하고, 이 고정점의 온도를 정의에 의해서 273.16 K로 정했다. 제13차 CGPM(1967～1968)에서 "켈빈도"(기호 °K) 대신 켈빈(기호 K)이라는 명칭을 사용하기로 채택하였고, 열역학적 온도의 단위를 위와 같이 정의하였다.

온도눈금을 정의해 오던 종래의 방법 때문에, 기호 T 로 표시되는 열역학적 온도를 물의 어는점인 기준온도 $T°$ =273.15 K와의 차이로 나타내는 것이 일반 관례로 남아있다. 이 온도 차이를 섭씨온도라고 하며, 기호는 t로 표시하고 다음 식으로 정의된다. $t = T - T°$ 섭씨온도의 단위는 섭씨도(기호 ℃)이며, 정의에 의해 켈빈과 그 크기가 같다. 온도차이 혹은 온도간격은 켈빈이나 섭씨도로 표현할 수 있다. 섭씨도로 표시된 섭씨온도 t의 수치는 다음과 같이 주어진다. $t/℃ = T/\mathrm{K} - 273.15$ 켈빈과 섭씨도는 모두 1989년 CIPM 권고사항 5에서 채택된 "국제온도눈금 1990"(ITS-90)의 단위이다. 여기서 주목할 것은 물의 삼중점의 온도와 섭씨 온도의 기준점이다. 원래 섭씨온도의 정의는 얼음의 녹는 온도가 기준점이었는데 물의 삼중점을 더 정확하게 현시할 수 있기 때문에 이를 기준점으로 삼은 것이다.

위에서 보는 대로 물의 삼중점은 273.16 K가 되고 이 값은 위 식에서 0.01℃ 가 됨을 알 수 있다. 다시 말하면 섭씨온도의 기준점은 물의 삼중점보다 0.01℃(또는 0.01 K) 낮은 것을 알 수 있다.

6) 몰질량의 단위(몰)

> 몰은 탄소 12의 0.012 킬로그램에 있는 원자의 개수와 같은 수의 구성요소를

> 포함한 어떤 계의 물질량이다. 그 기호는 'mol'이다. 몰을 사용할 때에는 구성요소를 반드시 명시해야 하며, 이 구성요소는 원자, 분자, 이온, 전자, 기타 입자 또는 이 입자들의 특정한 집합체가 될 수 있다.
> (제14차 CGPM/1971)

이 정의에서 탄소 12는 바닥상태에서 정지해 있으며 속박되어 있지 않은 원자를 가리킨다 (CIPM/1980).

화학의 기본법칙이 발견된 이래 "그램－원자", "그램－분자"와 같은 물질량의 단위들이 화학원소나 화합물의 양을 표시하는데 사용되어 왔다. 이들 단위는 실제 상대적 질량인 "원자량" 또는 "분자량"과 직접적인 관계가 있었다. 처음에는 "원자량"을 그 당시 일반적으로 16으로 합의된 산소의 원자량을 기준으로 정해졌었다. 그러나 물리학자가 질량분석기로 산소의 동위원소를 분리하여 그 중 하나에 16이란 값을 부여했다. 반면 화학자는 자연적으로 존재하는 산소 원소, 즉 산소 동위원소 16, 17, 18의 혼합물(약간 조성이 다를 수도 있지만)에 16이란 값을 부여하였다. 마침내 1959・1960년에 국제순수및응용물리학연맹(IUPAP)과 국제순수및응용화학연맹(IUPAC) 사이의 합의에 의하여 이러한 이중성을 종결시키기로 하였다. 그 후 물리학자와 화학자는 질량수 12인 탄소 동위원소(탄소 12, 12 C)에 상대원자량 12라는 값을 부여하는데 합의하였다. 이제 남은 일은 탄소 12에 상당하는 질량을 정하여 물질량의 단위를 정의하는 것이다. 이 질량은 국제적인 합의에 의하여 0.012 kg으로 정해졌고 "물질량"이란 양의 단위의 명칭은 몰(mole, 기호 mol)로 정해졌다.

7) 광도의 단위(칸델라)

> '칸델라는 진동수 540×10^{12} 헤르츠인 단색광을 방출하는 광원의 복사도가 어떤 주어진 방향으로 매 스테라디안 당 1/683 와트일 때 이 방향에 대한 광도이다.'
> (제16차 CGPM/1979)

이전에 여러 나라에서 사용되었던 불꽃이나 백열 필라멘트 표준에 기초를 둔 광도의 단위는 1948년 백금 응고점에서 유지된 플랑크 복사체(흑체)의 광휘도에 기초를 둔 "신촉광(新燭光)"으로 대치되었다. 이러한 내용은 이미 1937년 이전에 국제조명위원회(CIE)와 CIPM에 의해 마련되어 1946년 CIPM에 의해 공포되고, 이어서 1948년 제9차 CGPM에서 비준되었다. 이때에 광도단위에 대한 새로운 국제명칭 칸델라(기호 cd)가 채택되었다.

1946년에 공포된 이 칸델라의 정의는 1967년 제13차 CGPM에서 수정되었다.

즉, "칸델라는 101325 Pa(N/m^2)의 압력 하에서 백금 응고점에 유지된 흑체의 표면 1/600000 제곱 미터의 수직방향에 대한 광도이다."로 되었다.

그러나 고온에서 플랑크 복사체를 현시하는 데는 실험적으로 어려움이 많고 또한 광 복사 출력을 측정하는 복사측정방법(radiometry)에 의해 제공된 새로운 가능성 때문에 1979년 제16차 CGPM은 위와 같이 칸델라에 대한 새로운 정의를 채택하였다.

2.2 소음의 물리적 성질

음(Sound)이란 인간의 청력기관을 통해 느낄 수 있는 물리적 현상으로서 물리학 측면에서는 음파라고 하며 이는 탄성체를 통해 전달되는 밀도변화의 파이다.

소음(noise)이란 듣기 싫은 소리(unwanted sound or undesired sound)를 총칭하며, 그 물리적 성질은 음(sound)과 동일한 것이지만, 듣기 싫고, 일상생활을 방해하고, 인간의 생리적 기능에 변화를 주고, 청력을 저해하는 음을 지칭한다. 즉, 발생원이 무엇이든지 간에 불쾌감을 주고 작업상 능률을 저하시키는 소리를 말한다.

2.2.1 음의 용어 및 성질

(1) 파동(wave motion)

음에너지의 전달은 매질의 운동에너지와 위치에너지의 교번작용으로 이루어진다. 즉, 매질 자체가 이동하는 것이 아니라 매질의 변형운동으로 이루어지는 에너지 전달을 파동이라 한다.

(2) 파면(wave front)

파동의 위상이 같은 점들을 연결한 면이다.

(3) 음선(sound ray)

음의 진행방향을 나타내는 선으로 파면에 수직한다.

(4) 음파(sound wave)

공기 등의 매질을 통하여 전파하는 소밀파(압력파)로 순음(pure tone)의 경우, 그 음압은 그림 2.2와 같이 정현파적으로 변화하며, 그것에 대응하는 공기분자들은 진자처럼 자신의 평형위치에서 반복적으로 미소하게 변위한다. 음파는 매질 개개의 입자가 파동이 진행하는 방향의 앞뒤로 진동하는 종파(longitudinal wave)이다.

이러한 음파의 종류는 다음과 같다.

① 평면파(plane wave) : 음파의 파면들이 서로 평행한 파, 예를 들면 긴 실린더의 피스톤 운동에 의해 발생하는 파

② 발산파(diverging wave) : 음원으로부터 거리가 멀어질수록 더욱 넓은 면적으로 퍼져 나가는 파, 즉 음의 세기가 음원으로부터의 거리에 따라 감소하는 파

③ 구면(형)파(spherical wave) : 음원에서 모든 방향으로 동일한 에너지를 방출할 때 발생하는 파, 예를 들면 공중에 있는 점음원

④ 진행파(progressive wave) : 음파의 진행방향으로 에너지를 전송하는 파

⑤ 정재파(standing wave) : 둘 또는 그 이상의 음파의 구조적 간섭에 의해 시간적으로 일정하게 음압의 최고와 최저가 반복되는 패턴의 파, 예를 들면 튜브, 악기, 파이프 오르간, 실내 등에서 발생한다.

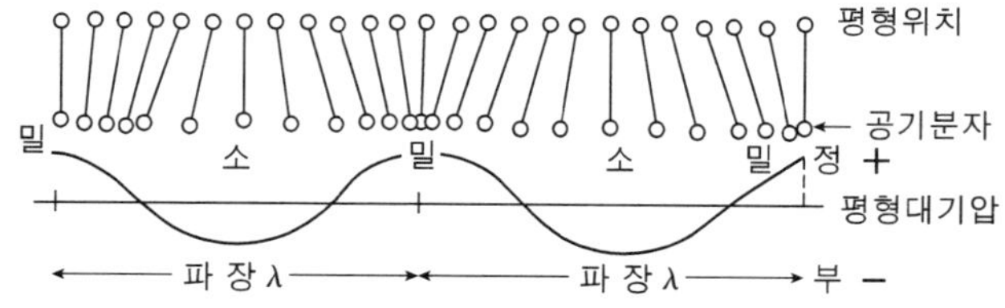

그림 2.2 공기입자와 정현음파

(5) 음의 회절(diffraction of sound wave)

장애물 뒤쪽으로 음이 전파되는 현상이다. 음의 회절은 파장과 장애물의 크기에 따라 다르며, 파장이 크고, 장애물이 작을수록(물체의 틈구멍에 있어서는 그 틈구멍이 작을수록) 회절은 잘 된다.

(6) 음의 굴절(refraction of sound wave)

음파가 한 매질에서 타 매질로 통과할 때 구부러지는 현상이다. 그림 2.3과 같이 한 매질(媒質)에서 타 매질로 음파가 전파될 때 그 매질 중의 음속은 서로 다르다.

입사각을 θ_1, 굴절각을 θ_2라 하면 그 때의 음속비 c_1/c_2은 식 (2.7)과 같다.

$$\frac{c_1}{c_2} = \frac{\sin\theta_1}{\sin\theta_2} \quad \text{(Snell의 법칙)} \tag{2.7}$$

식 (2.7)로부터 굴절 전과 후의 음속차가 크면 굴절도 커짐을 알 수 있다.

① 온도차에 의한 굴절 : 대기의 온도 차에 의한 굴절로 온도가 낮은 쪽으로 굴절한다. 즉, 낮(지표부근의 온도가 상공보다 고온)에는 상공쪽으로 굴절하며, 밤(지표부근의 온도가 상공보다 저온)에는 지표쪽으로 굴절한다. 따라서 낮에 거리감쇠가 커짐을 알 수 있다[그림 2.4 (a), (b) 참조].

② 풍속차에 의한 굴절 : 음원보다 상공의 풍속이 클 때 풍상측에서는 상공으로, 풍하측에서는 지면쪽으로 굴절하므로 풍상측에서 감쇠가 크다[그림 2.4 (c) 참조].

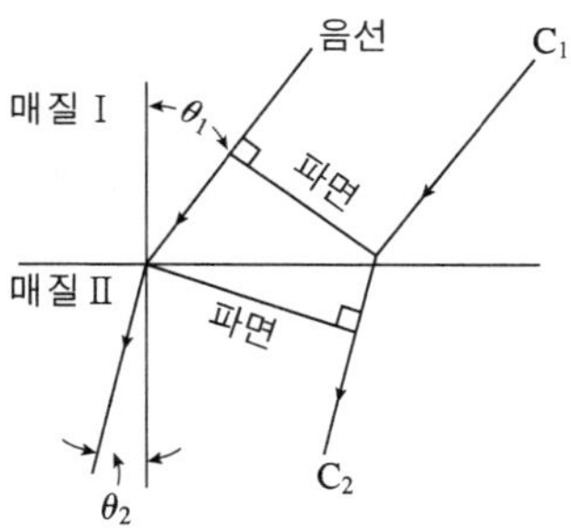

그림 2.3 음파의 굴절

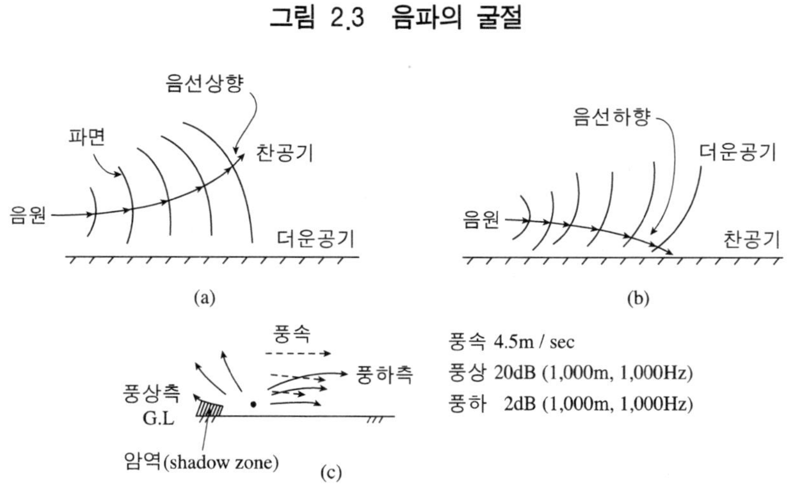

그림 2.4 대기 중 온도 및 풍향·풍속에 따른 음의 굴절

(7) 음의 간섭(interference of sound wave)

서로 다른 파동 사이의 상호작용으로 나타나는 현상이다.

(8) 중첩의 원리

둘 또는 그 이상의 같은 성질의 파동이 동시에 어느 한 점을 통과할 때 그 점에서의 진폭은 개개의 파동의 진폭을 합한 것과 같다.

① 보강간섭 : 여러 파동이 마루는 마루끼리, 골은 골끼리 만나면서 엇갈려 지나갈 때 그 합성파의 진폭은 개개의 어느 파의 진폭보다 크게 된다.
② 소멸간섭 : 여러 파동이 마루는 골과, 골은 마루와 만나면서 엇갈려 지나갈 때 그 합성파의 진폭은 개개의 어느 파의 진폭보다 작게 된다.
③ 맥놀이 : 주파수가 약간 다른 두 개의 음원으로부터 나오는 음은 보강간섭과 소멸간섭을 교대로 이루어 어느 순간에 큰 소리가 들리면 다음 순간에는 조용한 소리로 들리는 현상으로, 맥놀이 수는 두 음원의 주파수 차와 같다(beat라고도 함).

(9) 음의 반사(reflection) · 투과(transmission) · 흡수(absorption)

음파가 장애물에 입사되면 일부는 반사되고, 일부는 장애물을 통과하면서 흡수(장애물의 섬유소 등에 진동을 야기해 이들의 마찰작용에 의해 열에너지로 변환)되고, 나머지는 장애물을 투과하게 된다.

그림 2.5와 같이 평탄한 장애물이 있을 경우 입사파와 반사파는 동일 매질 내에 있고, 입사각과 반사각이 동일한 것을 반사법칙이라 한다. 그림 2.5의 법선 방향으로 수직 입사하는 음압을 P_i(음의 세기로는 I_i), 경계면에서 반사되는 음압을 $P_r(I_r)$, 투과하는 음압을 $P_t(I_t)$, 흡수되는 음의 세기를 I_a라 할 때,

① 반사율 α_r : 입사음 세기에 대한 반사음 세기의 비로, 경계면에서는 경계조건(음압 동일, 입자속도 동일)이 만족되므로,

$$P_i + P_r = P_t \tag{2.8}$$

$$v_i + v_r = v_t \tag{2.9}$$

여기서, 입자 속도 $v_i = \dfrac{P_i}{\rho_1 c_1}$, $v_r = -\dfrac{P_r}{\rho_1 c_1}$, $v_t = \dfrac{P_t}{\rho_2 c_2}$

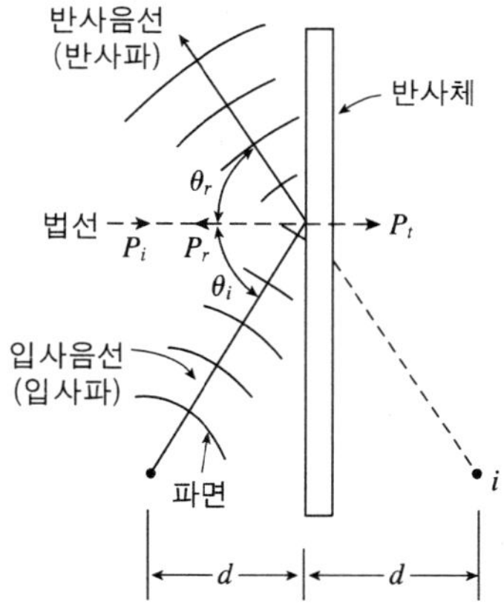

그림 2.5 점음원 음파의 반사법칙

$$\frac{P_i}{\rho_1 c_1} - \frac{P_r}{\rho_1 c_1} = \frac{P_t}{\rho_2 c_2} \tag{2.10}$$

$$\rho_2 c_2 (P_i - P_r) = \rho_1 c_1 P_t \tag{2.11}$$

식 (2.8)을 식 (2.11)에 대입하여 정리하면,

$$P_i(\rho_2 c_2 - \rho_1 c_1) = P_r(\rho_2 c_2 + \rho_1 c_1) \tag{2.12}$$

$$\therefore \frac{P_r}{P_i} = \frac{\rho_2 c_2 - \rho_1 c_1}{\rho_2 c_2 + \rho_1 c_1} \tag{2.13}$$

한편, $I = \frac{P^2}{\rho c}$의 관계로부터,

$$\text{반사율 } \alpha_r = \frac{I_r}{I_i} = \left(\frac{\rho_2 c_2 - \rho_1 c_1}{\rho_2 c_2 + \rho_1 c_1}\right)^2 \tag{2.14}$$

이 된다. 여기서, $\rho_1 c_1$은 입사측 매질, $\rho_2 c_2$는 타 매질의 고유 음향임피던스(specific acoustic impedance)로, 이 임피던스의 차가 크면 반사율도 커진다.

② 투과율 τ : 입사음 세기에 대한 투과음 세기의 비로

$$\tau = \frac{I_t}{I_i} \tag{2.15}$$

한편, 투과손실(transmission loss) TL은

$$\text{TL} = 10\log\left(\frac{1}{\tau}\right) \text{ [dB]} \tag{2.16}$$

③ 흡음율(흡수율) α : 입사음 세기에 대한 입사음 세기와 반사음 세기의 차의 비로

$$\alpha = \frac{I_a + I_t}{I_i} = \frac{I_i - I_r}{I_i} = 1 - \alpha_r = \frac{4(\rho_2 c_2 \times \rho_1 c_1)}{(\rho_2 c_2 + \rho_1 c_1)^2} \tag{2.17}$$

로 나타낸다. 경계면에서 음이 흡수되지 않는다는 가정 하에서, 즉 $I_a = 0$일 때, 또한 공기에서 물로 소리가 투과할 때의 투과율 $\tau = \frac{4(\rho_2 c_2 \times \rho_1 c_1)}{(\rho_2 c_2 + \rho_1 c_1)^2}$로 흡음율 α와 같다.

예제문제

공기의 고유 음향 임피던스는 20℃에서 428 rayls이고 물의 고유음향 임피던스는 20℃에서 1.48 × 10^6 rayls이다. 공기에서 물로 소리가 투과할 때의 투과율은 얼마인가?

풀이 투과율 $\tau = \frac{I_t}{I_i} = \frac{4(\rho_2 c_2 \times \rho_1 c_1)}{(\rho_2 c_2 + \rho_1 c_1)^2} = \frac{4(1.48 \times 10^6 \times 428)}{(1.48 \times 10^6 + 428)^2} = 1.156 \times 10^{-3}$

(10) Huyghens 원리

하나의 파면상의 모든 점이 파원이 되어 각각 2차적인 구면파를 사출하여 그 파면들을 둘러싸는 면이 새로운 파면을 만드는 현상이다.

(11) Doppler 효과

발음원(또는 수음자)이 이동할 때 그 진행 방향 쪽에서는 원래 발음원의 음보다 고음(고주파음)으로, 진행 반대쪽에서는 저음(저주파음)으로 되는 현상이다.

(12) 마스킹(masking) 효과

크고 작은 두 소리를 동시에 들을 때 큰 소리만 듣고 작은 소리는 듣지 못하는 현상으로 음파의 간섭에 의해 일어난다.

① 마스킹의 특징

㉠ 저음이 고음을 잘 마스킹한다.

㉡ 두 음의 주파수가 비슷할 때는 마스킹 효과가 대단히 커진다.

㉢ 두 음의 주파수가 거의 같을 때는 맥동이 생겨 마스킹 효과가 감소한다.

② 마스킹의 이용

㉠ 작업장 안에서의 배경음악

㉡ 자동차 안의 스테레오 음악 등

2.2.2 음의 제량 및 단위

(1) 파장(wavelength)

그림 2.6에서 압력이 제일 높은 곳(마루)과 다음의 제일 높은 곳(마루)간의 거리 또는 위상의 차이가 360°가 되는 거리를 말하며, 그 표시기호는 λ, 단위는 m이다.

$$\lambda = \frac{c}{f} \quad [\mathrm{m}] \tag{2.18}$$

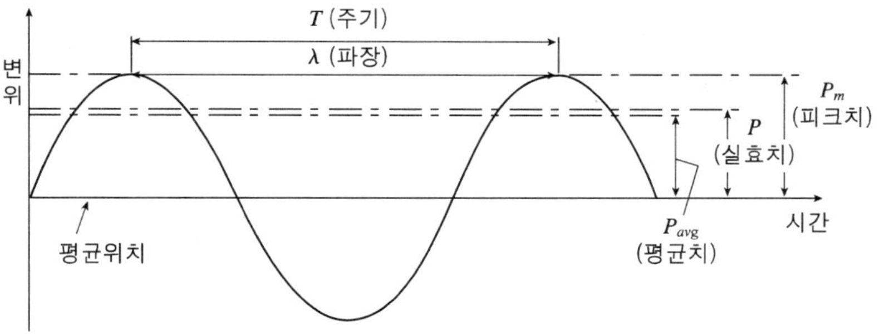

그림 2.6 정현파의 파동

예제문제

주파수가 150 Hz이고, 전파속도가 60 m/s인 파동의 파장은 얼마인가?

풀이 주파수 $f = 150$ Hz, 전파속도 $c = 60$ m/s

파장 $\lambda = \frac{c}{f} = \frac{60}{150} = 0.4$ m

(2) 주파수(frequency)

그림 2.7처럼 한 고정점을 1초 동안에 통과하는 마루(산) 또는 골(곡)의 평균 수, 또는 1초 동안의 cycle 수를 말하며, 그 표시기호는 f, 단위는 Hz (cycle/s)이다.

$$f = \frac{c}{\lambda} \text{ [Hz] 또는 } f = \frac{1}{T} \text{ [Hz]} \tag{2.19}$$

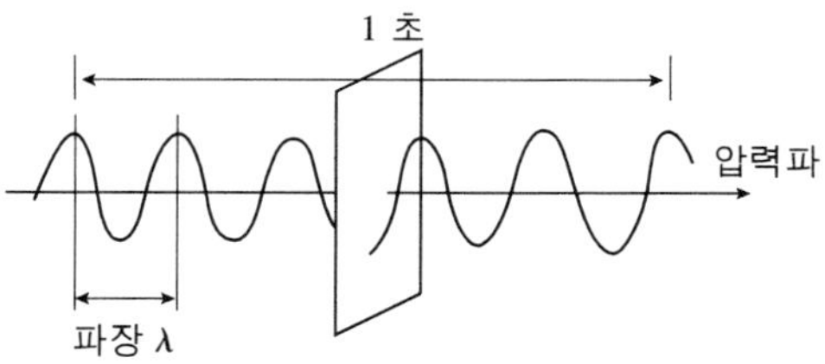

그림 2.7 정현파의 주파수

(3) 주기(period)

한 파장이 전파되는 데 소요되는 시간을 말하며, 그 표시기호는 T, 단위는 초(sec)이다(그림 2.6 참조).

$$T = \frac{1}{f} \text{ [sec]} \tag{2.20}$$

(4) 변위(displacement)

진동하는 입자(공기)의 어떤 순간의 위치와 그것의 평균위치와의 거리로, 입자변위라고도 하며, 그 표시기호는 D, 단위는 m이다.

(5) 진폭(amplitude)

진동의 진폭과 같이 진동하는 입자에 의해 발생하는 최대변위치를 말하며, 그 표시기호는 A (소음에서는 P_m), 단위는 m이다(그림 2.6 참조).

음파에 의한 공기 입자의 진동 진폭은 실제로 매우 적어 10^{-7} mm~수 mm 정도이다.

(6) 입자속도(particle velocity)

시간에 대한 입자변위의 미분 값으로 그 표시기호는 v, 단위는 m/sec이다.

(7) 고유 음향임피던스(specific acoustic impedance)

주어진 매질에서 입자속도(v)에 대한 음압(P)의 비를 말하며, 매질의 밀도 ρ에 그 매질에서의 음의 전파속도 c를 곱한 값이다. 그 표시기호는 $z(\rho c)$, 단위는 rayls (kg/m^2 · s)이다.

정상상태(20℃, 10^5 Pa, $\rho = 1.205$ kg/m^3)와 표준상태(0℃, 1.013×10^5 Pa = 1기압, $\rho = 1.293$ kg/m^3)의 대기 중에서 ρc는 각각 413.8 및 428.6 rayls이다.

$$z(\rho c) = \frac{P}{v} \quad \text{[rayls]} \tag{2.21}$$

(8) 음의 전파속도(speed of sound)

음속은 음파가 1초 동안에 전파하는 거리를 말하며 그 표시기호는 c, 단위는 m/s이다. 공기 중에서 음속은 기압의 공기 밀도에 따라 변하지만 지상 부근에서의 속도는 다음 식 (2.22)로 계산한다. 공기 중(또는 기체)에서,

$$c = \sqrt{\frac{kp}{\rho}} \quad [\text{m/s}] \tag{2.22}$$

여기서, k는 비열비$\left(\frac{C_p}{C_v} \fallingdotseq 1.402\right)$, p는 대기압(N/m^2), ρ는 공기밀도(kg/m^3)이다.

대기압이고 0℃일 때의 체적을 V_0, t℃일 때의 체적을 V라 하면,

$$V = V_0(1 + at) \tag{2.23}$$

여기서, a는 팽창계수(1/273)이다. 식 (2.23)을 밀도로 표시하면,

$$\frac{1}{\rho} = \frac{1}{\rho_0}(1 + at) \tag{2.24}$$

$$\rho = \frac{\rho_0}{1 + at} \tag{2.25}$$

식 (2.25)를 식 (2.22)에 대입하면,

$$c = \sqrt{\frac{kp}{\rho_0}} \cdot \sqrt{1+at} \fallingdotseq c_0\left(1+\frac{1}{2}at\right) \tag{2.26}$$

여기서, c_0는 온도 0℃일 때의 음속, ρ_0는 온도 0℃일 때의 밀도이다.

$$\rho_0 \fallingdotseq 1.293 \ [\mathrm{kg/m^3}]$$

$p = 1{,}013(\mathrm{mbar}) = 1.013\times10^3(\mathrm{dyne/cm^2}) = 1.013\times10^5(\mathrm{N/m^2})$이므로

$$c_0 = \sqrt{\frac{1.402\times101300}{1.293}} \fallingdotseq 331.42 \ [\mathrm{m/s}]$$

따라서 t℃일 때는 식 (2.26)에서

$$c = 331.42\left(1+\frac{1}{2}\cdot\frac{t}{273}\right) \fallingdotseq 331.42+0.6t \ [\mathrm{m/s}] \tag{2.27}$$

또는

$$c = 331.42(1+at)^{1/2} = 331.42\left(\frac{273+t}{273}\right)^{1/2} \tag{2.28}$$
$$= 331.42\frac{\sqrt{T}}{\sqrt{273}} \fallingdotseq 20.06\sqrt{T} \quad [\mathrm{m/s}]$$

여기서, T는 절대온도(°K = 273 + t°)이다. 앞의 식으로부터 음속은 절대온도의 제곱근에 비례함을 알 수 있다.

한편, 고체 및 액체 중에서의 음속 c는

$$c = \sqrt{\frac{E}{\rho}} \ [\mathrm{m/s}] \tag{2.29}$$

여기서, E는 young율(N/m^2), ρ는 매질의 밀도(kg/m^3)이다.

표 2.3 액체와 고체에서의 음속

매질	음속(m/s)	공기 중의 음속과의 비
납	1,220	1 : 3.5
물	1,370	1 : 4
나무	3,350~4,000	1 : 10
알루미늄	4,880	1 : 14
철	5,000	1 : 15

예제문제

20℃ 공기 중에서 500 Hz 음의 음속 및 파장은 얼마인가?

풀이 음속 $c = 331.42 + 0.6\,t = 331.42 + 0.6 \times 20 = 343.42\ \mathrm{m/s}$

파장 $\lambda = \dfrac{c}{f} = \dfrac{343.42}{500} = 0.69\ \mathrm{m}$

(9) 음압(sound pressure)

음에너지에 의해 매질에는 미세한 압력변화가 생기며 이 압력변화 부분을 음압이라 하고 그 표시기호는 P, 단위는 $\mathrm{N/m^2}(=\mathrm{Pa})$이다. 그림 2.6과 같은 정현파에서 음압진폭 P_m(피크치)과 음압실효치(rms 값) P와의 관계는 다음과 같다.

$$P = P_m / \sqrt{2}\quad [\mathrm{N/m^2}] \tag{2.30}$$

(10) 음의 세기(sound intensity)

음의 전파는 매질의 진동 에너지가 전달되는 것이므로 음의 진행방향에 수직하는 단위면적을 단위시간에 통과하는 음에너지를 음의 세기라하며, 그 표시기호는 I, 단위는 $\mathrm{W/m^2}$이다. 음의 세기 I와 음압실효치(통상 음압이라 함) P와는 식 (2.31)과 같은 관계가 있다.

$$I = P \times v = \frac{P^2}{\rho c}\quad [\mathrm{W/m^2}] \tag{2.31}$$

예제문제

15℃ 공기 중에서 음압진폭이 20 N/m²일 때, 음의 세기와 입자속도는 얼마인가?

풀이

공기밀도 $\rho = 1.293 \times \dfrac{273}{(273+t)} = 1.293 \times \dfrac{273}{(273+15)} = 1.226\ \mathrm{kg/m^3}$

음속 $c = 331.42 + 0.6t = 331.42 + 0.6 \times 15 = 340.42\ \mathrm{m/s}$

따라서, 음의 세기 $I = \dfrac{(P_m/\sqrt{2})^2}{\rho c} = \dfrac{(20/\sqrt{2})^2}{1.226 \times 340.42} = 0.48\ \mathrm{W/m^2}$

입자속도 $v = \dfrac{(P_m/\sqrt{2})}{\rho c} = \dfrac{(20/\sqrt{2})}{1.226 \times 340.42} = 0.034\ \mathrm{m/s}$

(11) 음향출력(acoustic power)

음원으로부터 단위 시간당 방출되는 총 음에너지를 말하며, 그 표시기호는 W, 단위는 W (watt)이다. 음향출력 W의 무지향성 음원으로부터 r(m) 떨어진 점에서의 음의 세기를 I라 하면,

$$W = I \times S \quad [\mathrm{W}] \tag{2.32}$$

여기서, S는 표면적(m^2)이다.

① 음원이 점음원(point source)인 경우

㉠ 음원이 자유공간(공중, 혹은 구면파라고도 함)에 있을 때

$$W = I \times 4\pi r^2 \quad [\mathrm{W}] \tag{2.33}$$

㉡ 음원이 반자유공간(반사율 1인 바닥 위, 혹은 반구면파라고도 함)에 있을 때

$$W = I \times 2\pi r^2 \quad [\mathrm{W}] \tag{2.34}$$

② 음원이 선음원(line source)인 경우

㉠ 음원이 자유공간에 있을 때

$$W = I \times 2\pi r \quad [\mathrm{W}] \tag{2.35}$$

㉡ 음원이 반자유공간에 있을 때

$$W = I \times \pi r \quad [\mathrm{W}] \tag{2.36}$$

예제문제

음향출력 100 W인 점음원이 지상에 있을 때 10 m 떨어진 지점에서의 음의 세기는 얼마인가?

풀이 음의 세기 $I = \dfrac{W}{S} = \dfrac{W}{2\pi r^2} = \dfrac{100}{2\pi \times 10^2} = 0.16\ \mathrm{W/m^2}$

2.2.3 소음의 단위 및 제량

(1) dB (deciBel)

소음의 크기 등을 나타내는데 사용되는 단위이다.

Weber-Fether의 법칙에 의해 사람의 감각량은 자극량에 대수적(對數的)으로 변한다.

$$\Delta \mathrm{S} \propto \frac{\Delta I}{I} \tag{2.37}$$

여기서, ΔS는 감각량의 변화량, ΔI는 자극량인 음의 세기의 변화량이다.
식 (2.37)을 적분하면,

$$S = K \log I \tag{2.38}$$

만약 최소가청음의 세기를 I_0라 하고, 그때의 레벨을 SIL_0라 하면(단, S를 SIL이라 함),

$$SIL - SIL_0 = K \log\left(\frac{I}{I_0}\right) \tag{2.39}$$

여기서, SIL_0은 0이 되고, K는 비례상수이므로,

$$SIL = K \log\left(\frac{I}{I_0}\right) \tag{2.40}$$

$K=1$일 때의 단위는 B(bell)로 사람이 가청할 수 있는 최소가청음의 세기 10^{-12} W/m²부터 최대가청음의 세기 10 W/m²까지를 B의 단위를 사용하여 나타내면 단지 0~13까지 14단계에 지나지 않는다. 따라서 이를 좀 더 세분하여 나타내기 위하여 $K=10$으로 한 dB (deciBel) 단위를 쓰면 0~130까지 140단계로 표시할 수 있으므로 이 단위를 쓴다.

(2) 음의 세기레벨(sound intensity level : SIL)

$$SIL = 10 \log\left(\frac{I}{I_0}\right) \ [\text{dB}] \tag{2.41}$$

여기서, I_0는 정상청력을 가진 사람의 최소 가청음의 세기(10^{-12} W/m²), I는 대상음의 세기이다.

예제문제

음의 세기레벨이 90 dB에서 93 dB로 변한다면 음의 세기는 몇 배 증가되는가?

풀이

$SIL = 10\log\frac{I}{I_0}$ 로부터 $\frac{I}{I_0} = 10^{\left(\frac{SIL}{10}\right)}$; $\frac{I_1}{I_0} = 10^9$, $\frac{I_2}{I_0} = 10^{9.3}$

따라서, $\Delta I = \frac{I_2 - I_1}{I_1} = \frac{10^{9.3} - 10^9}{10^9} = 0.995 \fallingdotseq 1$배 증가한다.

(3) 음압레벨(음압도, sound pressure level : SPL)

식 (2.31)에 의해 식 (2.41)을 변형하면,

$$\mathrm{SIL} = 10\log\left(\frac{I}{I_0}\right) = 10\log\left(\frac{P^2/\rho c}{P_0^2/\rho c}\right) = 20\log\left(\frac{P}{P_0}\right)\ [\mathrm{dB}]$$

즉,

$$\mathrm{SPL} = 20\log\left(\frac{P}{P_0}\right)\ [\mathrm{dB}] \qquad (2.42)$$

여기서, P_0는 정상청력을 가진 사람이 1,000 Hz에서 가청할 수 있는 최소 음압실효치 2 × 10^{-5} N/m^2, P는 대상음의 음압실효치이다. 가청 최대 한계는 60 N/m^{2}으로 130 dB 정도이다.

예제문제

인간이 최대로 가청할 수 있는 소리의 크기가 10 W/m^2 및 60 N/m^{2}이라 할 때 음의세기레벨과 음압 레벨은 몇 dB인가?

풀이

$$\mathrm{SIL} = 10\log\left(\frac{I}{I_0}\right) = 10\log\left(\frac{10}{10^{-12}}\right) = 130\ \mathrm{dB}$$

또한 $\mathrm{SPL} = 20\log\left(\frac{P}{P_0}\right) = 20\log\left(\frac{60}{2\times10^{-5}}\right) = 130\ \mathrm{dB}$

표 2.4 여러 음원에 대한 음압레벨

음압(N/m^2)	SPL(dB)	음원	음압(N/m^2)	SPL(dB)	음원
2×10^{4}	180	로켓 엔진	6.3×10^{-1}	90	트럭
6.3×10^{3}	170		2×10^{-1}	80	실내음악
2×10^{3}	160	제트 엔진	6.3×10^{-2}	70	혼잡한 거리
6.3×10^{2}	150		2×10^{-2}	60	보통 대화
2×10^{2}	140		$6.3\times10^{-}$	50	사무실
6.3×10^{1}	130	록밴드	2×10^{-3}	40	낮은 목소리 대화
2×10^{1}	120		6.3×10^{-4}	30	조용한 사무실
6.3	110		2×10^{-4}	20	녹음실
2	100	지하철	6.3×10^{-5}	10	
			2.8×10^{-5}	3	
			2×10^{-5}	0	

예제문제

자동차 경적음의 음압이 31.7 Pa일 때, 음압레벨은 몇 dB인가?

풀이 $\text{SPL} = 20\log\dfrac{31.7}{2\times 10^{-5}} = 124\ \text{dB}$

(4) 음향 파워레벨(sound power level : PWL)

$$\text{PWL} = 10\log\left(\frac{W}{W_0}\right)\ [\text{dB}] \tag{2.43}$$

여기서, W_0는 기준음향파워(10^{-12} W), W는 대상음원의 음향파워이다.

예제문제

음향파워가 0.1 watt이면 PWL은 얼마인가?

풀이 $\text{PWL} = 10\log\left(\dfrac{W}{W_0}\right) = 10\log\left(\dfrac{0.1}{10^{-12}}\right) = 110\ \text{dB}$

(5) SIL과 SPL의 관계

식 (2.41)의 I에 식 (2.31)을 대입하면,

$$\text{SIL} = 10\log\left(\frac{P^2/\rho c}{I_0}\right)\ [\text{dB}] \tag{2.44}$$

$\rho c \fallingdotseq 400$(rayls), $I_0 = 10^{-12}$ (W/m^2)을 대입하여 풀면,

$$\text{SIL} = 10\log\left(\frac{P^2}{4\times 10^{-10}}\right) = 10\log\left(\frac{P}{2\times 10^{-5}}\right)^2 = \text{SPL}$$

예제문제

면적 5 m^{2}의 창을 음압레벨 100 dB인 음파가 통과할 때, 이창을 통과한 음파의 음향 파워는 얼

마인가?

풀이 $\text{SPL} = \text{SIL} = 10\log\left(\dfrac{I}{10^{-12}}\right)$로부터

$I = 10^{-12} \times 10^{\frac{\text{SIL}}{10}} = 10^{-12} \times 10^{10} = 0.01\ \text{W/m}^2$

따라서, 음향파워 $W = I \cdot S = 0.01 \times 5 = 0.05\ \text{W}$

즉, 음의 세기레벨과 음압레벨은 서로 같으며, 이 음압레벨은 대부분의 소음계에서 청감보정회로를 통하지 않고, 다시 말해서 소음계의 청감보정회로를 F (혹은 Flat)에 놓고 측정한 값이다.

(6) SPL과 PWL의 관계

식 (2.43)에 식 (2.32)를 대입하면,

$$\begin{aligned} \text{PWL} &= 10\log\left(\frac{W}{W_0}\right) = 10\log\left(\frac{I \cdot S}{10^{-12}}\right) = 10\log\left(\frac{I}{10^{-12}}\right) + 10\log S \\ &= \text{SIL}(\text{혹은 SPL}) + 10\log S \end{aligned} \tag{2.45}$$

따라서,

$$\text{SPL} = \text{PWL} - 10\log S \tag{2.46}$$

1) 무지향성 점음원인 경우

㉠ 자유공간에 있을 때,

$$\begin{aligned} \text{SPL} &= \text{PWL} - 10\log(4\pi r^2) \\ &= \text{PWL} - (20\log r + 10\log 4\pi) \\ &= \text{PWL} - 20\log r - 11\ \ [\text{dB}] \end{aligned} \tag{2.47}$$

㉡ 반자유공간에 있을 때

$$\begin{aligned} \text{SPL} &= \text{PWL} - 10\log(2\pi r^2) \\ &= \text{PWL} - (20\log r + 10\log 2\pi) \\ &= \text{PWL} - 20\log r - 8\ \ [\text{dB}] \end{aligned} \tag{2.48}$$

2) 무지향성 선음원인 경우

㉠ 자유공간에 있을 때,

$$SPL = PWL - 10\log(2\pi r) \quad (2.49)$$

$$= PWL - 10\log r - 8 \ [dB]$$

㉡ 반자유공간에 있을 때,

$$SPL = PWL - 10\log(\pi r) \quad (2.50)$$

$$= PWL - 10\log r - 5 \ [dB]$$

음향 파워레벨은 직접 측정되지 않으므로 SPL을 측정하여 위의 식들에 의해 계산하여 구한다.

예제문제

음향출력 50 W의 점음원으로부터 구형파가 전파될 때 이 음원으로부터 3 m 지점의 음의 세기 레벨은 몇 dB인가 ?

풀이

$$PWL = 10\log\frac{W}{W_0} = 10\log\frac{50}{10^{-12}} = 136.99(dB)$$

$$SPL = SIL = PWL - 20\log r - 11$$

$$\therefore SIL = 136.99 - 20\log 3 - 11 = 116.45(dB)$$

(7) 음의 크기레벨(loudness level : LL)

감각적인 음의 크기를 나타내는 양으로 같은 음압 레벨이라도 주파수가 다르면 같은 크기로 감각되지 않는다. 따라서, 임의의 음에 대한 음의 크기 레벨 phon이란, 그 음을 귀로 들어 1,000 Hz 순음의 크기와 평균적으로 같은 크기로 느껴질 때 그음의 크기를 1,000 Hz 순음의 음세기레벨로 나타낸 것이 음의 크기레벨이다. 1,000 Hz 순음의 음세기레벨(또는 음압레벨)은 phon 값과 같으며, 그 표시기호는 LL, 단위는 phon이다(그림 2.8 참조, 그림에서 실선은 주파수별로 같은 크기로 느껴지는 음의 크기레벨을 나타낸 것이다).

(8) 음의 크기(loudness : S)

1,000 Hz 순음의 음세기레벨 40 dB의 음크기를 1sone, 즉 1,000 Hz 순음 40 phon을 1

sone으로 정의하며, 그 표시기호는 S, 단위는 sone이다.

$$S = 2^{(LL-40)/10} \quad [sones] \tag{2.51}$$

$$LL = 33.3 \log S + 40 \quad [phons]$$

S의 값이 2배, 3배 등으로 증가하면 감각량의 크기도 2배, 3배 등으로 증가한다.

예제문제

100 sones인 음은 몇 phons인가?

풀이 $LL = 33.3\log S + 40 = 33.3\log 100 + 40 = 106.6\,(phons)$

(9) 소음레벨(소음도, sound level : SL)

소음계의 청감보정회로 A · B · C 등을 통하여 측정한 값을 소음레벨이라 말하며, 그 표시기호는 SL, 단위는 dB(A) · dB(B) · dB(C) 등으로 한다. 귀로 느끼는 감각량을 계측기로 측정한 값으로 SL은

$$SL = SPL + L_R \quad [dB(A)] \tag{2.52}$$

여기서, L_R는 청감보정회로에 의한 주파대역별 보정치이다(그림 2.9 참조).

(10) 등청감곡선(equal loudness contours)

음의 물리적 강약은 음압에 따라 변화하지만 사람이 귀로 듣는 음의 감각적 강약은 음압뿐만 아니라 주파수에 따라 변한다. 따라서 같은 크기로 느끼는 순음을 주파수별로 구하여 그림 2.8과 같이 작성한 것을 말한다. 이 그림에서 1,000 Hz 순음의 음압도 20 dB은 20 phon으로 느끼지만, 100 Hz 순음의 음압도 20 dB은 귀로 들을 수 없으며, 그 음압도가 36 dB일 때 20 phon으로 느낀다. 사람의 귀로는 주파수 범위 20~20,000 Hz의 음압레벨 0~130 dB 정도를 가청할 수 있고, 이 청감은 4,000 Hz 주위의 음에서 가장 예민하며 100 Hz 이하의 저주파음에서는 둔하다.

(11) 청감보정회로(weighting network)

어떤 음의 감각적인 크기레벨을 측정하기 위해 등청감곡선을 역으로 한 보정회로를 소음계에 내장하여 근사적인 음의 크기레벨을 측정한다. 종래에 소음계에는 40, 70, 85 phon의 등청감곡선에 유사한 감도를 갖도록 주파수별 보정치가 실린 보정회로가 등청감곡선을 뒤집어 놓은 상태로 내장시켜 이를 순차적으로 A・B・C 청감보정회로라 하여 소음수준에 따라 사용하였다. 그 후 많은 연구결과 A특성 측정치가 감각과 가장 잘 대응한다는 인식 하에 현재는 국제적으로 거의 A특성만이 사용되고 있다.

A특성은 청감이 둔하여 느끼지 못하는 음압레벨만큼을 전기적으로 소거하는데, 이 양은 그림 2.7의 40폰 곡선이 지나는 음압레벨과 음압레벨 40 dB 횡선사이의 차로 정의된다. 이를 A특성 청감보정량이라 하며, 그 양은 표 2.5와 같다.

표 2.5에서 보듯이 각 주파수의 음압레벨을 100 dB이라 가정할 때에 1 kHz음은 그 크기대로 감각하지만, 31.5 Hz음은 100 dB에서 39.4 dB을 뺀 크기로, 2 kHz음은 100 dB에 1.2 dB을 더한 크기로 각각 감각함을 의미한다.

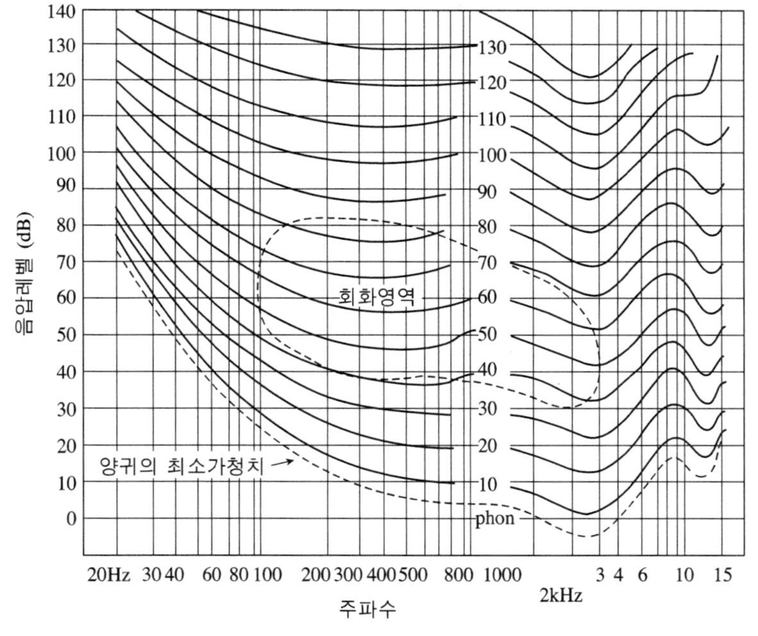

그림 2.8 등청감곡선

표 2.5 A특성 청감보정량(1/1 Octave Band)

중심주파수(Hz)	31.5	63	125	250	500	1k	2k	4k	8k
보정량(dB)	−39.4	−26.2	−16.1	−8.6	−3.2	0	+1.2	+1.0	−1.1

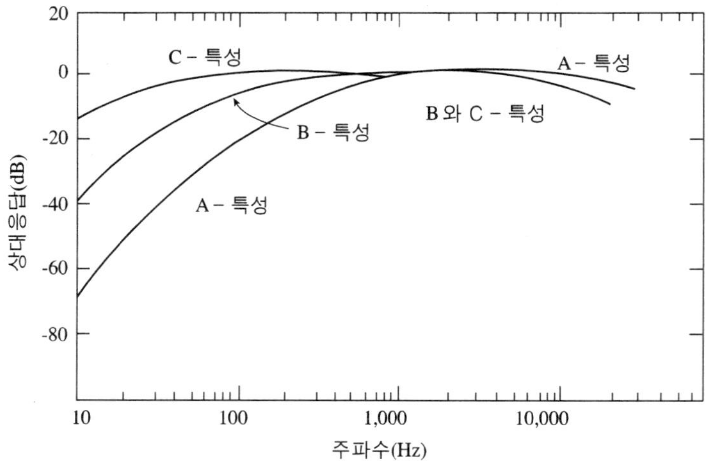

그림 2.9 청감보정회로의 상대응답

표 2.6 청감보정특성

청감보정회로 \ 내용	신호보정	용도
A 특성	저음역대	일반적으로 많이 이용
B 특성	중음역대	거의 사용 않음
C 특성	고음역대	소음등급평가, 물리적 특성 파악시 이용
D 특성	고음역대	항공기 소음평가시 사용
Linear (L 혹은 F 특성)	없 음	물리적 특성 파악

예제문제

공장 부지경계선에서 측정한 음압레벨이 250 Hz에서 86 dB, 2 kHz에서 68 dB일 때 소음레벨은 각각 몇 dB(A)인가?

풀이 $SL = SPL + L_R$

$SL_{250} = 86 - 8.6 = 77.4 \text{ dB(A)}$

$SL_{2000} = 68 + 1.2 = 69.2 \text{ dB(A)}$

(12) 주파수 분석기(filter)

주파수 분석기는 소음의 특성(스펙트라)을 분석하여 방지기술에 활용하는 필수적인 장비로 정비형과 정폭형이 있다.

① 정비형 : 대역(band)의 하한 및 상한주파수를 f_l 및 f_u라 할 때, 어떤 대역에서도 $\frac{f_u}{f_l}$의 비가 일정한 필터

$$\frac{f_u}{f_l} = 2^n$$

여기서, n은 1/1 혹은 1/3

② 정폭형 : 각 대역의 주파수 폭(밴드폭) $\text{bw}(f_u - f_l)$가 일정한 필터

③ 1/1옥타브 및 1/3옥타브밴드 분석기 : 정비형 필터로서

㉠ 1/1옥타브밴드 분석기는

$$\frac{f_u}{f_l} = 2, \quad f_u = 2f_l \tag{2.53}$$

중심주파수 $f_c = \sqrt{f_l \times f_u} = \sqrt{f_l \times 2f_l} = \sqrt{2}\,f_l$

$$\text{밴드폭} \quad \text{bw} = f_c\left(2^{\frac{n}{2}} - 2^{-\frac{n}{2}}\right) = f_c\left(2^{\frac{1}{2}} - 2^{-\frac{1}{2}}\right) = 0.707\,f_c \tag{2.54}$$

$$\text{또는} \quad \text{bw} = f_u - f_l = 2f_l - f_l = f_l \tag{2.55}$$

$$\%\ \text{밴드폭} \quad \%\text{bw} = \frac{\text{bw}}{f_c} \times 100\% \tag{2.56}$$

㉡ 1/3옥타브밴드 분석기

$$\frac{f_u}{f_l} = \sqrt[3]{2} = 2^{1/3}, \quad f_u = 1.26\,f_l \tag{2.57}$$

중심주파수 $f_c = \sqrt{f_l \times f_u} = \sqrt{f_l \times 1.26 f_l} = \sqrt{1.26}\,f_l$

$$\text{bw} = f_c\left(2^{\frac{1}{6}} - 2^{-\frac{1}{6}}\right) = 0.232\,f_c \tag{2.58}$$

$$\text{또는} \quad \text{bw} = f_u - f_l = 1.26\,f_l - f_l = 0.26\,f_l \tag{2.59}$$

$$\%\ \text{bw} = \frac{\text{bw}}{f_c} \times 100\% \tag{2.60}$$

그림 2.10의 옥타브 및 1/3옥타브 대역 별 음압레벨을 각각 dB 합산하면 그 값은 서로 같다.

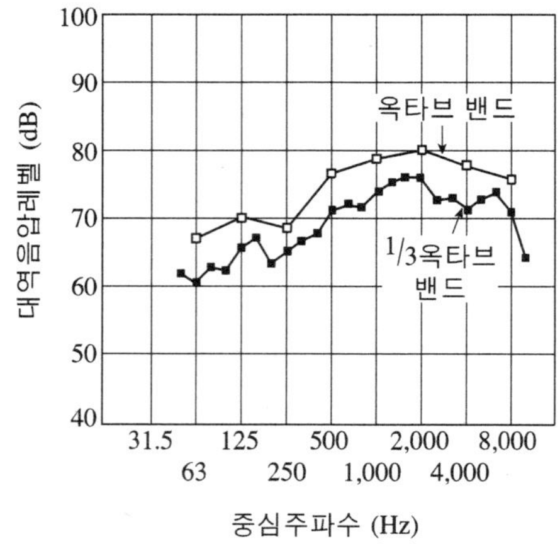

그림 2.10 옥타브 대역 음압레벨

표 2.7 1옥타브와 1/3옥타브 중심 주파수와 대역 하한·상한 주파수

하한 주파수 f_l	옥타브 중심주파수 f_c	상한 주파수 f_u	하한 주파수 f_l	1/3옥타브 중심주파수 f_c	상한 주파수 f_u
			18	20	22
			22	25	28
23	31.5	45	28	31.5	35
			35	40	45
			45	50	56
45	63	90	56	63	71
			71	80	90
			90	100	112
90	125	180	112	125	141
			141	160	178
			178	200	225
180	250	355	225	250	282
			282	315	355
			355	400	450
355	500	710	450	500	560
			560	630	710
			710	800	890
710	1,000	1,400	890	1,000	1,120
			1,120	1,250	1,400
			1,400	1,600	1,780
1,400	2,000	2,800	1,780	2,000	2,240
			2,240	2,500	2,800
			2,800	3,150	3,550

2,800	4,000	5,600	3,550 4,470 5,600	4,000 5,000 6,300	4,470 5,600 7,080
5,600	8,000	11,200	7,080 8,900 11,200	8,000 10,000 12,500	8,900 11,200 14,130
11,200	16,000	22,400	14,130 17,780 22,400	16,000 20,000 25,000	17,780 22,400 28,260
22,400	32,000	45,200	28,260	32,000	35,560

예제문제

중심주파수가 1,000 Hz 일 때 1/1 및 1/3 옥타브 밴드분석기의 밴드폭(bw) 및 %밴드폭을 각각 구하라.

풀이 ① 1/1 옥타브밴드 분석기

$$bw = 0.707 f_c = 0.707 \times 1,000 = 707Hz$$

$$\% bw = \frac{bw}{f_c} \times 100 = \frac{707}{1000} \times 100 = 70.7\%$$

② 1/3 옥타브밴드 분석기

$$bw = 0.232 f_c = 0.232 \times 1000 = 232Hz$$

$$\% bw = \frac{232}{1000} \times 100 = 23.2\%$$

예제문제

백색잡음을 옥타브 필터 및 1/3 옥타브 필터로 주파수분석을 할 경우 중심 주파수가 1000 Hz인 옥타브밴드 음압레벨은 중심 주파수가 500 Hz인 1/3 옥타브 밴드 음압 레벨보다 몇 dB 높겠는가? 백색 잡음(White Noise)은 모든 주파수의 음압레벨이 일정한 음을 말하며 Pink Noise는 옥타브밴드 중심주파수별 음압레벨이 일정한 음을 말한다.

풀이 ① 옥타브 밴드

$$bw = 0.707 f_c = 0.707 \times 1000 = 707Hz$$

$$SIL_1 = 10\log\left(\frac{I_1}{I_0}\right) = 10\log\left(\frac{707I}{I_0}\right)$$

② 1/3 옥타브밴드

$$bw = 0.232 f_c = 0.232 \times 500 = 116Hz$$

$$SIL_2 = 10\log\left(\frac{I_2}{I_0}\right) = 10\log\left(\frac{116I}{I_0}\right)$$

$$\therefore \Delta L = \mathrm{SPL}_1 - \mathrm{SPL}_2 = 10\log\left(\frac{707I}{I_0}\right) - 10\log\left(\frac{116I}{I_0}\right)$$
$$= 10\log\left(\frac{707}{116}\right) = 7.8\,\mathrm{dB}$$

2.3 음(소음)의 발생과 특성

(1) 음의 발생

1) 고체음

물체의 진동에 의한 기계적인 원인으로 발생한다. 예를 들면, 북 등의 타악기, 스피커, 기계의 충격・마찰・타격 등에 의한 소리 등이다.

① 일차고체음 : 기계의 진동이 지반진동을 수반하여 발생하는 소리
② 이차고체음 : 기계 본체의 진동에 의한 소리

2) 기류음

직접적인 공기의 압력변화에 의한 유체역학적 원인에 의해 발생한다. 예를 들면, 나팔 등의 관악기, 폭발음, 음성 등이다.

① 난류음 : 선풍기・송풍기 등의 소리
② 맥동음 : 압축기・진공펌프・엔진의 배기음

(2) 공명(resonance)

2개의 진동체(말굽쇠 등)의 고유 진동수가 같을 때 한쪽을 울리면 다른 쪽도 울리는 현상이다. 표 2.8은 간단한 구조의 진동체의 공명음 주파수(기본음)를 구하는 식으로 진동체의 길이와 두께 등이 변화하면 그 주파수도 변화함을 알 수 있다.

표 2.8 진동체의 기본(공명음) 주파수 산출식

진동체	기본음의 주파수	기호설명
봉의 종진동	$\frac{1}{2l}\sqrt{\frac{E}{\rho}}$	l : 길이 E : 영률 ρ : 재료의 밀도 k_1 : 상수 d : 각봉의 1변 또는 원봉의 직경 c : 공기 중의 음속 h : 판의 두께 a : 원판 반경 σ : 포아송비
봉의 횡진동	$\frac{k_1 d}{l^2}\sqrt{\frac{E}{\rho}}$	
일단개구관	$\frac{c}{4l}$	
양단개구관	$\frac{c}{2l}$	
주변고정원판	$\frac{3.2^2 h}{4\pi a^2}\sqrt{\frac{E}{3\rho(1-\sigma^2)}}$	

예제문제

25℃ **공기 중에서 길이가** 1 m**인 양단개구관의 공명기본음 주파수는 얼마인가?**

풀이 25℃ 공기 중의 음속 $c = 331.42 + 0.6t = 331.42 + 0.6 \times 25 = 346.42\text{m/s}$

따라서 공명 기본음 주파수 $f = \frac{c}{2l} = \frac{346.42}{2 \times 1} = 173.2\ \text{Hz}$

(3) 진동에 의한 고체음 방사

진동하는 원판 [반경 r(m)]으로부터 l(cm) 떨어진 점에서 대략적인 SPL은

$$\text{SPL} \fallingdotseq \text{VAL} + 20\log\left(\frac{r^2}{l}\right) + 50 \quad [\text{dB}] \tag{2.61}$$

여기서, VAL(vibration acceleration level)은 진동가속도레벨($\text{VAL} = 20\log\frac{a}{1\,\text{gal}}$, $1\ \text{gal} = 1\ \text{cm/s}^2 = 10^{-2}\ \text{m/s}^2$이며, a는 진동판의 가속도 실효치)이다.

한편, 진동판의 면적 $S(\text{m}^2)$의 전(全)음향 파워레벨 PWL은 근사적으로 $l \gg r$일 때, 식 (2.62)가 된다.

$$\text{PWL} \fallingdotseq \text{SPL} + 10\log S - 20\log\left(\frac{r}{l}\right) + 3\ [\text{dB}] \tag{2.62}$$

(4) 기류에 의한 공기음 방사

1) 개구부로부터의 방사음

흡입구 또는 토출구 등으로부터 방사되는 음의 방사 파워 W는

$$W = U^2 \cdot R \quad [\mathrm{W}] \tag{2.63}$$

여기서, U는 체적속도($U = v \times S$), v는 진동속도 실효치(m/s^2)이며, S는 방사면의 면적(m^2), R는 방사저항이다.

한편, 개구부의 음압 P는

$$P = U \cdot |Z| \quad [\mathrm{N/m^2}] \tag{2.64}$$

여기서, $|Z|$는 $\sqrt{R^2 + X^2}$, X는 피상저항이다.

만약 개구부의 반경을 a, 면적을 S, 파수(wave number)를 $k \left(= \dfrac{2\pi f}{c},\ \mathrm{rad/m}\right)$라 할 때 R과 X는 다음과 같다.

① 원통이 공간에 돌출되어 있을 때

$$ka \ll 1\,\mathrm{rad}\text{의 경우} \quad R = \omega^2 \frac{\rho}{4\pi c} \tag{2.65}$$

$$ka \gg 1\,\mathrm{rad}\text{의 경우} \quad R = \frac{\rho c}{S} \tag{2.66}$$

$$X = \omega \left(0.6 \frac{a \cdot \rho}{S}\right) \tag{2.67}$$

② 원통이 벽면에서 개구되어 있을 때

$$ka \ll 1\,\mathrm{rad}\text{의 경우} \quad R = \omega^2 \frac{\rho}{2\pi c} \tag{2.68}$$

$$ka \gg 1\,\mathrm{rad}\text{의 경우} \quad R = \frac{\rho c}{S} \tag{2.69}$$

$$X = \omega \left(0.85a \frac{\rho}{S}\right) \tag{2.70}$$

여기서, ω는 각주파수($= 2\pi f$), ρ는 기체의 밀도($\mathrm{kg/m^3}$)이다.

2) 개구부의 기류음

개구부에서 고속으로 분출될 때 발생하는 기류음의 방사파워(W)는

$$W = \eta R w^n S \quad [\mathrm{W}] \tag{2.71}$$

여기서, η는 방사계수(보일러 증기의 분출음의 경우 η는 3×10^{-5}~3×10^{-4}), R은 방사저항(ρc^{-5}), w는 분출속도, n은 일반적으로 3~8(음속정도인 경우 8)이다. 분출음의 주파수 f는

$$f=\mathrm{St}\cdot\frac{w}{d}\ [\mathrm{Hz}] \tag{2.72}$$

여기서, St는 Strouhal수로 0.1~0.2, d는 개구부의 직경(m)이다.

분출구로부터 분출방향으로의 거리를 r(m)이라 할 때, $r<4d$는 혼합역으로 고주파 성분이 많고, $5d<r<10d$는 난류역으로 저주파 성분이 많다.

(5) 음의 지향성

1) 지향계수(directivity factor : Q)

특정 방향에 대한 음의 지향도를 나타낸 것으로, 음원에서 방출되는 음의 강도가 방향(혹은 방출공간)에 따라 변화하는 상태를 지향성이라 하며 특정방향의 에너지와 평균에너지의 비를 지향계수라 한다. 예를 들어, 스피커에서 나오는 소리는 스피커 앞쪽이 뒤쪽보다 크므로 지향성은 스피커 앞이 크게 된다. 지향계수 Q는

$$Q=\log^{-1}\left(\frac{\mathrm{SPL}_\theta-\overline{\mathrm{SPL}}}{10}\right) \tag{2.73}$$

여기서, $\overline{\mathrm{SPL}}$는 음원에서 반경 r(m) 떨어진 구형면 상의 여러 지점에서 측정한 SPL의 평균치, SPL_θ는 동거리에서 어떤 특정방향의 SPL이다.

2) 지향지수(directivity index : DI)

$$\mathrm{DI}=\mathrm{SPL}_\theta-\overline{\mathrm{SPL}}\ [\mathrm{dB}] \tag{2.74}$$

$$\mathrm{DI}=10\log Q\ [\mathrm{dB}] \tag{2.75}$$

무지향성 점음원이라고도 하며, 그림 2.11과 같이 음원의 위치에 따라 지향성을 갖게 된다.

① 그림 2.11의 (a)와 같이 음원이 자유공간에 있을 때 $Q=2^n$(n : 반사면의 수)로부터 Q는 1, DI는 0이다.

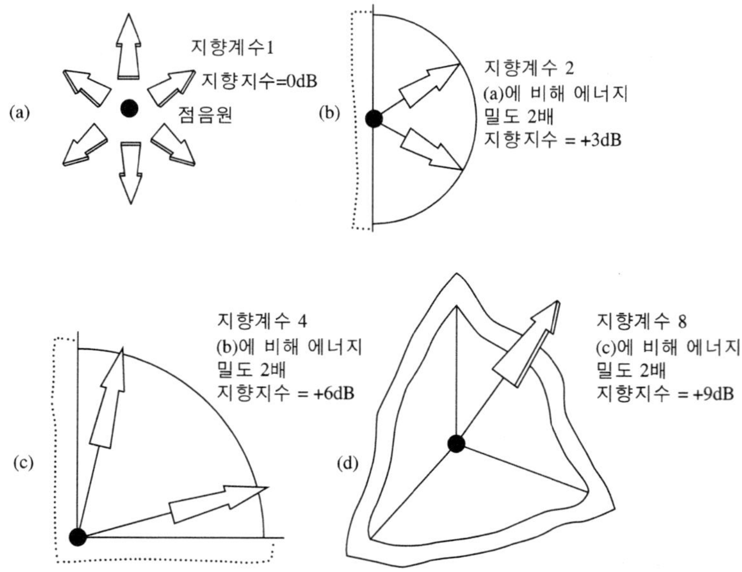

그림 2.11 음원의 위치별 지향성

② 그림 2.11의 (b)와 같이 반자유공간(바닥 위)에 음원이 있을 때 Q는 2, DI는 +3 dB

③ 그림 2.11의 (c)와 같이 두 면이 접하는 구석에 음원이 있을 때, Q는 4, DI는 +6 dB

④ 그림 2.11의 (d)와 같이 세 면이 접하는 구석에 음원이 있을 때, Q는 8, DI는 +9 dB 이다.

예제문제

평균 음압이 3,450 N/m^{2}이고, 특정지향 음압이 5,450 N/m^{2}일 때 지향지수는 얼마인가?

풀이

$$\mathrm{DI} = \mathrm{SPL}_\theta - \overline{\mathrm{SPL}}$$

$$\mathrm{SPL}_\theta = 20\log\frac{5{,}450}{2\times10^{-5}} = 168.707\mathrm{dB}$$

$$\overline{\mathrm{SPL}} = 20\log\frac{3{,}450}{2\times10^{-5}} = 164.736\mathrm{dB}$$

따라서 $\mathrm{DI} = 168.707 - 164.736 = 3.97\mathrm{dB}$

2.4 소음의 거리감쇠

기상조건・반사・지면 및 수목의 흡음 등을 배제한 이상적인 상태에서 소음의 거리감쇠를 살펴보기로 한다.

(1) 점음원의 경우

전파거리에 비해 크기가 아주 작은 음원은 점음원으로 볼 수 있으며 자유공간 내의 모든 방향으로 일정한 음을 방사하는 점음원이 있을 경우, 음원으로부터 거리 r(m) 떨어진 점의 음의 세기 I는 반경 r의 구면 전체를 1초 동안 통과한 음에너지와 음원의 음향파워 W가 서로 같으므로 음의 세기는 다음과 같다.

$$I = \frac{QW}{4\pi r^2} \quad [\mathrm{W/m^2}] \tag{2.76}$$

여기서, $Q = 1$이므로

$$I = \frac{W}{4\pi r^2}$$

위 식을 레벨로 나타내면

$$\begin{aligned} \mathrm{SPL} &= \mathrm{PWL} + 10\log\left(\frac{Q}{4\pi r^2}\right) = \mathrm{PWL} - 20\log r - 11 + 10\log Q \\ &= \mathrm{PWL} - 20\log r - 11 + \mathrm{DI} \end{aligned} \tag{2.77}$$

여기서, DI = 0 dB이므로 SPL = PWL − 20 log r − 11이다.

한편, 반사가 큰 지면 위에 점음원이 있는 경우

$$\mathrm{SPL} = \mathrm{PWL} - 10\log r^2 - 11 + 10\log 2 = \mathrm{PWL} - 20\log r - 8 \tag{2.78}$$

음원으로부터 r_1(m) 떨어진 지점의 음압레벨을 $\mathrm{SPL_1}$, $r_2\,(r_2 > r_1)$ 지점의 음압레벨을 $\mathrm{SPL_2}$라 하면 두 지점 사이의 거리에 따른 거리감쇠치 L_a는 식 (2.46)으로부터,

$$L_a = \mathrm{SPL_1} - \mathrm{SPL_2} = (\mathrm{PWL} - 10\log S_1) - (\mathrm{PWL} - 10\log S_2)$$

여기서, S_1 및 S_2는 거리 r_1 및 r_2를 반경으로 한 음선에 수직하는 구의 표면적으로 $4\pi r_1^2$(혹은 $2\pi r_1^2$) 및 $4\pi r_2^2$(혹은 $2\pi r_2^2$)이므로

$$L_a = 10\log\left(\frac{S_2}{S_1}\right) = 10\log\left(\frac{r_2}{r_1}\right)^2 = 20\log\left(\frac{r_2}{r_1}\right) \quad [\text{dB}] \tag{2.79}$$

예제문제

점음원의 파워레벨이 100 dB이고 그 점음원이 모퉁이에 놓여 있을 때 10m 되는 지점에서의 음압레벨은 얼마인가?

풀이 $\text{SPL} = \text{PWL} - 20\log r - 11 + 10\log Q$

$Q = 8$, $r = 10\text{m}$, $\text{PWL} = 100\text{dB}$ 이므로

$\text{SPL} = 100 - 20\log 10 - 11 + 10\log 8 = 78.03(\text{dB})$

(2) 선음원의 경우

$$L_a = 10\log\left(\frac{S_2}{S_1}\right) \quad [\text{dB}] \tag{2.80}$$

여기서, S_1 및 S_2는 거리 r_1 및 r_2를 반경으로 한 음선에 수직하는 원통의 표면적으로 $2\pi r_1$(혹은 πr_1) 및 $2\pi r_2$(혹은 πr_2)이므로 식 (2.80)은

$$L_a = 10\log\left(\frac{2\pi r_2}{2\pi r_1}\right) = 10\log\left(\frac{r_2}{r_1}\right) \quad [\text{dB}] \tag{2.81}$$

즉, 점음원으로부터 거리가 2배 멀어질 때마다 음압레벨이 6 dB(= 20 log2)씩 감쇠되는데 이를 역2승 법칙이라 한다. 또한 선음원에서는 3 dB(= 10 log2)씩 감쇠함을 보여준다(그림 2.12 참조).

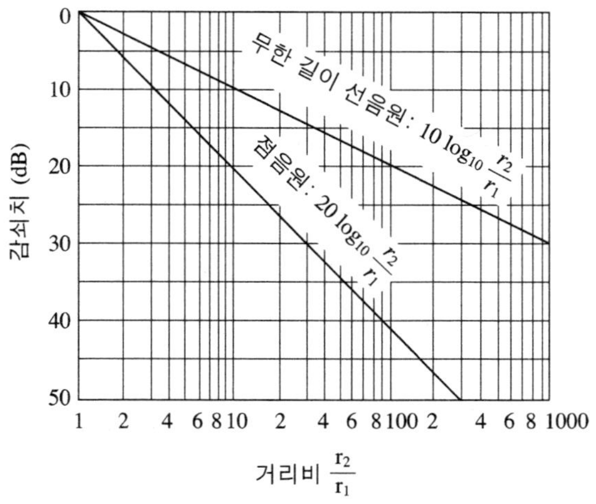

그림 2.12 거리비에 의한 감쇠치

(3) 면음원의 경우

1) 원형 면음원

$$\begin{aligned} \mathrm{SPL} &= \mathrm{PWL} + 10\log\left\{\ln\left|\,1+\left(\frac{a}{r}\right)^2\right|\right\} - 3\ [\mathrm{dB}] \\ &= \mathrm{PWL} + 10\log\left(\frac{a}{r}\right)^2 - 3\ [\mathrm{dB}] \\ &= \mathrm{PWL} + 20\log\frac{a}{r} - 3\ [\mathrm{dB}] \end{aligned} \tag{2.82}$$

여기서, a는 반경(m), r은 면음원에서 수직하게 떨어진 거리(m)이다.

예제문제

점음원과 선음원(무한히 긴 경우)이 있다. 각각의 음원으로부터 32 m 되는 거리에서 음압레벨은 100 dB이었다. 1 m 떨어진 곳에서의 음압 레벨은 각각 얼마인가?

풀이 ① 점음원의 경우

$L_a = \mathrm{SPL}_1 - \mathrm{SPL}_2 = 20\log\left(\frac{r_2}{r_1}\right)$ dB에서

$\mathrm{SPL}_1 = \mathrm{SPL}_2 + 20\log\left(\frac{r_2}{r_1}\right) = 100 + 20\log\left(\frac{32}{1}\right) = 130.10$ dB

② 선음원의 경우

$L_a = \mathrm{SPL}_1 - \mathrm{SPL}_2 = 10\log\left(\frac{r_2}{r_1}\right)$ dB에서

$$SPL_1 = SPL_2 + 10\log\left(\frac{r_2}{r_1}\right) = 100 + 10\log\left(\frac{32}{1}\right) = 115.05 \text{ dB}$$

2) 장방형 면음원

실용적으로 짧은 변의 길이를 a, 긴 변의 길이를 b라 할 때,

① $r < \frac{a}{3}$인 경우 $L_a = SPL_1 - SPL_2 = 0$ (2.83)

② $a/3 < r < b/3$인 경우 $L_a = SPL_1 - SPL_2 = 10\log\left(\frac{3r}{a}\right)$ [dB] (2.84)

③ $r > b/3$인 경우 $L_a = SPL_1 - SPL_2 = 20\log\left(\frac{3r}{b}\right) + 10\log\left(\frac{b}{a}\right)$ [dB] (2.85)

(4) 대기조건에 따른 감쇠

기상조건에서 공기흡음에 의해 일어나는 감쇠치 A_a는(바람은 무시하고, 기온은 20℃임)

$$A_a = 7.4 \times \left(\frac{f^2 \times r}{\phi}\right) \times 10^{-8} \text{ [dB]} \tag{2.86}$$

여기서, f는 옥타브 밴드별 중심 주파수(Hz), r은 음원과 관측점 사이의 거리(m), ϕ는 상대습도(%)이다. 이 식에서 주파수는 클수록, 습도는 낮을수록 감쇠치는 증가함을 알 수 있다. 일반적으로 기온은 낮을수록 감쇠치는 증가한다.

(5) 수목 기타에 의한 감쇠

풀이나 수목의 흡음에 의한 감쇠치는 그들의 상태에 따라 일정하지 않으나 다음 식으로 예측할 수 있다.

① 무성한 잔디나 관목의 흡음에 의한 감쇠치 A_g는

$$A_g = (0.18f - 0.31) \times r \text{ [dB]} \tag{2.87}$$

② 삼림의 흡음에 의한 감쇠치 A_f는

$$A_f = 0.01(f)^{1/3} \times r \text{ [dB]} \tag{2.88}$$

한편, 지면에 의한 흡음은 음원에서 30~70 m 이내의 거리에서는 무시한다.

2.5 소음의 계산

(1) 순음의 합

순음 발생기에서 다음과 같은 정현파(sinusoidal wave)가 발생하고 있다고 하자.

$$P_1 = P_{m1}\sin(\omega_1 t + \theta_1) \tag{2.89}$$

여기서, P_1는 순시치, P_{m1}는 피크 음압의 진폭, ω_1는 각주파수($2\pi f_1$, rad/s), t는 시간, θ_1는 위상각이다.

1) 음압실효치($\omega_1 = \omega_2$일 경우)

두 순음의 각주파수 $\omega_1 = \omega_2$이면 $P_1 = P_{m1}\sin(\omega t + \theta_1)$, $P_2 = P_{m2}\sin(\omega t + \theta_2)$의 합은 $\sin(a+b) = \sin a\cos b + \cos a\sin b$의 정리에서

$$\begin{aligned} P_1 + P_2 &= P_{m1}(\sin\omega t\cos\theta_1 + \cos\omega t\sin\theta_1) + P_{m2}(\sin\omega t\cos\theta_2 + \cos\omega t\sin\theta_2) \\ &= (P_{m1}\cos\theta_1 + P_{m2}\cos\theta_2)\sin\omega t + (P_{m1}\sin\theta_1 + P_{m2}\sin\theta_2)\cos\omega t \end{aligned}$$

한편, $A\sin\omega t + B\cos\omega t = \sqrt{A^2 + B^2}\sin\omega t + \theta_0$ 정리에서

$$\begin{aligned} P_1 + P_2 &= \sqrt{(P_{m1}\cos\theta_1 + P_{m2}\cos\theta_2)^2 + (P_{m1}\sin\theta_1 + P_{m2}\sin\theta_2)^2}\sin\omega t + \theta_0 \\ &= \sqrt{P_{m1}{}^2\cos^2\theta_1 + P_{m2}{}^2\cos^2\theta_2 + 2P_{m1}\cdot P_{m2}\cos\theta_1\cos\theta_2 + P_{m1}{}^2\sin^2\theta_1 + P_{m2}{}^2\sin^2\theta_2 + 2P_{m1}\cdot P_{m2}\sin\theta_1\sin\theta_2}\sin\omega t + \theta_0 \end{aligned}$$

한편, $\sin^2\theta + \cos^2\theta = 1$, $\cos(\theta_1 - \theta_2) = \cos\theta_1\cos\theta_2 + \sin\theta_1\sin\theta_2$이므로,

$$P_1 + P_2 = \sqrt{P_{m1}^2 + P_{m2}^2 + 2P_{m1}\cdot P_{m2}\cos(\theta_1 - \theta_2)}\sin\omega t + \theta_0 \tag{2.90}$$

만약 두 순음의 위상과 피크 진폭의 크기가 같다면 식 (2.89)에 의해,

$$\begin{aligned} P_1 + P_2 &= \sqrt{P_{m1}^2 + P_{m1}^2 + 2P_{m1}^2}\sin\omega t + \theta_0 \\ &= \sqrt{4P_{m1}^2}\sin\omega t + \theta_0 = 2P_{m1}\sin\omega t + \theta_0 \end{aligned}$$

따라서, 합성음파의 실효치 P_{rms}는

$$P_{rms} = P_{rms1} + P_{rms2} = P_{rms1} + P_{rms1} \tag{2.91}$$

$$= 2P_{rms1} = \frac{2P_{m1}}{\sqrt{2}} = \sqrt{2}\,P_{m1}$$

한편, 순음 1개가 있을 때보다 음압이 2배로 되므로 음압레벨은 6 dB 증가한다.

2) 음압실효치($\omega_1 \neq \omega_2$일 경우)

두 순음의 각주파수 $\omega_1 \neq \omega_2$일 때(대부분의 소음에서는 $\omega_1 \neq \omega_2$임) 합성음파의 실효치 P_{rms}는

$$P_{rms} = \sqrt{(P_{rms1})^2 + (P_{rms2})^2} = \sqrt{\left(\frac{P_{m1}}{\sqrt{2}}\right)^2 + \left(\frac{P_{m2}}{\sqrt{2}}\right)^2}$$

이 되어, $P_{m1} = P_{m2}$라면 그 두 순음의 합성음파의 실효치 $P_{rms} = \sqrt{2}\,P_{rms1}$이 되어 음압레벨이 한 개의 소음만 있을 때보다 3 dB 증가한다.

한편, 주파수가 다른 여러 개의 순음의 합성음파 실효치 P_{rms}는

$$P_{rms} = \sqrt{\left(\frac{P_{m1}}{\sqrt{2}}\right)^2 + \left(\frac{P_{m2}}{\sqrt{2}}\right)^2 + \left(\frac{P_{m3}}{\sqrt{2}}\right)^2 + \cdots} \tag{2.92}$$

예제문제

음압 순시치 $P_i = 20\sin(\omega t) + 15\sin(2\omega t) + 10\sin(4\omega t)$ N/m^{2}인 음파의 음압실효치는 얼마인가?

풀이 $P_{m1} = 20\text{N/m}^2$, $P_{m2} = 15\text{N/m}^2$, $P_{m3} = 10\text{N/m}^3$으로부터 합성음압의 실효치 P_{rms}는

$$P_{rms} = \sqrt{\left(\frac{P_{m1}}{\sqrt{2}}\right)^2 + \left(\frac{P_{m2}}{\sqrt{2}}\right)^2 + \left(\frac{P_{m3}}{\sqrt{2}}\right)^2}$$

$$= \sqrt{\left(\frac{20}{\sqrt{2}}\right)^2 + \left(\frac{15}{\sqrt{2}}\right)^2 + \left(\frac{10}{\sqrt{2}}\right)^2}$$

$$= 19\ \text{N/m}^2$$

(2) dB의 계산

소음원 S_1, S_2, ⋯ , S_n의 음향파워레벨의 각각을 L_1, L_2, ⋯ , L_n(dB)이라 하고 그 때의 음향 파워의 각각을 W_1, W_2, ⋯ , W_n이라 하면,

$$L_1 = 10\log\left(\frac{W_1}{W_0}\right),\ L_2 = 10\log\left(\frac{W_2}{W_0}\right) \cdots\ L_n = 10\log\left(\frac{W_n}{W_0}\right)$$

$$\frac{W_1}{W_0} = 10^{L_1/10},\ \frac{W_2}{W_0} = 10^{L_2/10} \cdots\ \frac{W_n}{W_0} = 10^{L_n/10}$$

① dB의 합(power 합) L은

$$L = 10\log\left(\sum_{i=1}^{n}\frac{W_i}{W_0}\right) = 10\log\left(\frac{W_1 + W_2 + \cdots\ W_n}{W_0}\right) \tag{2.93}$$

$$= 10\log\left(10^{L_1/10} + 10^{L_2/10} + \cdots\ 10^{L_n/10}\right)\ \ [\text{dB}]$$

② dB의 차 L'는

$$L' = 10\log\left(\frac{W_1}{W_0} - \frac{W_2}{W_0}\right) = 10\log\left(10^{L_1/10} - 10^{L_2/10}\right)\ \ [\text{dB}] \tag{2.94}$$

③ dB의 평균(power 평균), $\overline{L}$은

$$\overline{L} = 10\log\left\{\frac{1}{n}\left(10^{L_1/10} + 10^{L_2/10} + \cdots + 10^{L_n/10}\right)\right\}\ \ [\text{dB}]$$

$$= L - 10\log n\ \ [\text{dB}] \tag{2.95}$$

예제문제

공장내부에 소음을 발생시키는 기계가 존재하는데, PWL = 80 dB인 기계 4대, PWL = 85 dB인 기계 2대가 동시에 가동할 때 PWL의 합은 얼마인가?

풀이

$$\text{PWL} = 10\log\left(10^{\frac{\text{PWL}_1}{10}} + 10^{\frac{\text{PWL}_2}{10}} + \cdots\ 10^{\frac{\text{PWL}_n}{10}}\right)$$

$$= 10\log\left(4\times 10^{\frac{80}{10}} + 2\times 10^{\frac{85}{10}}\right) = 90\ \text{dB}$$

2.6 음의 청취

소리를 듣는다는 것은 음에너지에 의한 공기의 압력변화(음압)가 우리 귀의 고막에 가하여져 이를 진동시킴으로써 감각하는 기능을 말한다.

2.6.1 청각기구

사람의 귀는 그 기능상 외이, 중이, 내이로 구분되어 그림 2.13과 같은 구조와 전달 경로를 통해 음을 듣는다.

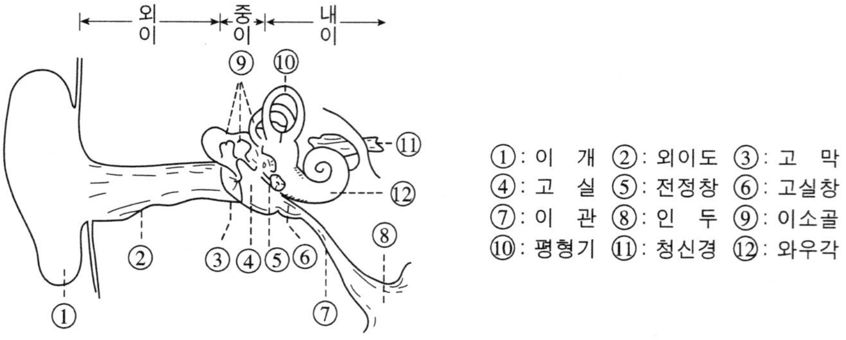

그림 2.13 귀의 구조

(1) 외이

1) 구성
   ① 귀바퀴(이개)
   ② 외이도(길이 약 3.5 cm)
   ③ 고막(두께 0.1 mm, 직경 약 1 cm)
2) 역할
   ① 이개－집음기 역할
   ② 외이도－한쪽이 고막으로 막힌 일단 개구관으로 동작되며 일종의 공명기로 음을 증폭
   ③ 고막－진동판으로 작동
3) 음의 전달 매질 : 기체(공기)

(2) 중이

1) 구성

④ 고실(넓이 1∼2 cm^2로 망치뼈·다듬이뼈·등자뼈로 구성된 이소골이 있음 : ⑨)

⑦ 이관(유스타키오관)

2) 역할

④ 이소골에 의해 고막의 진동을 고체진동으로 변환시켜 진동음압을 20배 정도 증폭, 외이와 내이를 임피던스 매칭(내이중 림프액의 임피던스가 높기 때문에 임피던스 매칭이 안될 경우 30 dB 정도의 음향손실이 발생됨)

⑦ 이관－고막의 진동을 쉽게 하도록 외이와 중이의 기압을 조정

3) 음의 전달매질 : 고체(뼈)

(3) 내이

1) 구성

⑤ 난원창(전정창)

⑥ 원형창(고실창)

⑧ 인두

⑩ 평형기

⑪ 청신경

⑫ 와우각

2) 역할

⑤ 난원창－이소골의 진동을 와우각 중의 림프액에 전달하는 진동판

⑫ 와우각(달팽이관)－약 3회권이며 내부에 림프액이 들어 있고 기저막에 의해 상하층으로 구분되며, 상층 기저막을 덮고 있는 섬모(hair cell 약 23,000개, 압전기 역할을 하는 감음기)를 림프액이 자극(진동)하면 청신경이 이를 대뇌에 전달하여 수음한다. 음의 대소는 섬모가 받는 자극의 크기에 따르며, 음의 고저는 자극을 받는 섬모의 위치(와우각 입구인 난원창 부근에서 고주파음을 감지하고 그 정점부근으로 이동하면서 저주파음을 감지)에 따라 결정한다.

3) 음의 전달 매질 : 액체(림프액)

2.6.2 청력

1) 음의 대소(큰 소리, 작은 소리) : 음파의 진폭(음압)의 크기에 따른다.
2) 음의 고저(고주파음, 저주파음) : 음파의 주파수에 따라 구분된다. 20 Hz 이하는 초저주파음(infrasound), 20～20,000 Hz 범위는 가청 주파수음, 20,000 Hz를 초과하는 것은 초음파(ultrasound)라고 한다.
3) 회화음 : 사람의 목소리는 100～10,000 Hz, 회화의 명료도는 200～6,000 Hz, 회화의 이해를 위해서는 500～2,500 Hz의 주파수 범위를 각각 갖는다.
4) 청력 손실 : 청력이 정상인 사람의 최소가청치와 피검자의 최소가청치와의 비를 dB로 나타낸 것으로, 다음 식에 의한 4분법 청력손실이 옥타브밴드 중심주파수 500～2,000 Hz 범위에서 25 dB 이상이면 난청이라 한다.

$$\text{평균청력손실} = \frac{a+2b+c}{4}\ [\text{dB}] \tag{2.96}$$

여기서, a : 옥타브밴드 500 Hz에서의 청력 손실
b : 옥타브밴드 1,000 Hz에서의 청력 손실
c : 옥타브 밴드 2,000 Hz에서의 청력 손실(dB)

2.7 소음공해의 특징과 주발생원

(1) 소음공해의 특징

① 축적성이 없다.
② 감각공해다.
③ 국소적・다발적이다.
④ 주위의 민원이 많다.
⑤ 대책 후에 처리할 물질이 발생되지 않는다.

(2) 주발생원

1) 도로교통 소음 : 주 간선도로변 80 dB(A) 내외, 차속이 2배로 되면 약 10 dB(A), 통과 대수가 2배로 되면 약 5 dB(A)이 증가한다.
2) 철도 소음 : 평탄지역 주행소음은 레일로부터 10 m 지점에서 90 dB(A) 내외, 포인트 통과시에는 5 dB(A) 정도 증가하고, 철교 및 고가 밑에서는 100 dB(A) 정도이다.
3) 항공기 소음 : 발생 음량이 많고, 금속성 고주파음이다. 간헐적이고 충격음이며, 상공에서 발생하기 때문에 피해면적이 극히 넓다. 활주로에서 1 km 떨어진 곳에서 젯트기가 머리 위로 지나갈 때 100 dB(A), 5 km 지점에서 85 dB(A) 정도이다.
4) 공장 소음 : 다른 소음에 비해 진정이 많다. 이는 공장이 주택과 혼재되어 있고, 중소기업이 많으며, 주택이나 공장건물이 음에 취약한 구조로 되어 있기 때문이다.
5) 건설 소음 : 건설기간에 한정된 소음으로 그 음은 대단히 크다. 기계로부터 30 m 지점에서의 파일햄머는 90 dB(A), 콤푸레셔는 80 dB(A) 정도이다. 충격적이며 지속기간이 길 때도 있고 강한 진동을 수반한다.
6) 생활 소음 : 확성기 소음, 심야의 영업장 소음, 사업장의 작업소음 등을 말한다. 특히, 야간에 소음이 크게 들리는 것은 전파가 잘되어 음향파워가 커지기 때문이다.

2.8 소음의 영향

2.8.1 소음의 영향에 관한 조건

(1) 소음측 조건(물리적 성상)

① 소음레벨 : 클수록 영향이 크다.
② 주파수의 특성(고음과 저음의 경우) : 고음일수록 영향이 크다.
③ 지속기간, 반복회수 연속음보다 간헐적이며, 충격적인 음이 영향이 크다.
④ 충격성 : 충격성 소음의 영향이 크다.
⑤ 이상의 성상의 시간적 변동 : 낮 시간대보다 밤 시간대에 영향이 크다.

(2) 인간측 조건(감수성)

① 건강도(건강・병세・임신・출산) : 건강한 사람보다 환자나 임산부가 감수성이 크다.
② 성별・연령 : 남성보다 여성, 노인보다 젊은 사람이 예민하다.
③ 체질과 기질
④ 심신의 상태(노동・휴식・수면)

(3) 소음과 인간 간의 조건

① 습관과 경험, 만성 영향
② 이해 등 사회적 관계

2.8.2 소음의 영향

(1) 청력에의 영향

① 일시성 청력손실(일시적 난청, temporary threshold shift, TTS) : 어느 정도 큰 소음을 들은 직후에 일시적으로 일어나는 청력저하로 수초~수일간의 휴식 후에 정상청력으로 돌아오며 영구성 청력손실을 예측하는 근거가 된다.
② 영구성 청력손실(영구적 난청, permanent threshold shift, PTS) : 소음성 난청이라고도 하며, 소음에 폭로된 후 2일~3주 후에도 정상청력으로 회복되지 않는다. 소음이 높은 공장에서 일하는 근로자들에게 나타나는 직업병으로 4,000 Hz 정도에서부터 난청이 진행된다.
③ 노인성 난청 : 고주파음(6,000 Hz)에서부터 난청이 시작된다.

(2) 정신적 영향

① 정서적 영향
② 작업・공부에 대한 방해 : 단순 반복작업에는 영향이 적고, 복잡한 사고, 기억을 필요로 하는 작업에 방해가 된다. 일반사무실 및 교실은 50 dB(A) 이하, 회의실 및 응접실은 40 dB(A) 이하가 바람직하다.
③ 수면방해 : 낮 55 dB(A), 밤 40 dB(A)일 때도 민원이 발생한다. 침실 내는 40 dB(A) 이하가 바람직하다.

(3) 신체적 영향(생리적 영향)

① 순환계 : 혈압상승, 맥박증가, 말초혈관 수축
② 호흡기계 : 호흡회수 증가, 호흡의 깊이 감소
③ 소화기계 : 타액분비량 증가, 위액산도 저하, 위 수축운동의 감퇴
④ 혈액 : 혈당도 상승, 백혈구 수 증가, 혈중 아드레날린 증가
이상의 현상은 자율신경계 기능의 변화 때문이다.

(4) 사회적 영향

지가(地價)하락, 가축에 영향(산란율·부화율·우유량 등 저하)

2.9 소음의 평가

(1) 회화 방해레벨(speech interference level : SIL)

소음을 600~1,200, 1,200~2,400, 2,400~4,800 Hz의 3개의 밴드로 분석한 음압레벨의 산술평균한 값이며, 1947년에 Beranek는 명료도 지수를 간이화할 목적으로 회화 방해에 대한 평가 척도인 SIL을 제안하였다.

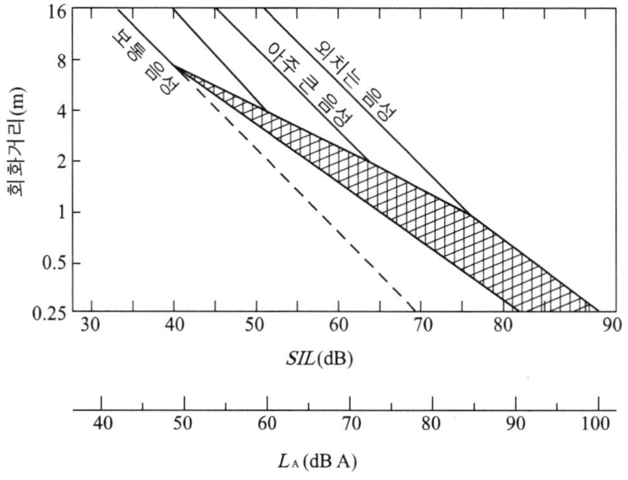

그림 2.14 SIL과 회화가능 거리와의 관계

(2) 우선회화 방해레벨(preferred speech interference level : PSIL)

회화 방해레벨(SIL)을 개정하여 소음을 1/1 옥타브밴드로 분석한 중심주파수 500, 1,000, 2,000 Hz의 음압레벨의 산술평균치이다.

표 2.9 PSIL 값에 의한 회화방해의 한계

화자간의 거리(m)	목소리의 크기(PSIL)			
	보 통	약간 크게	아주 크게	외치는 소리
0.15	74	80	86	92
0.3	68	74	80	86
0.6	62	68	74	80
1.2	56	62	68	74
1.8	52	58	64	70
3.7	46	52	58	64

(3) NC (noise criteria)

공조기 소음 등과 같은 실내소음을 평가하기 위한 척도로서 소음을 1/1 옥타브밴드로 분석한 결과에 의해 실내 소음을 평가하는 방법이다. 예를 들어, 그림 2.15에서 실내소음 권장치가 NC-40이라면 실내 소음의 각 대역별 1/1 옥타브밴드 음압레벨이 NC-40 곡선 이하가 되어야 함을 의미한다. 표 2.10은 실 용도별 NC권장치를 나타내고 있다.

(4) PNC (preferred NC)

NC곡선 중의 저주파부를 더 낮은 값으로 수정한 것이다.

표 2.10 실 용도별 NC권장치(Beranek)

실의 종류	NC값	dB(A)	실의 종류	NC값	dB(A)
방송 스튜디오	NC-15～20	25～30	가정(침실)	NC-30	40
콘서트홀(음악당)	NC-15～20	25～30	영화관	NC-30	40
극장(500석, 확성장치 없음)	NC-15～20	30～35	병 원	NC-30	40
음악실	NC-25	35	교 회	NC-30	40
교실(확성장치 없음)	NC-25	35	도서관	NC-30	40
집합주택, 호텔	NC-25～30	35～40	상 점	NC-35～40	45～50
회의장(확성장치 없음)	NC-25～30	35～40	식 당	NC-45	55

(5) NR (noise rating number : NRN)

NR곡선은 NC곡선을 기본으로 하고 음의 스펙트라, 반복성, 계절, 시간대 등을 고려한 것으로 기본적으로 NC와 동일하다. 즉, 소음을 1/1옥타브밴드로 분석한 음압레벨을 NR-chart에 plotting하여 그 중 가장 높은 NR곡선에 접하는 것을 판독한 값이 NR 값이다. 실용도에 따른 NR 권장기준은 표 2.11과 같다.

표 2.11 NR 값에 의한 실별 소음권장기준

NRN	실 별
20~30	침실, 병실, 라디오 스튜디오, 거실, 극장, 교회, 콘서트홀, 작은 사무실, 도서실, 강의실, 회의실
30~40	큰 사무실, 상점, 백화점, 조용한 레스토랑, 40 : 지적작업이 요구되는 평균적 한계
40~50	비교적 큰 레스토랑, 타이프가 있는 비서실, 체육관
50~60	비교적 큰 타이프실, 60 : 보통 사무실의 평균적 한계
60~70	작업장

(6) 교통소음지수(traffic noise index : TNI)

도로교통소음평가에 이용되며,

$$\mathrm{TNI} = 4(L_{10} - L_{90}) + L_{90} - 30 \tag{2.97}$$

이 값이 74 이상이면 주민의 50% 이상이 불만을 호소한다.

(7) 등가소음도(energy equivalent sound level : L_{eq})

변동이 심한 소음의 평가방법으로 측정시간 동안의 변동 소음에너지를 시간적으로 평균하여 이를 대수변환시킨 것으로,

$$L_{eq} = 10 \log \left(\sum_{i=1}^{n} f_i \times 10^{L_i/10} \right) \ \mathrm{dB(A)} \tag{2.98}$$

여기서, f_i는 일정 소음레벨 L_i의 지속시간율, L_i는 i번째의 소음레벨이다.

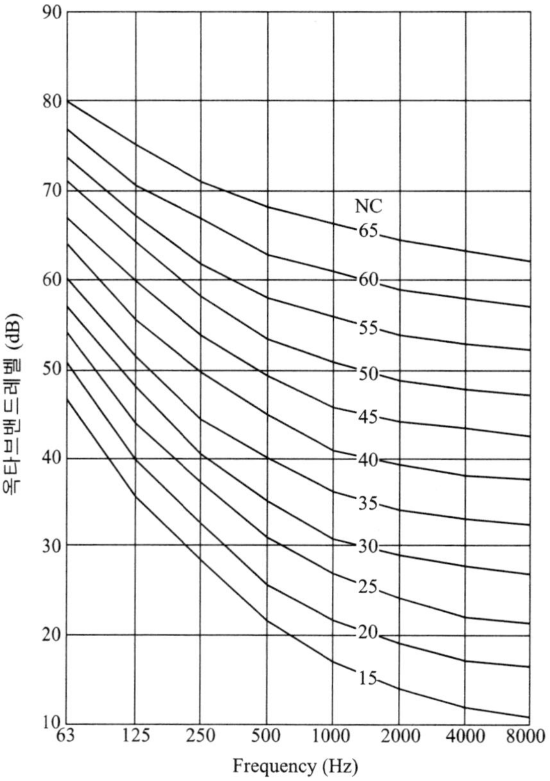

Frequency(Hz)	63	125	250	500	1000	2000	4000	8000
NC65	80	75	71	68	66	64	63	62
NC60	77	71	67	63	61	59	58	57
NC55	74	67	62	58	56	54	53	52
NC50	71	64	58	54	51	49	48	47
NC45	67	60	54	49	46	44	43	42
NC40	64	57	50	45	41	39	38	37
NC35	60	52	45	40	36	34	33	32
NC30	57	48	41	35	31	29	28	27
NC25	54	44	37	31	27	24	22	21
NC20	51	40	33	26	22	19	17	16
NC15	47	36	29	22	17	14	12	11

그림 2.15 NC 곡선(단위 : dB)

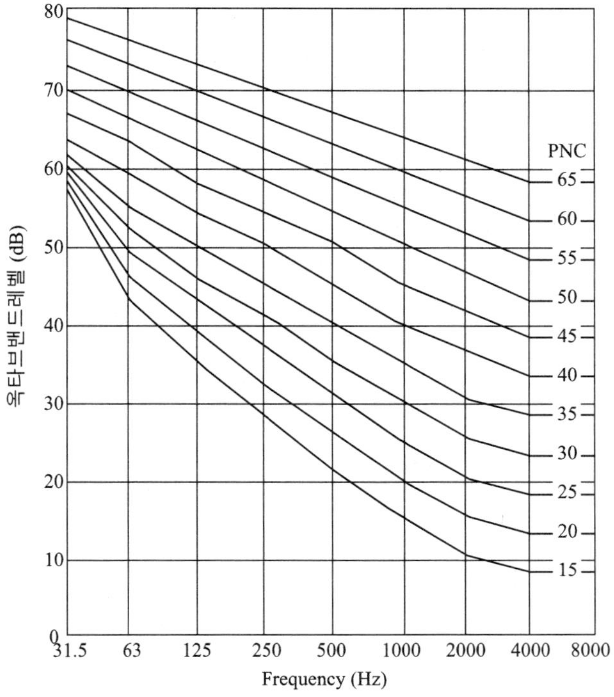

Frequency(Hz)	31.5	63	125	250	500	1000	2000	4000	8000
PNC65	79	76	73	70	67	64	61	58	58
PNC60	76	73	69	66	63	59	56	53	53
PNC55	73	70	66	62	59	55	51	48	48
PNC50	70	66	62	58	54	50	46	43	43
PNC45	67	63	58	54	50	45	41	38	38
PNC40	64	59	54	50	45	40	35	33	33
PNC35	62	55	50	45	40	35	30	28	28
PNC30	61	52	46	41	35	30	25	23	23
PNC25	60	49	43	37	31	25	20	18	18
PNC20	59	46	39	32	26	20	15	13	13
PNC15	58	43	35	28	21	15	10	8	8

그림 2.16 PNC 곡선(단위 : dB)

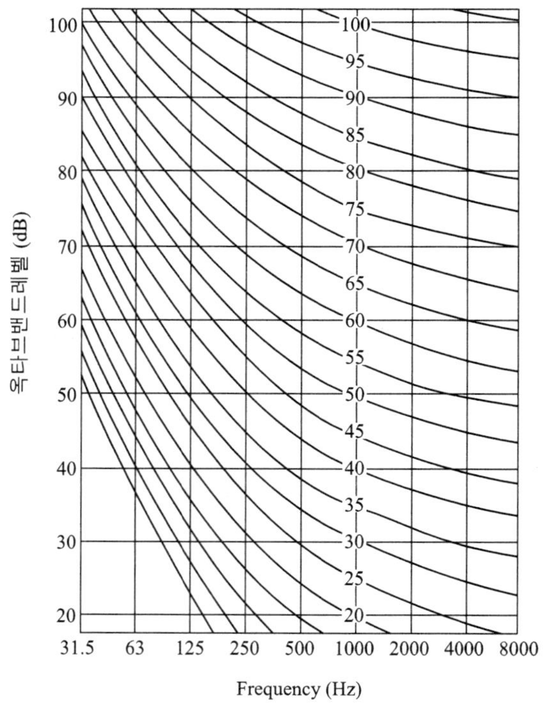

Frequency(Hz)	31.5	63	125	250	500	1000	2000	4000	8000
NR100	123	115	109	105	102	100	98	96	95
NR95	120	111	105	100	97	95	93	91	90
NR90	117	107	100	96	92	90	88	86	85
NR85	113	103	96	91	87	85	83	81	80
NR80	110	99	91	86	82	80	78	76	74
NR75	106	95	87	82	78	75	73	71	69
NR70	103	91	83	77	73	70	68	66	64
NR65	100	87	78	72	68	65	62	61	59
NR60	96	83	74	68	63	60	57	55	54
NR55	93	79	70	63	58	55	52	50	49
NR50	89	75	65	59	53	50	47	45	43
NR45	86	71	61	54	48	45	42	40	38
NR40	83	67	57	49	44	40	37	35	33
NR35	79	63	52	45	39	35	32	30	28
NR30	76	59	48	40	34	30	27	25	23
NR25	72	55	44	35	29	25	22	20	18
NR20	69	51	39	31	24	20	17	14	13
NR15	66	47	35	26	19	15	12	9	7
NR10	62	43	31	21	15	10	7	4	2
NR5	59	39	26	17	10	5	2	-1	-3
NR0	55	35	22	12	5	0	-4	-6	-8

그림 2.17 NR 곡선(단위 : dB)

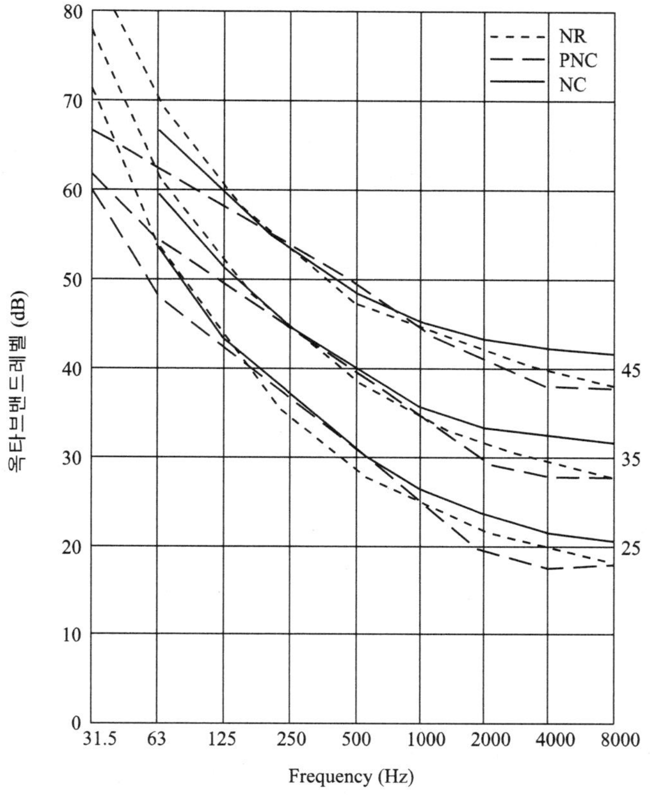

Frequency(Hz)	31.5	63	125	250	500	1000	2000	4000	8000
NC25		54	44	37	31	27	24	22	21
NR25	72	55	44	35	29	25	22	20	18
PNC25	60	49	43	37	31	25	20	18	18
NC35		60	52	45	40	36	34	33	32
NR35	79	63	52	45	39	35	32	30	28
PNC35	62	55	50	45	40	35	30	28	28
NC45		67	60	54	49	46	44	43	42
NR45	86	71	61	54	48	45	42	40	38
PNC45	67	63	58	54	50	45	41	38	38

그림 2.18 NC, PNC, NR 곡선의 비교(단위 : dB)

예제문제

소음발생원에서 측정한 결과가 다음과 같을 때 등가소음도를 구하시오.

측정값	시간(분)	측정값	시간(분)
65 dB(A)	14	75 dB(A)	4
70 dB(A)	10	85 dB(A)	2

풀이

$$L_{eq} = 10\log\left\{\frac{1}{30}(14\times 10^{65/10} + 10\times 10^{70/10} + 4\times 10^{75/10} + 2\times 10^{85/10})\right\}$$
$$= 71.8\text{dB}(A) \fallingdotseq 72\text{dB}(A)$$

(8) 소음통계레벨(percentage noise level : L_N)

총 측정시간의 N%를 초과하는 소음레벨로, L_{10}이란 총 측정시간의 10%를 초과하는 소음레벨이다. %가 적을수록 큰 소음레벨을 나타내며, $L_5 > L_{10} > L_{50} > L_{90} > L_{95}$의 관계가 있다.

표 2.12 소음통계레벨 산정예

<50회 소음레벨 측정값> 단위 : dB(A)

70	72	68	82	73	81	72	69	75	77
75	71	70	74	75	76	77	77	78	74
73	72	87	68	67	66	69	67	70	70
71	80	79	76	75	73	72	72	74	75
84	80	85	78	77	76	75	73	68	82

표 2.13 도수 및 누적도수

소음레벨	66	67	68	69	70	71	72	73
도 수	1	2	3	2	4	2	5	4
누적도수	1	3	6	8	12	14	19	23
소음레벨	74	75	76	77	78	79	80	81
도 수	3	6	3	4	2	1	2	1
누적도수	26	32	35	39	41	42	44	45
소음레벨	82	83	84	85	86	87		
도 수	2	0	1	1	0	1		
누적도수	47	47	48	49	49	50		

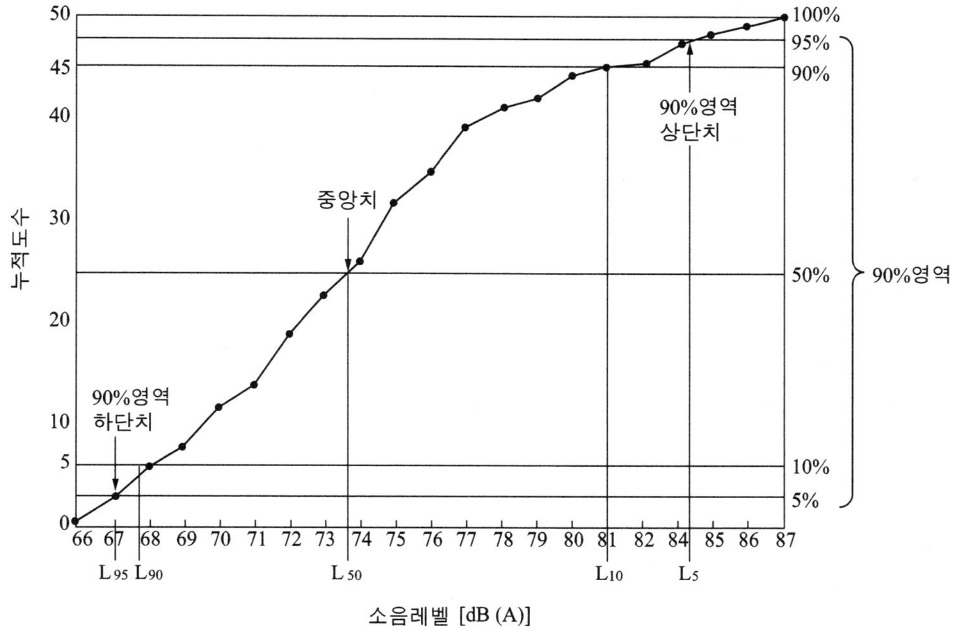

그림 2.19 누적도수곡선에 의한 소음통계레벨

(9) 주야 평균소음레벨(day-night average sound level : L_{dn})

하루의 매시간당 등가소음도를 측정(24개 data)한 후, 야간(22 : 00~07 : 00)의 매시간 측정치에 10 dB의 벌칙레벨을 합산한 후 파워평균(dB합)한 레벨이다.

$$L_{dn} = 10\log\left[\frac{1}{24}\left\{15\times 10^{\frac{L_d}{10}} + 9\times 10^{\frac{L_n+10}{10}}\right\}\right] \ \mathrm{dB(A)} \tag{2.99}$$

여기서, L_d : 07 : 00~22 : 00 사이의 매시간 L_{eq} 값

L_n : 22 : 00~07 : 00 사이의 매시간 L_{eq} 값

(10) 소음공해레벨(noise pollution level : L_{NP})

변동 소음의 에너지와 소란스러움을 동시에 평가하는 방법으로,

$$L_{NP} = L_{eq} + 2.56\sigma \ \ \mathrm{dB(NP)} \tag{2.100}$$

여기서, σ는 측정소음의 표준편차이다.

또는

$$L_{NP} = L_{eq} + (L_{10} - L_{90}) \fallingdotseq L_{50} + \frac{d^2}{60} + d \ \ \text{dB(NP)} \tag{2.101}$$

여기서, d는 $(L_{10} - L_{90})$이다.

(11) 감각소음레벨(perceived noise level : PNL)

소음을 0.5초 이내의 간격으로 1/1 또는 1/3 옥타브밴드 분석하여 각 대역별 음압레벨을 구한 후, 이 음압레벨에 상당하는 noy값을 그림 2.20에서 판독하여 다음 식에 의해 총 noy값 N_t를 구한다.

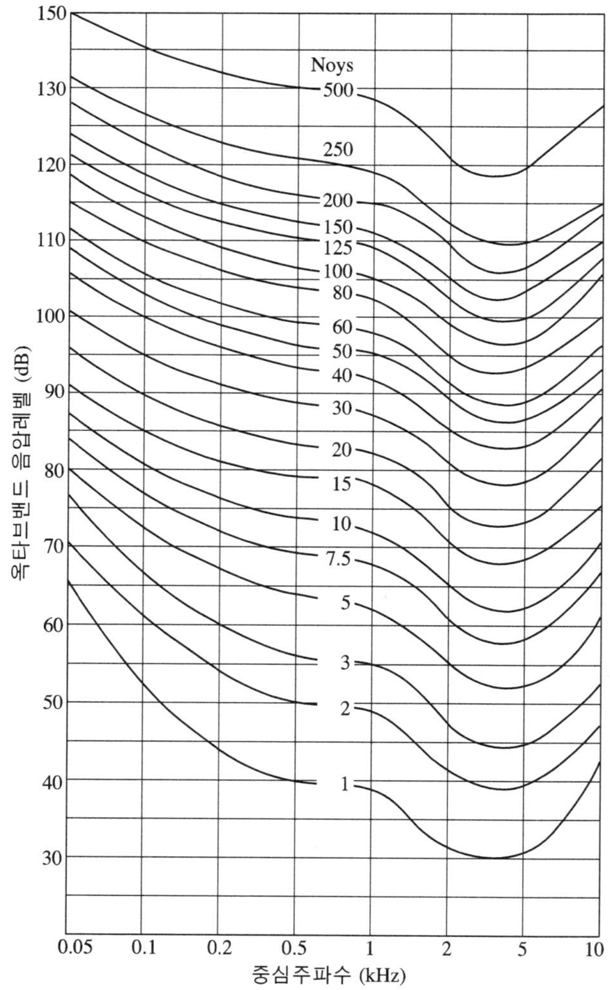

그림 2.20 중심주파수 및 옥타브밴드 음압레벨에 따른 noy 값

$$N_t = K_1 \sum_{i=1}^{n} N_i + K_2 N_{\max} \quad (2.102)$$

여기서, K_1 및 K_2는 1/1 옥타브밴드 분석시에 0.3 및 0.7, 1/3 옥타브랜드 분석시에 0.15 및 0.85, N_i는 각 대역별 noy 값, $N_{\max}$는 각 대역별 noy값 중 최대치이다.

이 N_t를 다음 식에 넣어 PNL을 산출한다.

$$\mathrm{PNL} = 33.3 \log(N_t) + 40\ \mathrm{PN}\ \ [\mathrm{dB}] \quad (2.103)$$

또는 대략적으로,

$$\mathrm{PNL} = \mathrm{dB(A)} + 13 \text{ 이나 } \mathrm{PNL} \fallingdotseq \mathrm{dB(D)} + 7 \quad (2.104)$$

를 사용하기도 하며, 이 PNL 값은 항공기소음평가의 기본 값으로 많이 사용된다.

(12) NNI (noise and number index)

영국에서 사용되는 항공기 소음의 평가방법으로,

$$\mathrm{NNI} = \overline{\mathrm{PNL}} + 15 \log n - 80 \quad (2.105)$$

여기서, $\overline{\mathrm{PNL}}$는 1일 중 총 항공기 통과시의 PNL의 평균치, n는 1일 중 총 항공기 이착륙 회수이다.

(13) EPNL (effective PNL)

국제민간항공기구(ICAO)에서 제안한 항공기소음평가치로 항공기 소음 증명제도에 이용되며,

$$\mathrm{EPNL} = 10 \log \sum_{i=1}^{n} \frac{\mathrm{TPNL_i}}{10} - 13\ \mathrm{EPN}\ \ [\mathrm{dB}] \quad (2.106)$$

여기서, $\mathrm{TPNL_i}$은 0.5초마다 산정한 PNL에 특이음을 보정한 값이다. 또는

$$\mathrm{EPNL} \fallingdotseq \mathrm{PNL_{max}} + D + F \quad (2.107)$$

여기서, $\mathrm{PNL_{max}}$는 1일 중 항공기 통과시 PNL 중 최대 PNL 값, D는 $10\log\left(\frac{\Delta t}{20}\right)$, Δt는 최대 PNL보다 10PNL 낮은 범위에서의 지속시간(초), $F=3$이다.

(14) WECPNL (weighted equivalent continuous perceived noise level)

국제민간항공기구 및 일본에서 채택하고 있는 항공기소음평가량으로,

$$\mathrm{WECPNL} = \overline{\mathrm{EPNL}} + 10\log(N_1 + 3N_2 + 10N_3) - 39.4 \tag{2.108}$$

$$\mathrm{WECPNL} = \overline{\mathrm{dB}}(\mathrm{A}) + 10\log\{N_2 + 3N_3 + 10(N_1 + N_4)\} - 27 \tag{2.109}$$

여기서, $\overline{\mathrm{dB}}(\mathrm{A})$는 1일 중 각 항공기 통과 소음의 피크치의 dB파워평균치이다. N_1은 0～7시, N_2는 7～19시, N_3는 19～22시, N_4는 22～24시 사이의 비행횟수이다. 우리나라에서는 식 (2.109)를 항공기소음의 평가 방법으로 채용하고 있다.

(15) NEF (noise exposure forecast)

미국의 항공기소음평가방법으로,

$$\mathrm{NEF} = \overline{\mathrm{EPNL}} + 10\log n - 83 \tag{2.110}$$

여기서, $\overline{\mathrm{EPNL}}$은 1일 중 각 항공기 통과시의 EPNL의 평균치, n은 1일 중 항공기 통과 대수이다.

2.10 소음의 측정

소음측정 및 분석을 위한 장비구성은 소음계 → 주파수 분석기 → 기록계의 순서이다.

(1) 측정목적

① 실태조사

② 규제기준에 적합한지의 여부

③ 방지대책

④ 민원처리 등을 위한 목적으로 측정한다.

(2) 측정지점 및 내용

① 소음원 : 음향파워레벨, 스펙트라(주파수 특성), 지향성 등

② 전파경로 : 공장 등의 실내의 음향효과, 벽면 등의 차음성, 주위소음(암소음)의 공간적 ·시간적 변화

③ 수음점 : 대상음의 소음레벨, 암소음, 스펙트라, 각 소음원별 기여도

자세한 측정방법은 환경오염공정시험기준 중 소음편을 참조하기 바란다.

(3) 소음계

어떤 소음을 소음계의 청감보정회로의 A 및 C에 놓고 측정한 소음레벨이 dB(A) 및 dB(C)일 때 $dB(A) \ll dB(C)$이면 그 소음은 저주파 성분이 많고, $dB(A) \approx dB(C)$이면 그 소음은 고주파가 주성분이 된다.

(4) 소음원의 음향파워레벨 측정

1) 자유음장법 : 소음원이 옥외에 있으며 반사물이 없을 때

$$\mathrm{PWL} = \overline{\mathrm{SPL}} - 10\log\left(\frac{Q}{4\pi r^2}\right) = \overline{\mathrm{SPL}} + 20\log r + 11 - 10\log Q$$

① 자유공간(공중)에 음원이 있으면 $(Q=1)$

$$\mathrm{PWL} = \overline{\mathrm{SPL}} + 20\log r + 11\ [\mathrm{dB}] \tag{2.111}$$

② 반자유공간(지면 위)에 음원이 있으면$(Q=2)$

$$\mathrm{PWL} = \overline{\mathrm{SPL}} + 20\log r + 8\ [\mathrm{dB}] \tag{2.112}$$

여기서, $\overline{\mathrm{SPL}}$는 반경 r의 구면상 여러 지점의 음압레벨의 평균치, r은 음원에서 측정점까지의 거리(m)이다.

2) 확산음장법 : 소음원이 잔향실과 같은 반사율이 큰 실내에 있을 때

$$\mathrm{PWL} = \overline{\mathrm{SPL}} - 10\log\left(\frac{4}{R}\right) = \overline{\mathrm{SPL}} + 10\log R - 6\ [\mathrm{dB}] \tag{2.113}$$

여기서, $\overline{\mathrm{SPL}}$은 실내 여러 지점의 음압레벨의 평균치, R은 실정수 $\left(R = \dfrac{\bar{\alpha}\cdot S}{1-\bar{\alpha}},\ \bar{\alpha}\text{는 실내의 평균흡음율}\right)$, S는 실내의 전 표면적(m^2)이다.

3) 반확산음장법 : 소음원이 공장 내에나 실내 등에 있을 때

$$PWL = \overline{SPL} - 10\log\left(\frac{Q}{4\pi r^2} + \frac{4}{R}\right)\ [dB] \tag{2.114}$$

여기서, Q는 지향계수이다.

4) 치환법 : 기계가 배치된 산업장 내의 유효실정수 R을 구하기는 힘들다. 이때는 이미 알고 있는 기준음원(sound power source)에 의한 치환법에 의해 효과적으로 대상기계의 파워레벨 PWL_m을 구할 수 있다.

$$PWL_m = PWL_s + (\overline{SPL}_m - \overline{SPL}_s)\ [dB] \tag{2.115}$$

여기서, PWL_s는 이미 알고 있는 기준음원의 음향 파워레벨, SPL_m은 기계로부터 r(m) 떨어진 반구면상의 평균음압레벨, SPL_s는 기준음원으로부터 r(m) 떨어진 반구면상(SPL_m 측정시와 동일한 위치)의 평균음압레벨(기준음원은 기계의 위치에 설치함)이다.

(5) 음장의 종류

실내 음원 주위의 음장은 자유음장(free field)과 잔향음장(reverberant field)으로 구성된다. 물론 옥외의 장애물에 의해서도 이런 음장은 존재한다.

이들 음장을 그림 2.21을 통해 살펴보자.

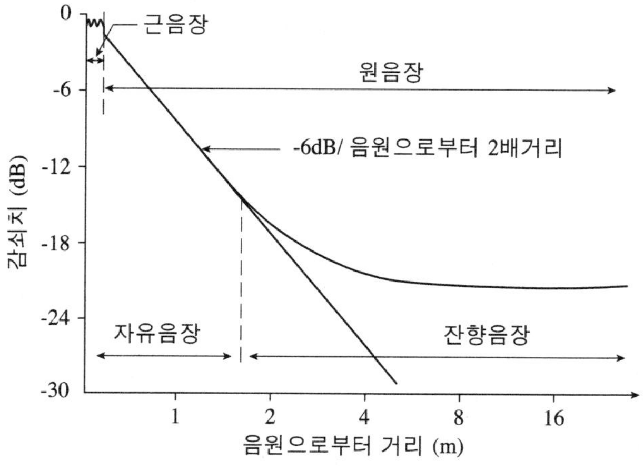

그림 2.21 실내의 음장형성

① 근음장(near field)

음원에서 근접한 거리(관심대상음의 수 파장 이내)에서 발생하며 입자속도는 음의 전파방향과 개연성이 없고, 위치에 따라 음압변동이 심하여 음의 세기는 음압의 2승과 비례관계가 거의 없으며, 음원의 크기, 주파수, 방사면의 위상에 크게 영향을 받는 음장이다.

② 원음장(far field)

자유음장과 잔향음장 영역으로 나누어지며, 자유음장에서는 음압레벨이 음원에서 거리가 2배로 되면 6 dB씩 감소(역 2승법칙 − inverse square law)하고, 입자속도는 음의 전파방향과 개연성이 있으며, 음의 세기는 음압의 2승에 비례한다.

㉠ 자유음장(free field) : 원음장 중 역 2승법칙이 만족되는 구역

㉡ 잔향음장(reverberant field) : 음원의 직접음과 벽에 의한 반사음이 중첩되는 구역

㉢ 확산음장(diffuse field) : 잔향음장에 속하며 밀폐된 실내의 모든 표면에서 입사음의 거의 100% 반사된다면 실내의 모든 위치에서 음의 에너지밀도가 일정한 것을 말하며 잔향실이 그 대표적인 예이다. 반면에 실내의 모든 표면에서 입사음의 거의 100%가 흡수되어 자유음장과 같은 조건을 만족할 수 있도록 만들어진 실을 무향실이라 한다.

소음측정시에는 이러한 음장을 각별히 주의하여 측정할 필요가 있다. 한편, 실내음장을 이해하는 수단으로 음향에너지밀도 δ가 사용되며, 1초 동안 단위면적을 통과한 음에너지 I는 거리 r(m) 사이의 공간에 존재하는 상태이므로 그 공간의 음향에너지 밀도 δ는

$$\delta = \frac{I}{c} \;\; [\mathrm{W \cdot sec/m}] \; (= \mathrm{J/m^3}) \tag{2.116}$$

여기서, I는 음의 세기(W/m^2), c는 음속(m/sec)이며 식 (2.31)의 관계로부터 다음 식이 얻어진다.

$$\delta = \frac{P^2}{\rho c^2} \;\; [\mathrm{J/m^3}] \tag{2.117}$$

또한, 직접 음장에서의 음에너지 밀도 δ_d는

$$\delta_d = \frac{I_d}{c} = \frac{QW}{4\pi r^2 c} \tag{2.118}$$

잔향음장 내의 음에너지 밀도 δ_r은

$$\delta_r = \frac{I_r}{c} = \frac{4W}{cR} \tag{2.119}$$

따라서, 실내에서 음원으로부터 r(m) 떨어진 위치의 음에너지 밀도 δ는

$$\delta = \delta_d + \delta_r = \frac{QW}{4\pi r^2 c} + \frac{4W}{cR} \tag{2.120}$$

여기서, R은 실정수 $\left[R = \dfrac{\bar{\alpha} S}{(1-\bar{\alpha})}\right]$로서 이 값이 클수록 실내의 흡음성이 높음을 의미한다. 지금 직접음장에서의 음의 세기$\left(I = \dfrac{W}{S}\right)$를

$$I_d = \frac{QW}{4\pi r^2} \tag{2.121}$$

잔향음장에서의 음의 세기를

$$I_r = \frac{4W}{R} \tag{2.122}$$

이라 하면 합성음의 세기 I는

$$I = \frac{QW}{4\pi r^2} + \frac{4W}{R} \tag{2.123}$$

따라서, SPL은

$$\mathrm{SPL} = \mathrm{PWL} + 10\log\left(\frac{Q}{4\pi r^2} + \frac{4}{R}\right)\ [\mathrm{dB}] \tag{2.124}$$

음원으로부터 어떤 거리 r(m) 떨어진 위치에서 직접음장 및 잔향음장에 의한 음압레벨이 같을 때 이 거리를 실반경(room radius)이라 하고, $\dfrac{Q}{4\pi r^2} = \dfrac{4}{R}$로부터,

$$r = \sqrt{\frac{Q \cdot R}{16\pi}}\ [\mathrm{m}] \tag{2.125}$$

가 된다.

Q & A

1. 30℃ 공기 중의 반자유공간(반사율이 1인 지면)상에 놓여 있는 무지향성 점음원으로부터 15 m 떨어진 점의 음압진폭이 3×10^{-2} N/m^{2}일 때 이 점에서의 음압도(SPL)와 음의 세기의 실효치, 음원의 음향파워 및 음향파워레벨을 각각 구하라.

2. 중심주파수가 2,000 Hz일 때 1/1 및 1/3 옥타브밴드 분석기의 밴드폭(bw) 및 % 밴드폭을 각각 구하라.

3. 10℃의 공기 중에서 직경 5 cm, 길이 2 m인 일단 및 양단개구의 음향관과 사람의 외이도(外耳道 : 길이 3 cm)의 공명 기본음 주파수를 구하라.

4. 작업장 내에서 95 dB(A)의 소음을 내는 기계가 3대가 있고, 88 dB(A)의 소음을 내는 기계가 2대가 있을 때 소리의 합은 얼마인가?

5. 주파수가 100 Hz이고, 음속이 50 m/s인 파동의 파장은 얼마인가?

6. (1) $P = 1$ Pa일 때, 음압 레벨 L_p는 몇 dB인가?
(2) $P = 31.7$ Pa일 때, 음압 레벨 L_p는 몇 dB인가?

7. 인간이 공기 중에서 일반적으로 들을 수 있는 음압은 2×10^{-5}~60 Pa이다. 이것을 음압 레벨(dB)로 표시하여라.

8. 60 phon의 소리는 50 phon의 소리에 비해 몇 배 크게 들리는가?

9. 점음원에서 발생되는 소음이 10 m 떨어진 곳에서 음압 레벨이 100 dB일 때, 이 음원에서 20 m 떨어진 곳의 음압 레벨은 얼마인가?

10. 반구면파로 전파되는 음원으로부터 10 m 떨어진 곳에서의 음압레벨이 100 dB일 때 음원의 PWL을 구하시오.

11. 출력이 0.1 W의 작은 점음원으로부터 100 m 떨어진 곳의 SPL을 구하시오.

12. 음원을 무지향성 점음원으로 가정할 때, 다음 각각의 경우에 음압레벨이 어떻게 변화되겠는가?
① 음의 세기가 2배로 될 때($I_1 = 2I$)
② 음압이 2배로 될 때($P_1 = 2P$)
③ 음원으로부터 거리가 2배로 될 때($r_1 = 2r$)
④ 동일한 소음원이 2개 더 추가될 때($n = 3$)

13. 공장 내 지면에 소형 선풍기가 있다. 여기서 발생하는 소음은 10 m 떨어진 곳에서 70 dB이다. 이것을 65 dB이 되도록 하려면 이 선풍기는 얼마나 이동시켜야 하는가?

14. 도로변에서 측정한 소음도가 L_{10} = 72.5 dB(A), L_{50} = 61.7 dB(A), L_{90} = 52.5 dB(A)이라면 소음공해레벨은?

15. 가로 6 m, 세로 3 m의 벽면 밖에서 SPL은 90 dB이었다. 12 m 떨어진 지점에서는 몇 dB이가?

16. 실정수 200 m^2인 실내 중앙의 바닥위에 설치되어 있는 소형기계의 파워레벨이 90 dB이다. 기계로부터 4 m 떨어진 실내 한 점의 음압레벨은?

17. 어떤 시간 동안 암소음이 70 dB(A)이고, 그 시간의 10% 동안 기계에서 100 dB(A)을 발생하였을 때 등가소음도는 ?

18. 24시간 동안 L_{eq} 68 dB(A)를 초과하지 않게 하기 위해 95 dB(A)의 사이렌을 몇 분간 운전하면 되는가? 단, 사이렌을 켜지 않을 때의 소음레벨은 55 dB(A)이다.

19. 반경 5 m의 반구상의 무지향성 음원이 굳고 평탄한 지면 위에 있다. 이 음원의 표면으로부터 15 m 떨어진 위치에서의 SPL은 76 dB이었다. 이 음원의 PWL은 ?

20. 에어컨을 가동하기 전의 실내음압 레벨이 65 dB이고, 에어컨이 가동될 때의 음압레벨이 72 dB이라면 에어컨만의 음압레벨은?

21. 딱딱하고 평탄한 두 벽체가 수직으로 교차하는 곳에 0.63W의 소형 점음원이 있다. 이 음원으로부터 10 m 지점의 음의 세기는?

22. 출력 0.1 W의 작은 음원으로부터 10 m 떨어진 자유공간과 반자유공간에서의 음압도 차는?

23. 낮 시간 동안의 매시간 등가소음도가 60 dB(A)이고, 밤시간 동안의 매시간 등가소음도가 50 dB(A)라 할 때 주야간 평균 소음도(L_{dN})는? 단, 밤시간은 9시간이다.

24. 음원으로부터 10 m 지점의 평균 음압도는 102 dB이고, 동거리에서 특정지향 음압도가 104 dB일 때 지향계수는?

25. 등가소음도가 62 dB(A)이고, 표준편차가 2.5 dB(A)일 때 소음공해레벨(L_{NP})은?

26. 각각 소음이 50 noys일 때 감각소음도는?

27. 기계로부터 r(m) 떨어진 곳에서 측정한 음압레벨이 65 dB이다. 같은 기계를 동시에 여러 대 운전하면서 동일지점에서 측정한 음압레벨이 72 dB이라면 기계의 운전대수는 총 몇 대인가?

28. 단단하고 평탄한 지면 위에 소형 음원에서 100 m 떨어진 지점의 음압레벨이 60 dB이었다. 공기의 흡음 감쇠를 0.3 dB / 10 m라 할 때 음원의 음향 출력은?

29. 자유공간에서 지향성 음원의 지향계수가 2.5이고, 이 음원의 음향 파워레벨이 122 dB일 때 이 음원으로부터 25 m 떨어진 지향점에서의 에너지 밀도는? 단, 음속 $c = 344$ m/s이다.

30. 바닥 면적이 25 m × 25 m이고 높이가 2 m인 방안에 음향출력 2 W의 등방향성 음원이 있다. 이 음원으로부터 15 m지점의 에너지밀도는? 단, 평균 흡음율은 0.2, $c = 344$ m/s이다.

31. 실효압력이 0.1 N/m^{2}일 때 실내 평균 에너지 밀도는? 단, $\rho c = 407$ rayls, $c = 344$ m/s이다.

32. 10 m × 6 m × 4 m(높이)인 방이 있다. 벽과 천정 그리고 바닥은 모두 콘크리트로 되어 있다. 실내에 출력이 1 mW의 음원이 있을 때 실내의 음압레벨은? 단, 콘크리트면의 흡음율은 0.02이다.

33. 기온이 20℃이고 음압실효치가 0.2 N/m^{2}일 때 평균 음에너지 밀도는?

1. ① 음압도

$$SPL = 20\log\frac{P_m/\sqrt{2}}{P_0} = 20\log\frac{3\times 10^{-2}/\sqrt{2}}{2\times 10^{-5}} \fallingdotseq 61dB$$

② 음의 세기의 실효치

$I = \frac{(P_m/\sqrt{2})^2}{\rho c}$ 로부터 공기 중의 밀도 $\rho = 1.293\times\frac{273}{303} \fallingdotseq 1.165kg/m^3$

음속 $c = 20.06\sqrt{303} \fallingdotseq 349.18m/s$

$$I = \frac{(3\times 10^{-2}/\sqrt{2})^2}{1.165\times 349.18} \fallingdotseq 1.11\times 10^{-6}W/m^2$$

③ 음향파워

$$W = I\cdot S = 1.11\times 10^{-6}\times 2\pi r^2 = 1.11\times 10^{-6}\times 2\pi\times 15^2 \fallingdotseq 1.57\times 10^{-3}\,watt$$

④ 음향 파워 레벨

$$PWL = 10\log\frac{W}{W_o} = 10\log\frac{1.57\times 10^{-3}}{10^{-12}} \fallingdotseq 92dB$$

또는 $PWL = SPL + 20\log r + 8 = 61 + 20\log 15 + 8 \fallingdotseq 92.5dB$

2. n옥타브밴드 분석기에서 f_c를 중심주파수라 하면 $bw = f_c[2^{n/2} - 2^{-n/2}]$ Hz이므로

① 1/1 옥타브밴드 분석기

$bw = 2{,}000\ [2^{1/2} - 2^{-1/2}] \fallingdotseq 1414\ Hz$

$\%밴드폭 = \frac{bw}{f_c}\times 100 = \frac{1414}{2{,}000}\times 100 \fallingdotseq 70.7\%$

② 1/3 옥타브밴드 분석기

$bw = 2{,}000[2^{\frac{1/3}{2}} - 2^{\frac{-1/3}{2}}] \fallingdotseq 464\ Hz$

$\%밴드폭 = \frac{464}{2{,}000}\times 100 \fallingdotseq 23.2\%$

3. 관로 중의 음속 $c = 20.06\sqrt{283} \fallingdotseq 337.5\ m/s$

① 일단 개구관의 $f_r = \frac{c}{4l} = \frac{337.5}{4\times 2} \fallingdotseq 42\ Hz$

② 양단 개구관의 $f_r = \frac{c}{2l} = \frac{337.5}{2\times 2} \fallingdotseq 84\ Hz$

③ 외이도는 고막에 의해 한쪽이 막혀 있음으로 일단 개구관으로 볼 수 있다.

$f_r = \frac{337.5}{4\times 0.03} \fallingdotseq 2812.5\ Hz$

4. $SPL = 10\log(3\times 10^{95/10} + 2\times 10^{88/10}) = 100.3dB(A) \fallingdotseq 100dB(A)$

5. 주파수 $f = 100\ Hz$, 음속 $c = 50m/s$, 파장 $\lambda = \frac{c}{f} = \frac{50}{100} = 0.5m$

6. (1) $SPL = L_p = 20\log_{10}\left(\frac{P}{P_o}\right)dB = 20\log_{10}[1/(2\times 10^{-5})] = 20\log 40{,}000 = 94dB$

(2) $L_p = 20\log_{10}[31.7/(2\times 10^{-5})] = 20\log 1.58\times 10^{-6} = 124dB$

7.

P		SPL
2×10^{-5} [N/m²]	→	0 dB
60 [N/m²]	→	130 dB

8. 50 phon은 $S = 2^{\left(\frac{LL-40}{10}\right)} = 2^{\frac{10}{10}} = 2$

60 phon은 $S = 2^{\frac{20}{10}} = 4$

∴ 2배로 크게 들린다.

9. $r_1 = 10m$, $SPL_1 = 100$ dB

$r_2 = 20m$, $SPL_2 = ?$

$SPL_2 = SPL_1 - 20\log\frac{r_2}{r_1}dB$ 로부터 $SPL_2 = 100 - 20\log\frac{20}{10} = 94$ dB

10. $SPL = PWL - 20\log r - 8dB$ 에서

$PWL = SPL + 20\log r + 8 = 100 + 20\log 10 + 8 = 128$ dB

11. $PWL = 10\log\frac{W}{10^{-12}} = 10\log\frac{0.1}{10^{-12}} = 110$ dB

∴ $SPL = PWL - 20\log r - 11 = 110 - 20\log 100 - 11 = 59$ dB

12. ① SPL = SIL의 관계를 가지므로, 음의 세기가 2배로 되면

$SIL_1 = 10\log(2I/I_0) = 10\log(I/I_0) + 10\log 2 = SIL + 3dB$

기존보다 음의 세기가 2배로 되면 3 dB 증가한다.

② 음압 레벨 : $SPL = 20\log(P/P_0)$ 에서 음압이 2배로 되면

$SPL_1 = 20\log(2P/P_0) = 20\log(P/P_0) + 20\log(2) = SPL + 6dB$

기존보다 음압이 2배로 되면 6 dB 증가한다.

③ 음압 레벨 : $SPL = PWL - 20\log r - 11$ 에서 거리가 2배로 되면,

$SPL_1 = PWL - 20\log r - 20\log 2 - 11 = SPL - 20\log 2 = SPL - 6dB$

기존보다 거리가 2배로 되면 6 dB 감소한다.

④ 음원 1개가 있을 때의 음압 레벨을 SPL이라 하면, 3개가 있을 때의 합성 음압 레벨은

$$SPL_1 = 10\log\left(10^{SPL/10} + 10^{SPL/10} + 10^{SPL/10}\right) = 10\log\left(3\times 10^{\frac{SPL}{10}}\right) = SPL + 10\log 3$$
$$= SPL + 4.8dB$$

기존보다 2개의 소음원을 추가하면 4.8 dB 증가한다.

13. $L_a = \mathrm{SPL}_1 - \mathrm{SPL}_2 = 20\log\left(\frac{r_2}{r_1}\right)$ dB에서 $L_a = 70 - 65 = 20\log\frac{r_2}{10}$

$\log\frac{r_2}{10} = \frac{5}{20}$

$\log^{-1}\frac{5}{20} = \frac{r_2}{10}$

$r_2 = 10\log^{-1}\frac{5}{20} = 17.78\,(\mathrm{m})$

$\therefore r_2 - r_1 = 17.78 - 10 = 7.78(\mathrm{m})$

14. $L_{NP} = L_{eq} + (L_{10} - L_{90}) = L_{50} + \frac{d^2}{60} + d\ \mathrm{dB(NP)}$, $(d = L_{10} - L_{90})$에서

$d = L_{10} - L_{90} = 72.5 - 52.5 = 20\ \mathrm{dB(A)}$

$\therefore L_{NP} = 61.7 + \frac{(20)^2}{60} + 20 = 88.37\ \mathrm{dB(NP)}$

15. $r > \frac{b}{3}$인 경우

$L_a = \mathrm{SPL}_1 - \mathrm{SPL}_2 = 20\log\left(\frac{3r}{b}\right) + 10\log\left(\frac{b}{a}\right)$에서

$\mathrm{SPL}_2 = \mathrm{SPL}_1 - 20\log\left(\frac{3r}{b}\right) - 10\log\left(\frac{b}{a}\right) = 90 - 20\log\left(\frac{3\times 12}{6}\right) - 10\log\left(\frac{6}{3}\right) = 71.43\,\mathrm{dB}$

16. $\mathrm{SPL} = \mathrm{PWL} + 10\log\left(\frac{Q}{4\pi r^2} + \frac{4}{R}\right)$ dB에서

$\mathrm{SPL} = 90 + 10\log\left(\frac{2}{4\pi\times 4^2} + \frac{4}{200}\right) = 74.76\ \mathrm{dB}$

17. $L_{eq} = 10\log\left(\sum_{i=1}^{n} f_i \times 10^{\frac{Li}{10}}\right)$ dB(A)에서

$f_1 = 0.9 \qquad L_1 = 70\ \mathrm{dB(A)}$

$f_2 = 0.1 \qquad L_2 = 100\ \mathrm{dB(A)}$

$\therefore L_{eq} = 10\log\left(0.9\times 10^{\frac{70}{10}} + 0.1\times 10^{\frac{100}{10}}\right) = 90.04\ \mathrm{dB(A)}$

18. $L_{eq} = 10\log\left(\sum_{i=1}^{n} f_i \times 10^{\frac{L_i}{10}}\right)$에서

$f_1 = \frac{24-x}{24} \qquad L_1 = 55\ \mathrm{dB(A)}$

$f_2 = \frac{x}{24} \qquad L_2 = 95\ \mathrm{dB(A)}$

$68 = 10\log\left(\frac{24-x}{24}\times 10^{\frac{55}{10}} + \frac{x}{24}\times 10^{\frac{95}{10}}\right)$

$$\log^{-1}\frac{68}{10}=\frac{24-x}{24}\times 10^{\frac{55}{10}}+\frac{x}{24}\times 10^{\frac{95}{10}}$$

$$6.3096\times 10^{6}=3.1623\times 10^{5}+1.3175\times 10^{8}x$$

$$\therefore x=\frac{6.3096\times 10^{6}-3.1623\times 10^{5}}{1.3175\times 10^{8}}=0.0455(\text{hr})$$

$$\therefore t=x\times 60=0.0455\times 60=2.73(\text{분})$$

19. $\text{PWL}=\text{SPL}+20\log r+8$
$=76+20\log 20+8$
$=110.02\text{ dB}$

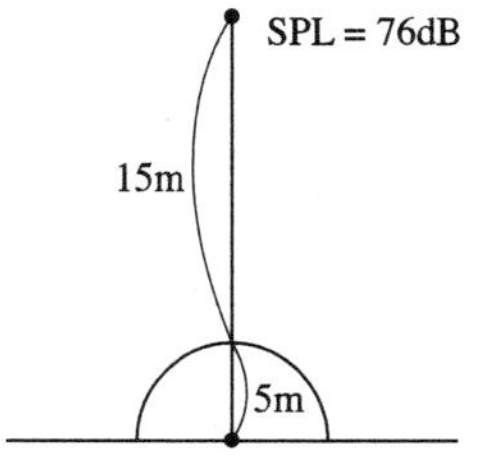

20. $L'=10\log\left(10^{\frac{L_1}{10}}-10^{\frac{L_2}{10}}\right)=10\log\left(10^{\frac{72}{10}}-10^{\frac{65}{10}}\right)$
$=71.03\text{ dB}$

21. $I=\dfrac{QW}{4\pi r^2}$에서 $Q=4$

$$I=\frac{4\times 0.63}{4\times\pi\times 10^2}=2.01\times 10^{-3}(\text{W/m}^2)$$

22. ① 자유공간에서의 $\text{SPL}_1=\text{PWL}-20\log r-11=110-20\log 10-11=79\text{ dB}$
② 반자유공간에서 $\text{SPL}_2=\text{PWL}-20\log r-8=110-20\log 10-8=82\text{ dB}$
$\therefore\ \text{SPL}_2-\text{SPL}_1=82-79=3\text{ dB}$

23. $L_{dN}=10\log\left\{\dfrac{15}{24}\times 10^{\frac{L_d}{10}}+\dfrac{9}{24}\times 10^{\frac{(L_n+10)}{10}}\right\}=10\log\left(\dfrac{15}{24}\times 10^{\frac{60}{10}}+\dfrac{9}{24}\times 10^{\frac{60}{10}}\right)$
$\fallingdotseq 60\text{ dB(A)}$

24. $Q=\log^{-1}\dfrac{\text{DI}}{10}=\log^{-1}\left(\dfrac{\text{SPL}_0-\text{SPL}}{10}\right)=\log^{-1}\left(\dfrac{104-102}{10}\right)$
$=1.58$

25. $L_{NP}=L_{eq}+2.56\sigma=62+2.56\times 2.5=68.4\text{ dB(NP)}$

26. $\text{PNL}=33.3\log(N_t)+40\text{ PN dB}$에서
$\text{PNL}=33.3\log 50+40=96.58\text{ PN dB}$

27. $SPL_1 = 10\log\left(n\times 10^{\frac{SPL}{10}}\right)$로부터 $72 = 10\log\left(n\times 10^{\frac{65}{10}}\right)$

$\log\left(n\times 10^{\frac{65}{10}}\right) = \frac{72}{10}$

$n = \frac{10^{7.2}}{10^{6.5}} \fallingdotseq 5$

∴ 5대

28. $SPL = PWL - 20\log r - 8 - A_a$로부터 (여기서, A_a는 공기흡음에 의한 감쇠치)

$PWL = SPL + 20\log r + 8 + A_a = 60 + 20\log 100 + 8 + 0.3\text{ dB}/10\text{ m}\times 100\text{ m} = 111\text{ dB}$

또한, $PWL = 10\log\frac{W}{10^{-12}}$로부터 $111 = 10\log\frac{W}{10^{-12}}$

$\log\frac{W}{10^{-12}} = \frac{111}{10} = 11.1$

$\therefore W = 10^{-12}\times 10^{11.1} = 0.126\text{ W}$

29. $\delta_d = \frac{QW}{4\pi r^2 c}$에서 $PWL = 10\log\frac{W}{W_0} = 122\text{ dB}$

$\frac{W}{W_0} = \log^{-1}\frac{122}{10} = 1.585\times 10^{12}$

$W = 1.585\text{ W}$

$\therefore \delta_d = \frac{QW}{4\pi r^2 c} = \frac{2.5\times 1.585}{4\times\pi\times 25^2\times 344} = 1.467\times 10^{-6}\,(\text{J/m}^3)$

30. $\delta = \delta_d + \delta_r = \frac{QW}{4\pi r^2 c} + \frac{4W}{Rc}$에서 $(Q=1)$

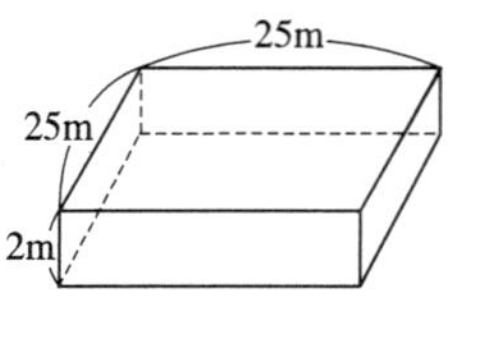

$S = 25\times 25\times 2 + 2\times 25\times 4 = 1450(\text{m}^2)$

$R = \frac{\bar{\alpha} S}{1-\bar{\alpha}} = \frac{0.2\times 1450}{1-0.2} = 362.5(\text{m}^2)$

$\therefore \delta = \frac{2}{4\times\pi\times 15^2\times 344} + \frac{4\times 2}{362.5\times 344} = 6.62\times 10^{-5}(\text{J/m}^3)$

31. $\delta = \frac{P^2}{\rho c^2} = \frac{(0.1)^2}{407\times 344} = 7.14\times 10^{-8}(\text{J/m}^3)$

32. 잔향실이나 반사율이 큰 실내에서의 음압레벨 SPL은 $SPL = PWL - 10\log R + 6$,

$R = \frac{\bar{\alpha} S}{1-\bar{\alpha}}$로부터

$S = 2(6\times 10 + 4\times 6 + 4\times 10) = 248(\text{m}^2)$

$R = \frac{0.02 \times 248}{1 - 0.02} \fallingdotseq 5.06(\mathrm{m}^2)$

$\mathrm{PWL} = 10 \log \frac{10^{-3}}{10^{-12}} = 90 \text{ dB}$

$\therefore \mathrm{SPL} = 90 - 10 \log 5.06 + 6 \fallingdotseq 89\mathrm{dB}$

33. $\delta = \frac{P^2}{\rho c^2}$ 으로부터

$\rho = 1.293 \times \frac{273}{(273 + t)} = 1.293 \times \frac{273}{(273 + 20)} = 1.20(\mathrm{kg/m^3})$

$c = 331.42 + 0.6t = 331.42 + 0.6 \times 20 = 343.42(\mathrm{m/s})$

$\therefore \delta = \frac{(0.2)^2}{1.20 \times (343.42)^2} = 2.8 \times 10^{-7}(\mathrm{J/m^3})$

Chapter 3

환경소음

3.1 생활소음

3.1.1 정의

생활소음이란 사업장 및 공사장 등의 소음배출시설이 지나치게 소음을 발생하여 주민의 정신적 안정 등 주거생활 및 교육환경에 현저한 피해 우려가 있는 소음을 말한다. 최근 산업화와 도시화가 빠르게 진행됨에 따라 생활소음에 대한 불편함을 호소하는 민원이 증가하고 있고, 조용하고 편안한 생활환경에 대한 대책 강구가 사회적 과제로 대두되고 있다.

3.1.2 특성

(1) 배출원

생활소음의 배출원은 건설, 건축공사장의 작업소음, 소규모 공장에서 발생하는 작업소음, 번화가와 유흥업소의 심야소음, 확성기소음, 공동주택 층간소음, 이동행상에서 배출되는 소음 등이 있다. 최근에는 과거에 비해 도로변이나 주거지역에서 발생하는 소음이 증가되고 있고, 아파트 재건축 등과 같은 공사로 인한 소음 또한 증가하는 추세이다.

1) 건설, 건축현장 등의 공사장 작업소음

표 3.1 건설공사 종류에 따른 사용건설기계의 종류

구 분	건설기계의 종류
지반 정지 공사	굴삭기, 불도저, 로더, 그레이더, 롤러, 진동롤러, 타이어롤러, 탬핑롤러, 범면다짐기(마이티)
기초 공사	어스오거, 항타기, 진동항타기, 저소음 파일러(Silent-Piler), 소구경 지하수 천공기, 크롤라드릴, 착암기
콘크리트 공사	콘크리트 펌프카, 콘크리트 믹서, 콘크리트 플랜트 콘크리트 바이브레이터, 콘크리트 펌프
포장 공사	콘크리트 피니셔, 아스팔트 피니셔
파괴・해체 공사	브레이커, 핸드브레이커, 압쇄기, 콘크리트 절단기
기타	발전기, 공기압축기, 크레인, 고압살수차량, 워터젯, 지게차, 덤프트럭, 도색용기기

표 3.2 건설기계에 따른 음압레벨과 음향파워레벨

구분	대수	음압레벨[dB(A)]	음향파워레벨[dB(A)]
공기압축기	16	71~89(80)	99~118(111)
굴삭기	138	59~101(71)	87~114(101)
다짐기계	18	68~80(75)	96~111(101)
로더	95	67~86(75)	95~118(105)
발전기	1	59	87
브레이커	111	77~105(94)	104~132(121)
천공기	10	89~94(91)	122~126(123)
콘크리트절단기	4	94~101(97)	114~121(117)

건설현장의 공사장 소음은 생활소음 중 소음 민원의 많은 부분을 차지하고 있다. 그 만큼 소음 저감 대책이 많이 필요하고 소음에 대한 특성을 잘 파악해야 한다.

환경부에서는 건설공사장에서 고려할 수 있는 소음원에서의 관리제도로 '고소음 건설기계의 소음도 표시제(2008년 1월 1일 시행)'와 저소음 건설기계에 대한 '환경표지(마크)제도'를 운영하고 있다. 또한, '특정공사 사전신고제'를 통해 5일 이상 건설기계를 이용한 공사에 대한 관리를 하고 있다.

2) 공동주택 층간소음

① 측정목적

소음공해는 다른 공해와는 달리 감각적이며 그 영향 범위가 넓고, 물질적이 아닌 심리적인 공해로서 그 진정건수도 다른 공해에 비하여 늘고 있는 실정이다. 공동주택 층간소음을 측정하여 층간소음레벨 검토를 측정의 목적으로 한다.

② 측정기준

- 경량충격음 : 바닥충격음차단성능 현장측정방법 (KS F 2810-1)
  건물 및 건물 부재의 바닥충격음차단성능 평가방법 (KS F 2863-1)
- 중량충격음 : 바닥충격음차단성능 현장측정방법 (KS F 2810-2)
  건물 및 건물 부재의 바닥충격음차단성능 평가방법 (KS F 2863-2)

③ 층간소음 측정방법

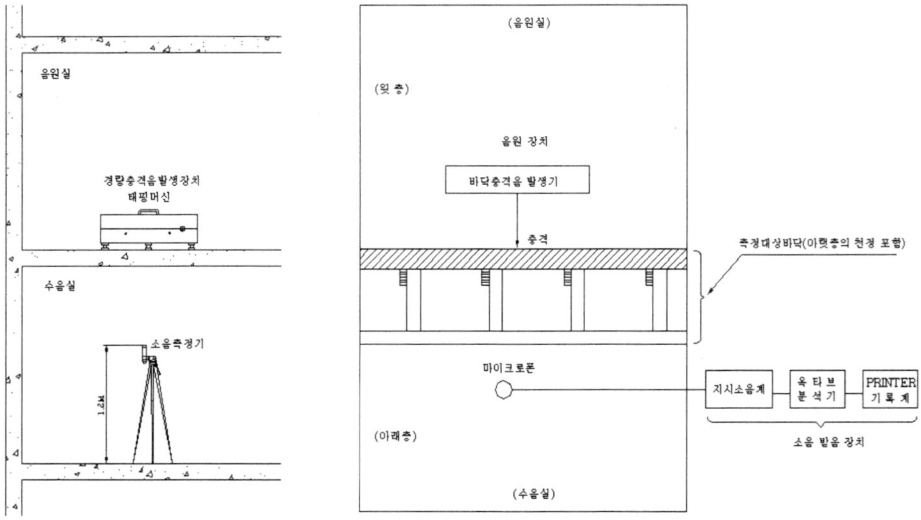

그림 3.1 층간소음 측정방법

④ 잔향시간 측정방법

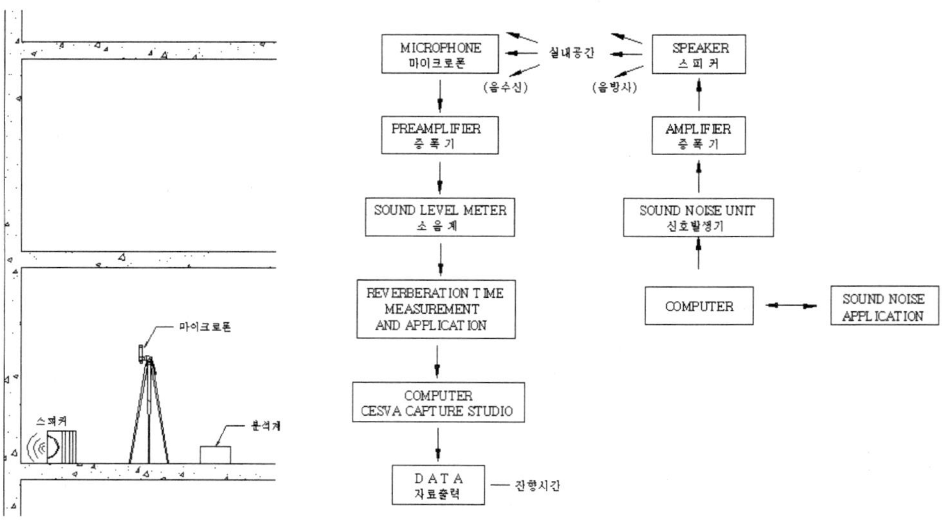

그림 3.2 잔향시간 측정방법

⑤ 층간소음 측정사례

ㄱ. 측정장소 : 인천 ○○ 아파트

ㄴ. 측정지점

표 3.3 측정지점 및 마감재

구분	체적	마감재	
거실 (음원실 : 비확장, 수음실 : 확장)	51 m^3	수음실 천정	벽지
		음원실 바닥	원목마루
침실 1 (음원실 : 비확장, 수음실 : 비확장)	33 m^3	수음실 천정	벽지
		음원실 바닥	비닐장판

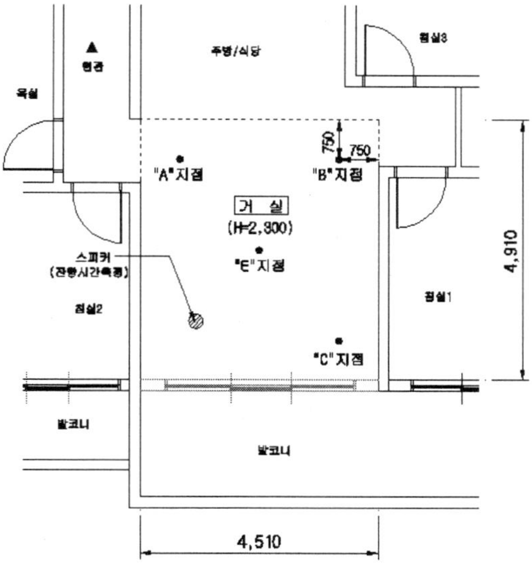

거실 평면도

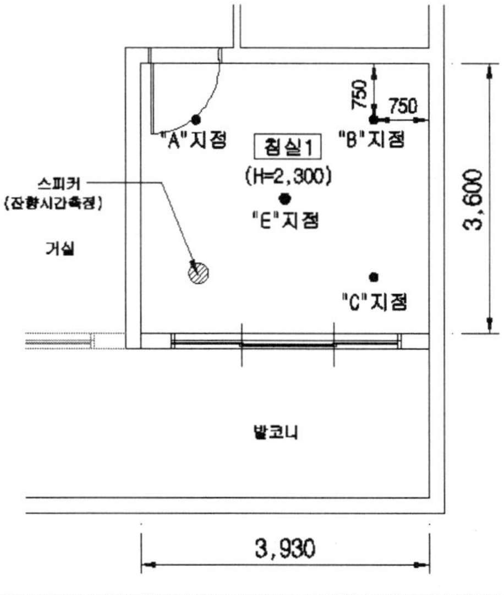

침실 평면도

ㄷ. 측정장비

표 3.4 층간소음 및 잔향시간 측정장비

구 분		장 비 명	제 작 사
경량충격 층간소음측정	표준경량충격음 발생기	TAPPING MACHINE (TM-1012)	PWI / SWITZER
	소 음 계	SOUND LEVEL METER SPECTRUM ANALYSER (SC-310)	CESVA / SPAIN
	기록프로그램	CAPTURE STUDIO ver 4.1.0	CESVA / SPAIN
	교 정 기	SOUND LEVEL CALIBRATOR (NC - 73)	RION / JAPAN
잔향시간측정	소 음 계	SOUND LEVEL METER SPECTRUM ANALYSER(SC-160)	CESVA / SPAIN
	신호발생기	BAND WHITE NOISE/ PINK NOISE UNIT(SF-06)	RION / JAPAN
	잔향측정 모듈	MODULE FOR THE REVERBRATION TIME (RT310,RT160)	CESVA / SPAIN
	기타	SPEAKER, AMPLIFIER, COMPUTER	-

ㄹ. 측정결과

표 3.5 실내평균음압레벨

구 분				가진점별 주파수대역별 실내평균음압레벨				
				125Hz	250Hz	500Hz	1000Hz	2000Hz
"가"지점	거실	충격 음압 레벨	"A"지점	65.8	63.8	61.0	56.3	43.7
			"B"지점	69.6	65.3	61.0	58.8	49.2
			"C"지점	68.3	64.7	59.3	57.0	44.8
			"E"지점(중앙)	67.3	66.8	62.2	58.2	47.5
		배경소음도		20.8	19.4	19.3	17.7	16.4
	침실1	충격 음압 레벨	"A"지점	68.3	65.5	56.9	44.6	31.8
			"B"지점	67.1	66.1	54.7	42.1	28.8
			"C"지점	66.1	64.2	54.2	38.6	25.8
			"E"지점(중앙)	68.9	69.1	57.0	43.2	28.4
		배경소음도		27.7	22.9	20.8	19.0	15.6

수음점 "a" 지점 측정 DATA

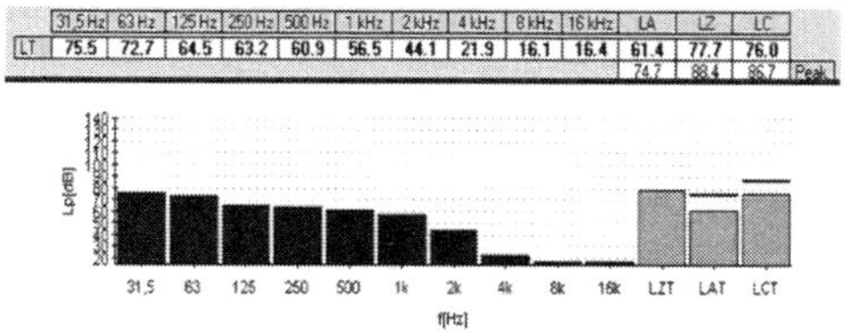

충격음압레벨 소음원 "A"지점

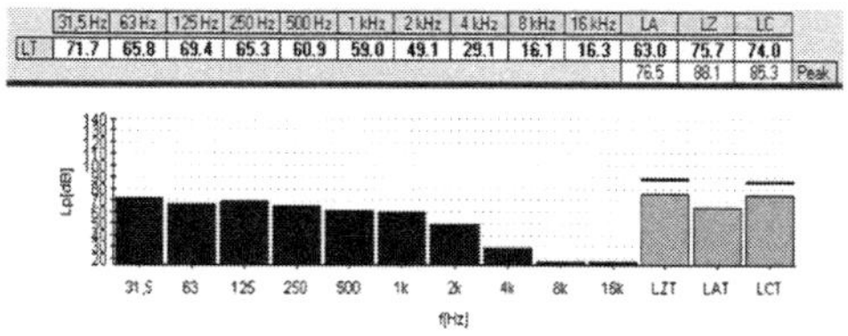

충격음압레벨 소음원 "B"지점

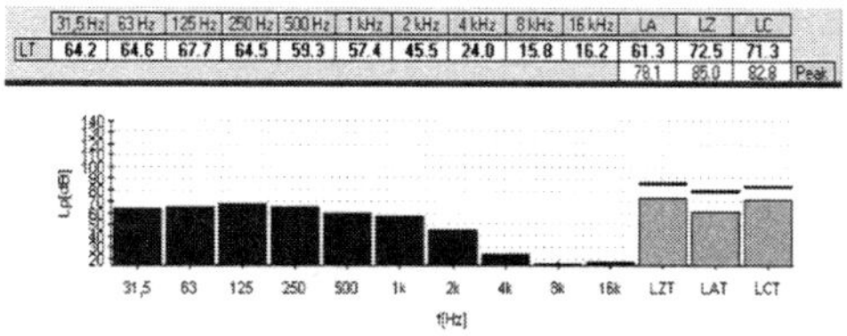

충격음압레벨 소음원 "C"지점

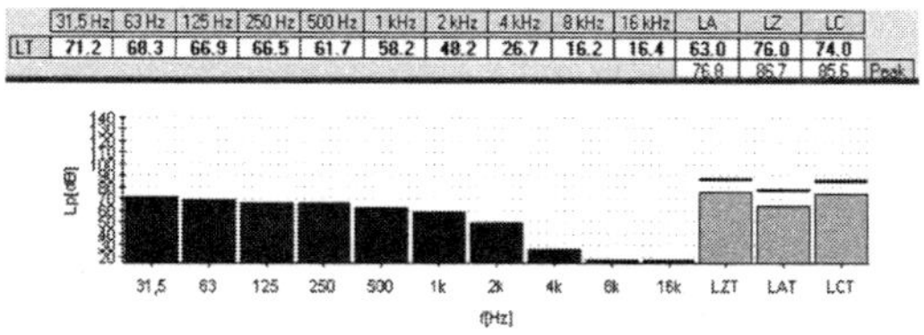

충격음압레벨 소음원 "E"지점

표 3.6 잔향시간측정치(단위 : sec)

구 분				125Hz	250Hz	500Hz	1KHz	2KHz
"가"지점	거실	"A"지점	1회	0.57	0.47	0.44	0.53	0.52
			2회	0.47	0.38	0.43	0.45	0.44
			3회	0.42	0.42	0.50	0.46	0.51
		"C"지점	1회	0.43	0.42	0.44	0.46	0.51
			2회	0.66	0.66	0.55	0.53	0.50
			3회	0.55	0.46	0.45	0.43	0.49
		"E"지점	1회	0.52	0.52	0.55	0.50	0.50
			2회	0.51	0.56	0.62	0.49	0.49
			3회	0.56	0.46	0.47	0.49	0.43
		Total 평균		0.52	0.48	0.49	0.48	0.49
	침실1	"A"지점	1회	0.22	0.44	0.34	0.32	0.32
			2회	0.33	0.22	0.31	0.30	0.32
			3회	0.38	0.22	0.33	0.30	0.28
		"C"지점	1회	0.41	0.27	0.34	0.36	0.30
			2회	0.34	0.31	0.37	0.34	0.32
			3회	0.50	0.24	0.38	0.33	0.32
		"E"지점	1회	0.39	0.30	0.28	0.29	0.31

		2회	0.38	0.32	0.32	0.33	0.32
		3회	0.36	0.33	0.36	0.36	0.34
		Total 평균	0.37	0.29	0.34	0.33	0.31

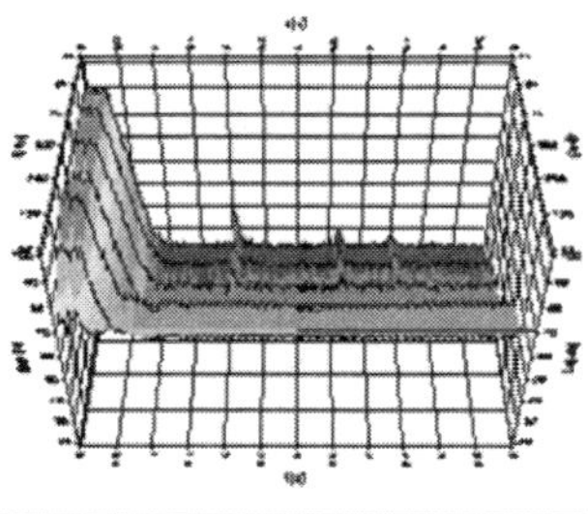

Oct	L_N	△	T_{30}	T_{20}	Lp(dB):
63	71.3	06.1	---	---	---
125	52.7	35.6	---	**0.57**	---
250	50.9	43.1	---	**0.47**	---
500	34.5	56.0	**0.44**	**0.44**	---
1k	29.7	61.7	**0.49**	**0.53**	---
2k	25.9	65.5	**0.5**	**0.52**	---
4k	22.7	65.9	**0.42**	**0.44**	---

수음점 "A"지점 1회 잔향측정 DATA

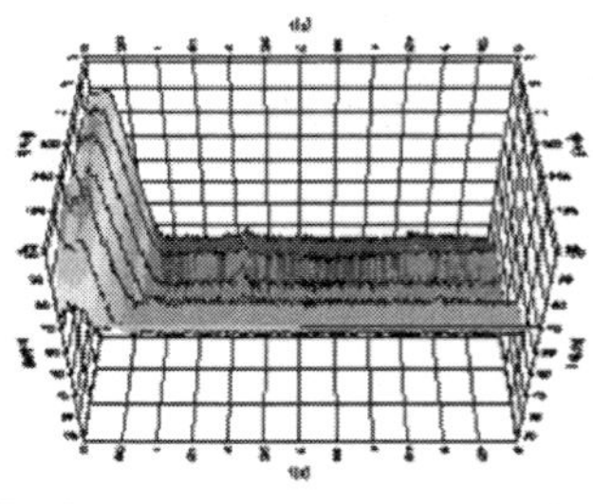

Oct	L_N	△	T_{30}	T_{20}	Lp(dB):
63	71.3	06.0	---	---	---
125	52.8	37.4	---	**0.47**	---
250	50.9	43.4	---	**0.38**	---
500	35.7	54.4	**0.45**	**0.43**	---
1k	30.4	60.8	**0.47**	**0.45**	---
2k	26	65.5	**0.47**	**0.44**	---
4k	22.2	66.4	**0.42**	**0.43**	---

수음점 "A"지점 2회 잔향측정 DATA

표 3.7 규준화바닥충격음 레벨산출

구 분				충격음레벨				
				125 Hz	250 Hz	500 Hz	1 kHz	2 kHz
"가"지점 (402동 506호 33평형)	거실	바닥충격음레벨[dB]		68.0	65.3	61.0	57.7	46.8
		배경 소음도 보정	배경소음도[dB]	20.8	19.4	19.3	17.7	16.4
			배경소음도 보정치(Lc)[dB]	0.0	0.0	0.0	0.0	0.0
			배경소음 보정된 바닥충격음레벨[dB]	68.0	65.3	61.0	57.7	46.8
		흡음력 보정	잔향시간(sec)	0.52	0.48	0.49	0.48	0.49
			용적(V)	51 M3				
			흡음력 보정치[dB]	1.9	2.3	2.2	2.3	2.2
			규준화 바닥충격음레벨[dB]	69.9	67.6	63.2	60.0	49.0
	침실 1	바닥충격음레벨[dB]		67.7	66.6	55.9	42.6	29.2
		배경 소음도 보정	배경소음도[dB]	27.7	22.9	20.8	19.0	15.6
			배경소음도 보정치(Lc)[dB]	0.0	0.0	0.0	0.0	(-)0.2
			배경소음 보정된 바닥충격음레벨[dB]	67.7	66.6	55.9	42.6	29.0
		흡음력 보정	잔향시간(sec)	0.37	0.29	0.34	0.33	0.31
			용적(V)	33 M3				
			흡음력 보정치[dB]	1.6	2.5	2.0	2.1	2.3
			규준화 바닥충격음레벨[dB]	69.3	69.1	57.9	44.7	31.3

표 3.8 경량충격음 레벨산출(단위 : dB)

구 분			충격음레벨 125 Hz	250 Hz	500 Hz	1 kHz	2 kHz	비고
“가”지점 (402동 506호 33평형)	거실	규준화바닥충격음레벨(L'n)	69.9	67.6	63.2	60.0	49.0	
		역A특성기준곡선	73	66	60	57	56	
		역A특성규준곡선	73	66	60	57	56	
		규준곡선상회값	-	1.6	3.2	3.0	-	*상회값 합계 =7.8 dB < 10 dB
		경량충격음레벨(L'n.AW)	L'n.AW = 60 dB					
	침실 1	규준화바닥충격음레벨(L'n)	69.3	69.1	57.9	44.7	31.3	
		역A특성기준곡선	73	66	60	57	56	
		역A특성규준곡선	69	62	56	53	52	
		규준곡선상회값	0.3	7.1	1.9	-	-	*상회값 합계 =9.3 dB < 10 dB
		경량충격음레벨(L'n.AW)	L'n.AW = 56 dB					

표 3.9 역A특성 규준곡선 그래프

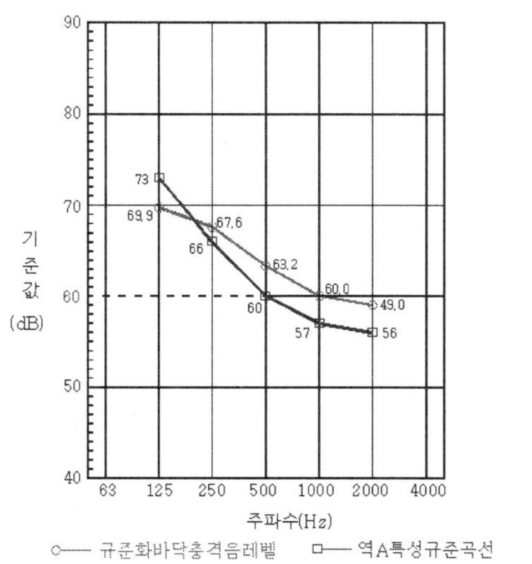

“가”지점 거실 규준곡선 그래프

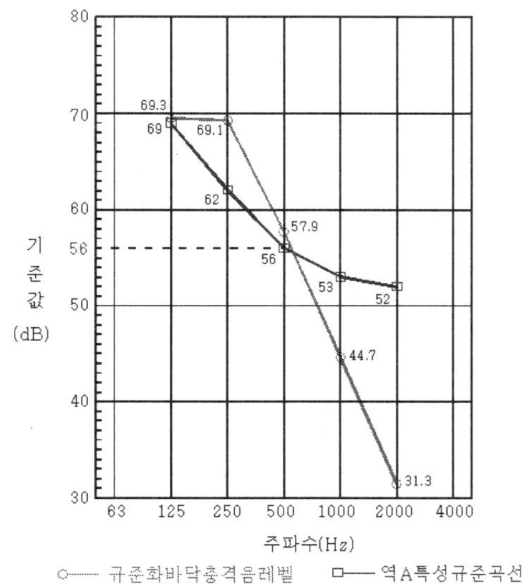

“가”지점 침실1 규준곡선 그래프

공동주택의 "층간소음"이란 입주자 또는 사용자의 활동으로 인하여 발생하는 소음으로서 다른 입주자 또는 사용자에게 피해를 주는 다음의 소음을 의미한다. 그 예로 아이들이 뛰는 소리, 문을 닫는 소리, 애완견이 짖는 소리, 늦은 시간이나 이른 시간에 세탁기·청소기·골프연습기·운동기구 등을 사용하는 소리 등이 있다. 단, 욕실·화장실 및 다용도실 등에서 급수·배수로 인하여 발생하는 소음은 제외한다.

- 직접충격 소음 : 뛰거나 걷는 동작 등으로 인하여 발생하는 소음
- 공기전달 소음 : 텔레비전, 음향기기 등의 사용으로 인하여 발생하는 소음

(2) 영향

생활소음은 건전한 일생생활을 방해하고 정서적 불쾌감이 계속되면 우리 몸의 생리적 기능에까지 악영향을 미치게 된다. 또한 심혈관계 질환과 고혈압 발생에 영향을 미치고 수행행동능력 장애, 수면장애, 대화방해 등 건강과 일상생활에 많은 영향을 끼친다.

① 주거지역 소음수준이 55 dB(A)을 넘게 되면 불쾌감을 느끼게 되고, 65 dB(A)을 넘게 되면 짜증을 느끼게 된다.

② 실내의 소음 수준이 보통 크기의 음성에 상당하는 65 dB(A)을 넘으면 TV 및 라디오의 볼륨을 키우게 된다.

(3) 수면 방해

소음에 의해 수면이 방해되는 것은 누구나 일상적으로 경험하는 것이다. 수면에 대한 소음의 영향은 취면 방해나 각성 외에 수면의 심도를 얕게 하고, 수면 중에 혈액이나 뇨 성분을 변동시킨다. 수면은 그 생리적 메커니즘이 정확히 규명되어 있지 않지만, 수면이 매일 저해되었을 때에는 정신적, 육체적 고통은 이루 말할 수 없다. 수면방해에 대한 실험적 연구는 뇌파, 심전도 등으로부터 피험자의 수면심도를 판정하는 것에 중점을 두고 이루어진다. 뇌파 단위기록장치(EEG)로 뇌파를 기록하여 졸림에서부터 깊은 수면에까지 이르는 단계를 살펴보면 다음과 같다.

- 1단계 : 졸림(alpha파)
- 2단계 : 급속한 눈동자 동요(beta파)
- 3, 4단계 : 깊은 수면(delta파)

표 3.10 소음이 인체에 미치는 영향

소음도[dB(A)]	인체의 영향	소음 (예)
100	장시간 폭로시 청력손실 초래	착암기, 자동차 경적음
90	소변량 증가, 난청발생	공사장 기계음
80	양수막 조기파열 현상의 발현 가능	덤프트럭, 지하철 내 소음
75	청력손실이 일어나기 시작	도로교통소음
70	말초혈관 수축, 부신피질 호르몬 감소	전화벨 소리
65	정신집중력 저하, TV, 라디오 등의 청취장애	보통 음성
60	소음의 건강보전 한계	백화점 내 소음
50	호흡, 맥박수 증가, 수면깊이 저하	조용한 사무실
40	수면깊이 낮아짐	냉장고 소리
35	수면에 거의 영향 없음	조용한 공원
30	쾌적	벽시계 소리

소음에 의해 수면에서 깨는 것은 소음도와 사람의 개성에 관련되는 몇 가지 요인 때문이며, 이러한 요인에는 소음의 세기, 변동 정도, 수면의 깊이, 잠을 깨는 개인적 동기, 누적된 수면, 성급한 수면 상실 및 개인차(연령, 성별 등)등이 포함된다. 예를 들어, 변동 소음은 일정한 소음보다 잠에서 깨기가 쉬우며, 중년부인들은 중년남자보다 가벼운 수면을 취한다.

온・냉방장치를 생산하는 제조업체에서 보고된 자료에 의하면 야간에 침실에서의 소음레벨이 33～38 dB(A)인데도 불구하고 때때로 불만이 야기되며, 48 dB(A)를 넘을 때는 대다수가 불만을 나타내었다. 또 다른 자료에 의하면 40 dB(A)의 피크 소음레벨에 의해 잠을 깨는 율이 5%, 70 dB(A)일 때는 30%로 증가하고 100 dB(A) 이상에서는 거의 모든 사람이 잠을 깬다고 나타났다.

(4) 규제 기준

1) 생활소음 규제기준

다음 표 3.11과 같다.

표 3.11 생활소음 규제기준

대상지역	시간별 / 소음원		조석 (05:00~08:00, 18:00~22:00)	주간 (08:00~18:00)	심야 (22:00~05:00)
주거지역, 녹지지역, 관리지역 중 취락지구 및 관광·휴양개발진흥지구, 자연환경보전지역, 그 밖의 지역 안에 소재한 학교·병원·공공도서관	확성기	옥외설치	70 이하	80 이하	60 이하
		옥내에서 옥외로 소음이 나오는 경우	50 이하	55 이하	45 이하
	공장·사업장		50 이하	55 이하	45 이하
	공사장		65 이하	70 이하	45 이하
그 밖의 지역	확성기	옥외설치	70 이하	80 이하	60 이하
		옥내에서 옥외로 소음이 나오는 경우	60 이하	65 이하	55 이하
	공장·사업장		60 이하	65 이하	55 이하
	공사장		65 이하	70 이하	50 이하

(5) 저감 방안

건축구조 분야의 저감방안은 뜬 바닥구조의 활용, 기초 바닥슬래브의 중량화, 고강성화, 유연한 바닥마감재의 활용, 이중 천장 설치, 이중벽설치 등을 적용해야 한다. 그러나 기계설비분야의 급배수설비 소음, 기계작동음, 엘리베이터 소음, 비상발전기 소음 등의 소음 저감은 설계자 및 시공자가 충분한 방음지식을 인지한 후, 앞으로 예상하지 못한 조건까지 감안하여 설계 및 시공에 임해야 한다.

1) 건설 현장 소음

① 시공법·작업형태 등에 따른 건설기계별 소음·진동 특성 파악
저감 대책을 계획·설계·시공 하고자 할 때에는 사전에 시공법, 건설기계의 소음·진동 크기(같은 종류의 시공법과 건설기계를 사용하더라도 작업형태, 시공조건 등에 따라 크게 변동됨), 발생실태, 발생기구 등에 대하여 충분히 이해하여야 한다.

② 소음의 영향은 그 크기뿐만 아니라 발생시간대, 발생기간 등에 따라 좌우되므로 대책시에는 발생시간대 측면에서 심야나 조석간에 소음도가 큰 작업을 하는 것을 피하고 가급적 발생기간을 단축하는 등 전체적으로 영향이 적도록 대처한다.

③ 입지조건 고려

건설 공사의 설계시에는 공사장 주변의 입지조건을 조사하여 전체적으로 소음이 저감될 수 있도록 다음 사항을 검토한다.

④ 저소음 공법의 선정

항타작업시 디젤해머에 의한 타격식 타입공법 대신에 중굴공법이나 프리보링공법 등의 채용과 해머식이나 대형 브레이커에 의한 포장면 파쇄 대신에 압쇄기에 의한 공법 등을 채용하여 소음을 저감시킨다.

⑤ 저소음 및 적정 용량의 건설기계 선정

규제기준 등을 고려하여 가능한 저소음 건설기계나 적정 용량의 건설기계를 사용하여 소음을 저감시킨다.

⑥ 적절한 작업 시간대 및 작업 공정의 설정

작업시간대 및 작업공정은 주변의 생활시간대 혹은 생산시간대를 고려하여 환경소음이 큰 시간대와 부합(통상 낮시간)되게 설정한다.

⑦ 건설기계의 적정 배치

건설기계를 민가 등과 멀리 떨어뜨려 거리감쇠 효과를 크게 하거나 음원을 가설 구조물, 현장 사무실 또는 기타의 설비 뒤에 배치시켜 이들에 의한 차음을 기대한다. 일반적으로 건설기계의 경우 점음원으로 간주되므로 음원으로부터 거리가 2배로 될 경우 음압레벨은 6 dB 정도 감쇠한다.

⑧ 차음시설 등의 설치

공사장 주변에 굴삭토를 이용한 차음둑이나 방음벽 등의 차음시설을 설치한다.

방음벽의 높이는 음원의 크기, 음원과 민가의 이격거리, 음원과 방음벽과의 거리, 피해지점의 위치 등에 따라 다르게 결정되며, 방음벽의 길이는 높이의 5배 이상이 되도록 하는 것이 바람직하다.

2) 공동주택 층간소음

① 구조체 슬래브의 두께, 강성 및 국부 보강의 방법을 통한 소음 저감 방법

② 공동주택 구조체의 진동전달을 가진 바닥의 아래층 천장에서 가장 크며, 평면구성에 따라 인접실의 유무와 크기에 따라 전달비율이 달라짐

③ 완충재의 사용에 있어 부분완충제의 구조형태가 진동저감에 효과적

④ 층간소음 완충재의 종류

- EPS(스티로폼계열) : 밀도 15k g 이하의 자재로서 다수의 시공사가 사용
  시장점유율 약 70% 이하

- EVA(합성고무계열) : 밀도 50 kg 이상의 자재로서 소수의 시공사가 적용
  시장점유율 약 30% 이하
  모든 자재가 '뜬바닥공법' 적용 자재
- 흡음재(폴리에스테르 및 면사종류) : 차감성능은 우수하나 습식구조 시공에 적합하지 않아 현장 적용이 제한됨. 두께가 30 mm를 초과하는 자재가 많음

⑤ 층간 바닥의 요구 열저항을 만족하고 구조물의 고정하중과 상부의 적재하중에 견딜 수 있는 밀도 25 kg 이상의 완충재를 사용

⑥ '뜬바닥공법' 등 신기술에 알맞은 자재 개발의 연구비 지원 및 제도적 장치가 우선되어야 한다.

⑦ 완충재는 시공 시점에서의 단순한 소음저감 성능으로만 평가되기 보다는 공동주택의 사용기한이 최소 50~70년 이상이기에 중장기적으로 자재의 소음저감 성능과 구조물의 침하 등의 구조체 결함에 미치는 영향 등도 고려해야 한다.

3.2 발파소음

3.2.1 정의

발파소음이란 화약류(화약, 폭약, 뇌관 등)를 사용할 때에 폭발로 인하여 발생하는 음압파

그림 3.3 섬진강 공사장 발파작업

그림 3.4 발파현장의 초고속 촬영

(폭암파) 형태로, 화약류가 폭발할 때 발생하는 5～25% 정도의 잔여 에너지가 진동과 소음으로 전환된다. 발파소음의 파동은 폭원 근처에서 0.1～200 Hz까지의 광범위한 주파수대를 갖는다. 불가청 영역인 20 Hz 이하의 저주파대에서는 에너지의 손실이 없이 비교적 원거리까지 전파하여 주택 등 구조물에 영향을 준다.

3.2.2 특성

(1) 배출원

우리나라는 지질학적으로 고생대 및 중생대의 견고한 암반이 지표면에 널리 분포하고 있으며 지형적으로 산지와 구릉지가 발달되어 전국토 면적의 70% 이상을 점하고 있어, 국도확장, 고속도로건설, 경부고속철도건설, 지하철공사 등 대형국책사업과 도심지내 아파트, 고층건물신축 등 부지조성 공사에 불가피하게 암반굴착을 위한 발파작업이 증대되고 있는 실정이다. 그렇기 때문에 발파소음의 배출원은 어디든 발파가 필요한 공사장에서 모두 발파소음이 발생할 수 있는 배출원이 된다.

(2) 발생원인

1) **기압파**(APP : Air pressure pulse)

발파 소음의 많은 경우에 해당되며 화약 발파 시 발생하는 고압가스가 암반 전체를 순간적으로 밀어 올리면서 발생, 각각의 발파공에서 생성

2) **반압파**(RRP : Rock release pulses)

지반진동에 의해 공기로 전달되는 파

3) **누출 가스파**(GRP : Gas release pulse)

파쇄된 암반의 틈을 따라 나오는 폭압가스가 대기에 누출되면서 발생되는 소음

(3) 영향

표 3.12 폭풍압 크기에 따른 구조물 및 인체 반응 [단위 : dB(L)]

dB(L)	폭풍압(psi)	구조물 및 인체 반응
180	3	구조물 손상
170	0.95	대부분의 유리창이 깨어짐
150	0.095	일부 유리창들이 깨어짐
140	0.030	피해 한계
130	9.5×10^{-3}	미광무국 허용 한계치
120	3×10^{-3}	미광무국 안전 수치
110	9.5×10^{-4}	고통 한계(고통을 느끼는 시점)
100	3×10^{-4}	불평 한계(접시나 창문 흔들림)
80	3×10^{-5}	안정
60	3×10^{-6}	일상적 대화
20	3×10^{-8}	속삭임
0	3×10^{-9}	가청 한계

(4) 규제 기준

표 3.13 대상지역에 따른 규제 기준

대상지역	시간별 / 소음원	조석 (05:00~08:00, 18:00~22:00)	주간 (08:00~18:00)	심야 (22:00~05:00)
주거지역, 녹지지역, 관리지역 중 취락지구 및 관광·휴양개발진흥지구, 자연환경보전지역, 그 밖의 지역 안에 소재한 학교·병원·공공도서관	공장·사업장	50 이하	55 이하	45 이하
	공사장	60 이하	65 이하	50 이하
그 밖의 지역	공장·사업장	60 이하	65 이하	55 이하
	공사장	65 이하	70 이하	50 이하

주, 발파 소음의 경우 주간에만 규제기준치에 +10 dB(A)을 보정한다.

(5) 저감방안

암반의 종류와 암질에 따른 최적의 표준발파를 설계하여 폭발 에너지를 최대한 암파쇄에 기여하도록 한다.

- 자유면을 최대한 활용하고, 공간거리와 저항거리의 비를 조절한다.
- 최대한 지발발파를 이용해 지발당 장약량을 줄인다.
- 전색효과가 좋은 전색틀을 사용하고 완전전색이 되게 한다.
- 발파 덮개(예, 이완식 발파공법)나 방음벽(터널 방음분)을 설치한다.
- 근거리 보안시설이 있는 경우, 팽창성 파쇄제, 유압식 파쇄공법, 정밀폭약을 이용한 진동제어발파 등을 적용한다.

표 3.14 매트걸이대 설치

일반사항	저감대책 전	저감대책 후
• 경의선 철도 공사 현장 • 당 현장공사는 도심지 근접 시공이고 특히 터널 굴착 작업 간 발파 작업으로 인한 소음 및 진동으로 공항, 철도, 주변상가, 주택, 아파트의 민원이 빈번하게 발생	• 터널 굴착 간 갱문 방음벽이 없어 B/H Breaker로 작업 하므로 작업효율 저하 및 소음, 진동발생이 큼 • 민원발생 차단 및 소음, 진동 발생저감에 대한 대안이 필요	• 발파매트 걸이대 설치가 탈부착이 가능하고 반복적으로 사용 가능 • 저렴한 비용으로 소음 발생을 억제하고 민원발생을 최소화 • 좁은 공간에서 발파로 비산되는 것을 막아주고 주변의 장비를 보호 • 소음진동 저감을 위한 매트걸이대 및 흡음문을 설치하고 굴착 작업시 소음저감효과 14 dB(A)
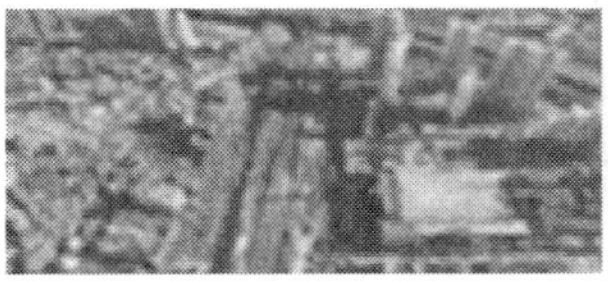	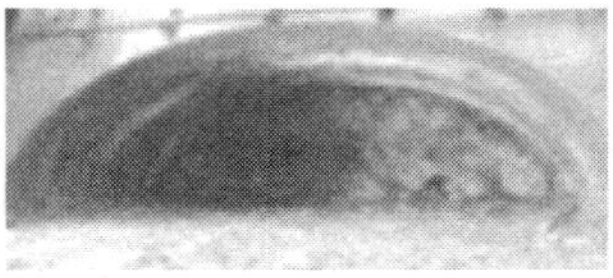	
• 공사현장	• 굴착작업 현장	• 매트걸이대 소음저감효과 14 dB(A)

표 3.15 다분할 발파공법

일반사항	저감대책 전	저감대책 후
• 복선전철 노반신설 공사로 NATM터널 굴착공법 • 건물과 주거지역이 인접하여 지하가시설 및 굴착공사 실시를 하여 소음, 진동 피해가	• 전방 지반의 불규칙한 절리와 단층의 형성으로 지하수 누출이 예상 • 인접 스키장의 용수 감소 및 갱내 침수 우려	• 대구경을 사전에 천공하여 발파시 자유면으로 이용하여 선진수평 보링효과로 전방지반의 예측 및 장약량 조절 가능 • 굴착시 계획 파쇠가 가능하고, 주

예상	• 시험발파의 경우에서 굴착방향 직상부 및 인접에 있는 빌라, 아파트의 생활소음, 진동 규제기준을 초과	변의 보안건물이나 지장물이 있는 경우 시공이 용이 • 별도의 굴착장비가 필요하여 굴착비용 증가
	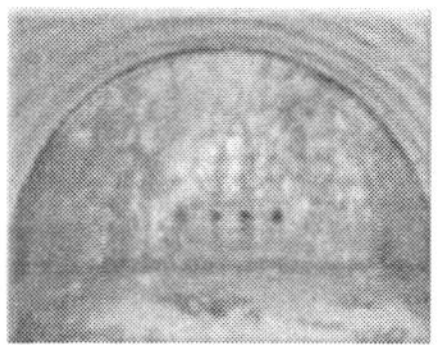	
• 공사현장전경	• 시험발파 결과 : 소음 90 dB(A), 진동 : 0.25 cm/sec	• 선대구경과 다분할 발파 : 소음 70 dB(A), 진동 : 0.1 cm/sec

표 3.16 터널입구 3중 방음문

일반사항	저감대책 전	저감대책 후
• 터널공사현장 인근에 마을 및 식당 근접 위치 • 터널발파 작업시 민원으로 공기지연 및 보상비 부담이 발생 우려	• 터널현장 인근에 마을 및 식당 근접하여 발파시 발생하는 소음 진동으로 민원이 발생하여 공기지연 및 보상비 부담 • 기존방음문은 제작 및 설치가 어렵고 고가일 뿐만 아니라 소음저감 효과 미미	• 터널입구 3중 방음시설을 통한 발파소음 저감 • 1차 : 고무벨트(발파비산물로부터 방음벽 보호) • 2차 : 볏짚방음벽(방음효과 우수, 가격 저렴) • 3차 : 흡음스펀지 • 기존 방음문시설에서 3중 방음시설로 개선한 결과, 평균 13 dB(A)의 소음저감 효과
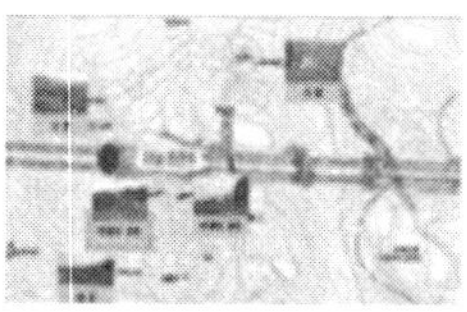		
• 건설공사 구간 및 정온시설 현황	• 기존 방음문시설 적용시 평균 발파 소음도 80 dB(A)	• 3중 방음시설 적용시 평균 발파소음도 67 dB(A)

1) 물을 활용한 소음차단벽

① 기존의 발파공사 현장 흡음재는 대부분 스티로폼과 같은 가벼운 재료

- 모든 소음을 차단하기 어려움

② 기존 발파소음 차단벽 내부쪽(터널바깥쪽)에 물의 막(물 주머니)을 설치

③ 기능 & 효과

- 전체 차단벽의 무게 증가 , 또한 물이 소음의 세기를 낮추는 기능을 수행 모든 고주

파나 저주파 소음을 효과적으로 차단 가능
- 마을주민과 가축들의 피해를 획기적으로 줄임
- 민원과 소송으로 인한 건설사들의 공기지연과 공사 중의 금전적 피해 예방
- 일본의 경우 차단벽을 설치하기 위해 콘크리트를 사용함으로써 공사 후 철거의 어려움, 즉 물을 활용한 소음차단벽은 물과 기존의 터널발파 소음 차단벽(흡음재+차음재)을 활용하기 때문에 설치 및 해체가 쉬움
- 향후 터널공사장에서 많이 활용될 것으로 예상

2) MS 발파

① 대기 진동파의 형식을 감소시킬 수 있는 폭파공법으로 효율적 이용

② 지발발파의 한 종류

※ 지발발파 : 각 발파공을 일정한 시간 간격으로 발파하는 방법
MS발파법(20～25 ms단차) & LP발파법(100～500 ms단차)

③ MS발파 (MilliSecond Blasting)

많은 발파구멍을 점화 폭발시킬 때, 타이머 또는 밀리세컨드 지발 전기뇌관을 사용하여, 20～50 ms인 매우 짧은 시간간격을 정확하게 유지하면서 차례로 점화 폭발시키는 발파법 밀리세컨드란 1,000분의 1초를 뜻하며 M.S.발파라고도 한다. MS 발파의 효과로는 발파능률 향상과 암석의 파쇄가 잘되며 발파에 따른 진동을 현저히 감소시킬 수 있다.

3) 제어발파법

① 제어발파법

진동 및 소음과 같은 발파공해를 관리 기준 이하로 배출하기 위해 적용되는 발파공법

② 원리

- 지반진동 발생량이 비교적 적은 "저비중, 저폭속" 폭약을 사용
- 소구경 및 짧은 천공을 실시
- MS 및 DS 지연시차를 가지는 뇌관을 적용
- (필요한 경우) 천공직경과 폭약직경의 차이를 이용(Decoupling Effect)
- 발파설계를 위한 "시험발파"를 실시하여 해당 지반의 "진동감쇠특성"을 파악
- 허용관리기준을 준수할 수 있는 "거리－지발당 장약량 Nomogram" 작성

표 3.17 제어발파 구분

구분		보안물건 및 민원 대상물	비고
일반 발파 및 대규모 발파		• 폭원과 원거리에 위치	• 기본설계
진동 제어 발파	진동제어발파 (중규모)	• 발파공해 영향권 내 위치 • 폭원에 약간 근접하여 위치	• 실시설계필요 • 발파공해 계측관 필요
	진동제어발파 (소규모)	• 발파공해 영향권 내 위치 • 폭원에 근접하여 위치	• 정밀설계 필요 • 발파공해 계측관리 필요 • 비석고려
	정밀진동제어발파	• 발파공해 영향권 내 위치 • 폭원에 아주 근접하여 위치	• 진동 우선 고려 • 정밀설계 필요 • 발파공해 계측관리 필요

※ Decoupling Effect

발파에서 천공경과 폭약경과의 비, 이 값이 크게 되면 천공 내 벽에 작용하는 폭굉압은 급격히 저하, 파장의 진폭이 감소하여 발파효과가 나쁨. 그러나 터널의 설계굴착선 등은 디커플링 지수를 크게 하여(약 2.5 내외) 인위적으로 제어하는 이른바 "공경효과(Decoupling Effect)"를 이용

- 보안물건이나 민원대상물이 폭원으로부터 이격된 거리, 폭약량 및 종류, 발파작업의 경제성 및 기술적인 측면에서 발파작업의 용이성에 준하여 구분한 분할 개념도
- 발파불가구간에서부터 일반발파 이상 구간까지 분류 가능

4) 뇌관위치에 따른 대책

발파의 효율성 향상, 발파 진동 및 소음 등의 환경문제를 해결하고자 공내뇌관의 위치를 달리하는데, 보통 정기폭과 역기폭으로 구분한다.

- 공구쪽에 위치 : 정기폭
- 천공 중간부위에 위치 : 중기폭
- 공저(천공 하부)에 위치 : 역기폭

일반적으로 터널발파 시 역기폭을 주로 사용하는데, 공저에서 폭발되므로 공저에 잔류공을 남길 우려가 적기 때문이다.

전폭약포(Priming explosive)

일명 기폭약포라고도 하며, 폭약에 뇌관을 결합한 것을 의미 전폭약포가 천공 내에 위치하는 장소에 따라 3가지로 구분한다.

① 정기폭

- 구멍 입구(공구)쪽에 기폭점을 두는 것
- 충격파가 자유면에 도달하는 시간이 빠르기 때문에, 자유면에서 반사하는 반사파의 세기가 크다는 점으로 발파위력과 순폭성에 있어서는 우수하다.
- Cut off가 생길 가능성이 많다.
- 폭파시 장약의 앞부분이 튕겨 나오는 경향이 있다.
- 폭약이 연소되기 쉽다.
- 단발발파, 특히 DS발파시에는 주의가 필요하다.

DS발파

단발발파의 한 종류로 지연시간 100~500/1000 sec (MS의 경우 20~25/1000 sec)
- 암석의 파쇄율은 높고, 발파진동은 감소된다.
- Cut off 현상이 적어진다.

② 역기폭

- 공저(천공 하부)쪽에 기폭점을 두는 것
- 폭발위력이 내부에 더욱 크게 작용하여 잔류공을 남기는 일이 없다.
- 일반적으로 역기폭인 경우가 폭파효과가 크며 특히 장공발파의 경우에 효과가 크다.
- 도화선의 길이가 길어지며 경제상 불리하다.
- 장전시 기폭약포의 뇌관이 공저에 충돌할 위험성이 있기 때문에 넣는데 주의해야 한다.
- ANFO폭약을 장전기로 장전하는 경우에는 정전기에 의한 위험성이 있어 역기폭법을 사용해서는 안 된다.

5) 미진동 공법(암파쇄굴착공법)

일반 화약을 이용한 발파와는 달리 화약을 사용할 수 없는 장소(도심지 등)에서 화공품 등을 이용하여 미진동 만을 일으키는 공법이다.

고열의 가스팽창압으로 암석의 균열을 발생시키는 원리를 이용한다.

표 3.18 일반 발파 공법

공법개요	파쇄방법 : 일반화약을 이용하여 천공 후 발파
발파제한범위	60 m 이상
장점	공사비 저렴, 시공이 용이함
단점	소음 및 진동이 큼. 비석발생, 안전 관리 대책 수립, 파쇄 후 마무리면 보완작업 필요

6) 발파공법에 따른 대책

① 일반발파

발파 공법의 종류는 일반발파, 다단발파, Cylinder-cut, PLHBM 등 공법의 종류에 따라 소음과 진동을 저감할 수 있다.

② 다단 발파 공법

전기뇌관의 지발시차와 다단식 발파기의 회로 초시를 조합시켜 다단 단차(300 단차이상)로 전기뇌관을 기폭시키는 터널 발파공법

예) MS(Milli-Second)지발 전기뇌관에 의한 단수(20단) + LP(Long Period Delay)지발 전기뇌관에 지발 단수(25단) − 중복되는 시차 = 42단차를 만들고 천공 구멍 내에 지발 전기뇌관들을 폭약과 함께 장전

- 발파 진동을 기존의 발파공법에 비해 약 20%이상 감소
- 시차가 빠른 MS뇌관부터 기폭하여 동심원상으로 연속적으로 기폭되게 함으로써 전단면 또는 상·하 반단면을 최소의 지발당 장약량으로 1회 발파

③ IX 발파공법에 따른 대책 : Cylinder-cut

- 장약공과 무장약공 사이에 있는 암석을 완전히 파괴시키는 Burn cut법을 개량한 발파법
- 심발의 중앙부에 burn hole(무장약공)을 천공하여 이를 자유면으로 활용
- 대구경(공경 200 mm 이상)의 burn hole을 사용
- 중앙부에 비교적 큰 burn hole을 1～2개 형성시켜 자유면으로 활용하므로 burn cut에 비하여 심발 효과가 확실하여 최근 터널 굴착에 가장 널리 쓰임
- Burn hole의 공경이 크고 공수가 많을수록 발파효과가 양호하므로 공간격을 좁힐 수도 있고, 장약량의 조정도 가능하여 장약량의 제한을 받는 경우 효과적인 방법
- 굴착폭에 제한을 받지 않아 장공발파에 유효
- 특수 제작된 고가의 천공장비를 사용해야 되므로 천공비용이 크게 증가

- 102 mm 크기의 무장약공을 1∼3개 천공하고 주변에 발파공을 배치하는 천공법, 굴진방향과 평행천공

④ PLHBM 공법

- PLHBM (Pre Large Hole Horizontal Boring & Blasting Method) : 선대구경 수평보링 발파공법
- 직경 250∼1,000 mm의 대구경 무장약을 심발부에 천공하여 발파효율 우수, 발파진동 저감효과에 크게 기여 → 터널발파 현장에서 유용하게 활용
- PLHBM은 현재까지 여러 터널발파 현장에서의 시공 결과 및 데이터 분석, 서울대학교를 통해 수행한 연구 결과를 통해 미진동 발파공법이 반드시 요구되는 현장의 여러 문제점들을 해결할 수 있는 경제성, 시공성, 친 환경성을 갖춘 터널발파공법으로 활용

⑤ x 쉴드공법

땅 속으로 큰 원통을 넣어 그 원통을 앞으로 전진시키면서 조금씩 땅굴을 파는 굴착공법으로서, 폭발물을 이용하여 터널을 뚫는 전통적 굴착공법 NATM 방식이 적용되기 어려운 교통이 복잡한 도심지 등에서 대안책으로 활용한다.

소음 또는 진동 문제 해결 가능하다.

3.3 도로교통소음

3.3.1 정의

도로소음이란 자동차의 주행에 따르는 소음으로 엔진 소리, 배기소리, 타이어와 도로면과의 마찰음 따위를 도로 소음이라고 한다.

일반적으로 저속으로 주행할 때에는 엔진음이 소음의 주체이고, 고속인 경우는 타이어 음이 소음의 주체가 된다.

자동차 소음은 특성대책에 의한 소음저하가 어렵고 생활에 매우 밀착된 소음으로 특히 자동차 도로망이 확장되고 차량 보유 대수가 급격히 증가하는 지금에 있어 피해지역도 광범위할뿐만 아니라 대도시 소음원으로서 가장 중요한 위치를 차지하고 있다.

3.3.2 특성

(1) 발생원인

도로교통소음의 원인으로 가장 큰 부분을 차지하는 것이 차량 자체에 의한 소음이며, 차량의 소음은 일반적으로 엔진에 의한 소음과 타이어에 의한 소음이 지배적으로 차지한다.

1) 자동차에서 발생하는 소음

자동차에서 발생하는 소음은 엔진소음, 배기소음, 타이어소음으로 구분되며, 이러한 소음들은 복합적으로 발생한다. 이렇게 자동차에서 발생된 소음은 교통조건, 도로구조, 도로변조건 등에 의하여 도로교통소음으로 나타나게 된다.

2) 자동차 소음의 구성요소

① 엔진소음

엔진소음은 주로 엔진자체에서 발생하는 엔진회전수에 따라 크게 변화한다. 엔진별로 비교해보면 디젤엔진에서 발생하는 소음이 휘발유 엔진에서 발생하는 소음보다 더 크다. 특히 마력수가 높을수록 소음수준도 높아지며, 회전수가 많을수록 높은 소음이 나타난다.

② 배기소음

주행 중의 차량이 발생시키는 소음으로 품질상 중요한 것은 배기 테일 머플러이다. 같은 소음레벨의 음일지라도 보다 시끄럽게 느껴지는 음과 그렇지 않은 음이 있는데, 그 중에서 고주파 성분을 많이 포함하는 배기음은 시끄럽게 들리는 주요요인이 되고 있다.

표 3.19 도로교통 소음에 영향을 주는 요인

<table>
<tr><th>구분</th><th colspan="11">발생원</th><th colspan="7">전달경로</th><th colspan="3">영향</th></tr>
<tr><td>요인</td><td colspan="4">자동차</td><td colspan="3">교통</td><td colspan="4">도로</td><td colspan="2">주변상황</td><td colspan="2">기상</td><td colspan="3">건물, 시설</td><td colspan="3">인체</td></tr>
<tr><td rowspan="2">기여하는 요소</td><td>엔진</td><td>타이어</td><td>배기계통</td><td>기계계통</td><td>교통량</td><td>주행속도</td><td>노면상태</td><td>종단구배</td><td>구조선정</td><td>횡단면상태</td><td>세부구조</td><td>지형지물</td><td>지표면상태</td><td>풍속풍향</td><td>온도습도</td><td>건축구조</td><td>차음구조</td><td>건물배치</td><td>생리</td><td>심리</td><td>동작</td></tr>
<tr><td colspan="4">차종, 연식, 형식 등</td><td colspan="6">주행상태</td><td colspan="5">감쇠, 반사, 투과, 흡수 등</td><td colspan="6">건물 내외의 상태, 사람의 상태</td></tr>
</table>

③ 타이어 소음

타이어가 엔진구동에 의해 노면과 접촉회전에 의해 발생하는 소음을 말한다.

(2) 영향

1) 단기적 영향

- 심장박동수의 감소경향
- 피부의 말초혈관 수축현상
- 호흡의 크기가 증가
- 소화기 계통에 영향

2) 장기적인 영향

- 내분비선의 호르몬 방출에 의함
- 혈행 장애와 스트레스가 있으며, 혈행 장애는 심장과 뇌 등에 영향
- 스트레스는 위장과 대장 등 소화기장애와 호흡기에 영향

(3) 현황

표 3.20 주요 대도시 주거지역(도로) 소음도[단위 : dB(A)]

	2005		2006		2007		2008		2009		2010		2011		2012		2013		2014	
도시	낮	밤	낮	밤	낮	밤	낮	밤	낮	밤	낮	밤	낮	밤	낮	밤	낮	밤	낮	밤
서울	70	66	69	66	69	65	68	65	68	64	68	65	68	65	68	65	68	65	68	68
부산	68	63	68	63	68	63	68	63	67	63	67	62	67	62	67	62	67	62	67	62
대구	69	63	68	62	68	63	69	64	68	64	67	63	67	62	68	63	68	63	67	63
인천	68	63	68	64	68	64	67	63	67	63	66	63	66	62	67	63	66	62	66	62
광주	66	61	65	60	66	60	63	59	63	58	64	59	64	59	63	58	64	59	63	58
대전	62	56	62	56	62	56	63	56	62	56	62	56	61	55	61	55	60	54	60	55

표 3.21 전국 도로교통 소음현황

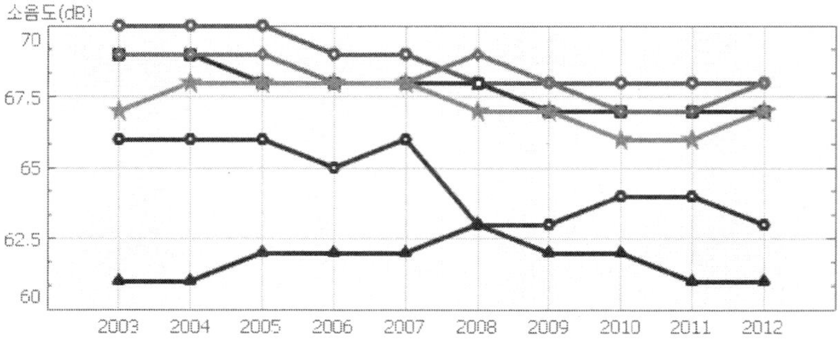

주요도시 주거지역(도로) 낮 시간대 소음도

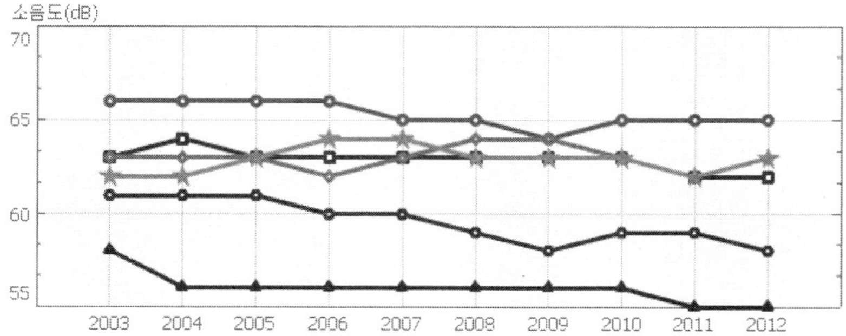

주요도시 주거지역(도로) 밤 시간대 소음도

서울 부산 대구 인천 광주 대전

-나라지표

※ 밤 시간대는 대전을 제외한 주요도시 모두 환경기준(55 dB)을 초과함

주요도시의 지난 3년간 소음도는 1 dB(A)범위 이내로 소폭 증감하거나 비슷한 추세를 보여 유의할 만한 수준의 변화를 나타내고 있지 않다.

이는 차량증가 및 도로 확장, 도심 재건축 등으로 인한 공사장 증가 등의 환경소음도 증가 용인에도 불구하고, 방음시설 설치, 교통소음규제지역 지정, 저소음포장재 활용 등 소음저감 대책을 적극 추진함으로써 소음도 상승요인을 억제하였기 때문이다.

(4) 규제 기준

표 3.22 도로 규제 기준

대상지역	구분	한도	
		주간 (06:00~22:00)	야간 (22:00~06:00)
주거지역, 녹지지역, 관리지역 중 취락지구 및 관광, 휴양개발진흥지구, 자연환경보전지역, 학교, 병원, 공공도서관의 부지 경계선으로부터 50미터 이내 지역	소음 [Leq dB(A)]	68	58
상업지역, 공업지역, 농림지역, 생산관리지역 및 관리지역 중 산업, 유통개발진흥지구, 미고시지역	소음 [Leq dB(A)]	73	63

(5) 피해

우리나라 도로주변 소음노출인구는 야간기준으로 전국민의 52.7%가 소음에 무방비하게 노출되어 있다. 환경분쟁조정위원회에 접수되어 처리된 민원은 소음진동 관련 민원이 전체의 85%를 차지한다.

표 3.23 교통소음 피해노출 인구

구분	소음노출인구(만명)	비율(%)	비고
도로 주변	2,400	전국민의 52.7%	야간소음기준
철도 주변	174	전국민의 3.8% (철도변 거주인구의 1/3 수준)	야간소음기준
공항 주변	140	전국민의 2.9%	야간소음기준

표 3.24 연도별 소음진동 민원 접수현황(단위 : 건수 %)

구분	전체	00년 이전	01	02	03	04	05	06	07	08	09	10	11	12	13	14
전체 민원	3281 (100)	340	121	263	292	223	174	165	172	209	283	174	185	255	189	236
소음 진동 민원	2802 (85)	263	103	229	264	206	151	150	142	173	241	148	164	214	152	202

구분	계	소음,진동		대기오염	수질오염	일조	기타
		공사장	교통 등				
계 (%)	3,281 (100%)	2,802 (85%)		193 (6%)	88 (3%)	136 (4%)	62 (2%)
14	236	165	37	5	4	18	7
13	189	128	24	12	3	19	3
12	255	203	11	14	6	17	4
11	185	141	23	7	3	6	5
10	174	128	20	3	6	10	7
09	283	241		13	2	18	9
08	209	173		8	3	22	3
07	172	142		7	3	15	5
06	165	150		8	3	1	3
05	174	151		11	5	6	1
04	223	206		8	3	4	2
03	292	264		19	8	-	1
02	263	229		26	4	-	4
01	121	103		11	7	-	-
00	60	49		7	4	-	-
99	79	67		8	4	-	-
98 이전	201	147		26	20	-	8

(6) 대처방법

1) 소음원 저감 대책

① 저소음 포장

- 다공성 아스팔트 포장 : 포장체 내에 존재하는 공극이 공기의 투과성도 높이고, 패턴홈 공명음과 도로의 air-pumping을 억제해서 타이어 도로소음을 저감시킨다. 사용경과에 따른 공극의 막힘 때문에 소음 저감효과가 저하되는 단점이 있다.
- 고무 아스팔트 포장 : 다공성 포장재와는 별도로 폐타이어를 분쇄하여 아스팔트와 혼합아여 만들어진다. 고무아스팔트의 신축성으로 인하여 에너지 흡수능력이 커서 소음진동을 흡수하는 능력이 크다. 일반 아스팔트에 비해 높은 점도와 저온에서 낮은 강성을 가진다.

② 기타 소음원 대책

- 속도 방지턱 설치
- 속도제한(구간 평균제한 속도)
- 대형차 운행 제한

표 3.25 저소음 포장류 비교

종류	다공성 아스팔트	고무아스팔트	그루빙(Grooving)
개요	• 공극에 의한 소음저감 (3~4 dB)	• 고무아스팔트의 신축성으로 에너지 흡수능력이 높아 진동소음저감(3~4 dB)	• 타이어와 도로의 접촉면 감소에 의한 소음저감(효과적음)
장점	• 소음저감 효과가 좋음	• 소음저감 효과가 좋음	• 시공이 간편함
단점	• 사용경과에 따른 공극의 막힘으로 저감효과 감소	• 시공비 고가	• 내구성이 약함

2) 전달경로 저감대책

전달경로 저감대책으로는 방음벽, 소음감쇠기, 방음터널, 방음림 등이 있으며, 이들의 장단점은 다음과 같다.

표 3.26 전달경로 저감대책에 따른 장단점

구분	장점	단점
방음벽	• 시공이 간단하고 가장 일반적인 대책임 • 높이 증가할수록 소음저감량이 커짐	• 구조적인 문제로 설치 높이가 제한됨 • 공동주택의 경우 저감효과가 제한적임
소음감쇠기	• 방음벽 상단에 설치되어 방음벽 설치 높이를 줄일 수 있음.	• 소음저감 효과에 비해 사업비가 고가임
방음터널	• 직접음 차단으로 소음저감 효과 높음	• 입, 출구부에 소음 및 대기 집중 영향 발생 • 설치비가 고가이며 유지보수가 어려움 • 기존 구조물에 설치시 구조적인 문제로 부대비용 발생 및 설치 제한적임
방음림	• 소음감쇠 효과와 더불어 경관조화 기능 • 통행차량을 시각적으로 차단하여 거주자의 소음에 대한 반응을 심리적으로 완화 • 도로에서 발생하는 각종 매연과 먼지를 여과	• 소음저감 효과를 크게 하려면 조밀하고 매연에 강한 수목을 식재해야함. • 수림대를 조성할 수 있는 여유공간의 확보가 필수적임
방음둑	• 환경친화적이며 방음둑에 식재할 셩우 녹지율을 높임.	• 방음둑 설치 공간 필요 • 방음둑을 설치하여도 공동주택의 경우 저감효과가 제한점임.

3) 수음점 저감 대책

수음점 저감대책으로는 세대별 방음벽 및 방음창 설치 등이 있으며, 시공이 간편하고 공동주택의 경우 고층부의 소음저감 효과에 유리한 장점이 있으나, 외관 형상에 의한 개인간 선호도 차이 및 설치 후 유지관리 등의 단점이 있다. 또한, 건축물의 직각배치 및 건축선 이격 등으로 도로에서 발생되는 소음을 저감시킬수 있으나, 건축물의 직각배치 및 건축선 이격은 건축물의 계획부터 협의해야 하는 사항으로 모든 도로에 적용하기엔 어려움이 따른다. 직각 배치에 따른 소음 저감효과는 주간 2.0 dB(A), 야간 2.1 dB(A) 정도로 나타나 있으며, 건축선 이격은 이격되는 거리에 따른 저감효과가 상이하게 나타날 수 있다.

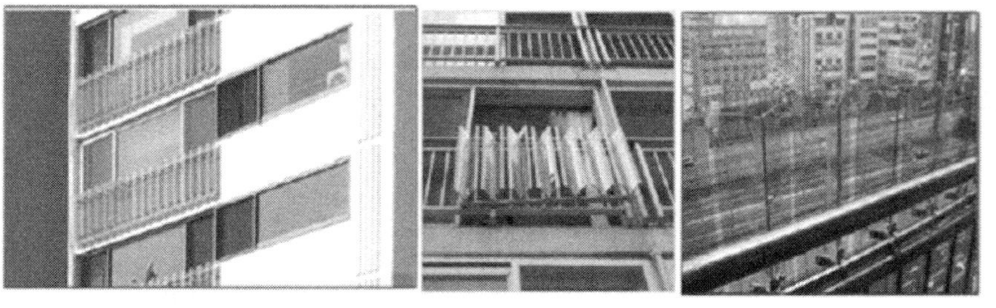

그림 3.5 세대별 방음벽

4) 정책적인 저감대책

① 교통 소음·진동 관리지역의 지정

소음·진동관리법 제27조의 「교통 소음·진동 관리지역의 지정」은 특별시장, 광역시장, 특별자치도지사 또는 시장·군수가 지정할 수 있다. 교통소음·진동 관리지역의 지정을 통해 자동차의 운행의 규제를 적용할 수 있으며, 국도 주변을 교통 소음·진동 관리지역으로 지정하여 대형차량의 우회통행 및 차량 속도의 제한 등을 통하여 교통소음 발생을 억제할 수 있는 방안으로 사료됨에 따라 정책적인 저감대책으로 제시한다.

② 소음지도 작성을 통한 효율적인 소음대책 수립

도시 내의 소음 측정망을 통해 소음지도 작성 및 소음도 평가 등을 통해 소음유발 시설 및 도로교통소음을 관리(대형차의 우회 통행 및 속도제한, 도로의 지하화 등)토록 하여 소음 발생을 억제토록 한다.

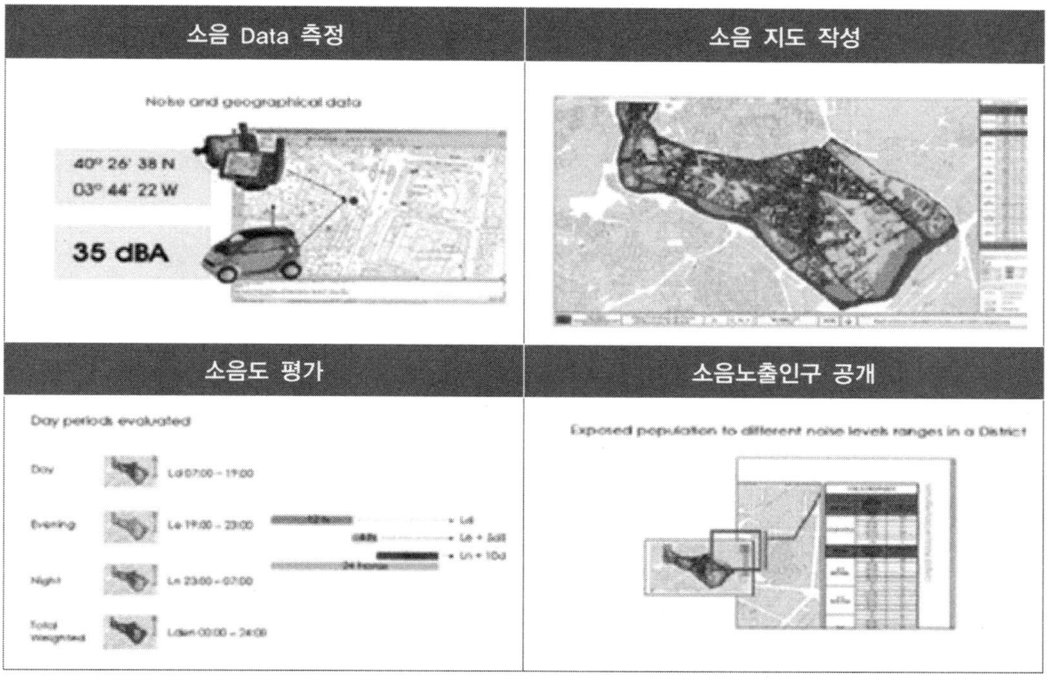

그림 3.6 외국의 소음지도 작성 및 활용

3.4 철도소음

3.4.1 정의

철도차량의 주행에 따라 발생하는 소음을 뜻한다. 철도소음에는 전동음, 모터음, 공력음, 구조물음 등으로 되어있다. 전동음은 차륜과 레일의 충돌에 따라, 공력음은 차체 주변의 공기가 난류를 형성하여 발생하고, 구조물 음은 고가교 등의 진동에서 방사되는 음이다. 일반적으로 저속도에서는 전동음이 고속도에서는 공력음이 탁월한 것이 많다. 철도소음을 방지하려면 차륜이나 레일의 삭정, 요철이 적은 차량의 개발, 방음벽이나 흡음재의 설치 등 종합적인 대책이 필요하다. 유동인구 및 물동량 증가로 철도 운행량이 증가되었고, 매스컴과 국민의 환경인식의 증가로 소음민원이 점증하고 있다. 철로변 일부에 방음벽을 설치하였으나, 미미한 수준이다.

3.4.2 특성

철도 소음의 주파수 특성은 500~2,000 Hz에서 최고 소음을 보여, 사람이 혐오하는 주파수 대역인 2,000~4,000 Hz 근접한다. 철도 소음은 도로변 생활환경기준(주거지역, 낮) 65 dB(A)을 초과한다. 고속 철도 소음의 특징으로는 기존철도와 같은 추진계 및 체결구 소음 이외에 자체와 공기의 마찰에 의한 공력소음, 가선과 Collector(집전장치) 사이의 스파크 소음이 부가적으로 발생한다.

- 시속 250 km 이상 고속으로 운행시 공력소음 발생
- 시속 150 km 이상 고속으로 운행시 스파크 소음 발생

차속에 따른 소음의 크기

- 240 km/h일 때 선로중앙으로부터 100 m거리에서 80 dB(A) 정도
- 300 km/h일 때 선로중앙으로부터 100 m거리에서 85 dB(A) 정도

(1) 배출원

1) 차륜과 레일에 의한 소음

① 전동음(rolling Noise, Roaring Noise)
차륜과 레일의 상호작용에 의해 발생. 레일과 차륜표면에 존재하는 미세한 요철이 원인이 된 기전력이 생기고 차륜과 레일의 고체진동이 음파로 되어 공기 중에 방사된 것으로써, 열차 속도와 레일 차륜의 표면요철에 크게 의존

② 충격음(Impact Noise)
레일의 이음매를 차륜이 통과할 때 또는 차륜 단면에 발생한 마모에 의해서 레일에 충격이 가해져 발생하거나 차량이 분기부를 통과할 때 발생

③ 스킬소음(Squeal Noise)
차량이 곡선을 통과할 때에 차륜 후렌지와 레일의 측면이 접촉해서 발생

2) 구조물 소음

① 철교에서 발생하는 소음

② 차륜과 레일의 상호작용에 의해서 기전력이 발생하여 차륜과 레일의 진동이 레일에서부터 도상 혹은 슬라브를 걸쳐 구조물에 전달되어 방음벽을 포함한 구조물의 외벽이 음원이 되어 소음 방사

3) 기기에 의한 소음

① 모터휀소음
② 엔진소음
③ 에어컨소음

4) 집전계 소음

팬터그래프의 집전판이 전선으로부터 이탈할때 발생하는 스파크음

5) 공력 소음

열차표면 경계측(boundary layer)에서 와류현상과 mixing 및 shear영역 등의 존재에 의해서 발생

6) 기타소음

① 레일 체결구에서의 충격음 : 레일의 길이, 차륜과 레일의 중량
② 제동구간이나 곡선구간 소음 : 레일과 차륜의 편마모
③ 전기철도 차량소음 : 차체 하부의 전동기와 보조기기 소음
④ 철도 노반에서의 진동 : 철도 연변 건물에 고체음과 진동을 유발
⑤ 고속철도가 고속 주행시 발생하는 소음

(2) 문제

1) 근본적인 문제

① 인체에 미치는 소음의 영향에 대한 국내의 연구가 미비함
② 철도소음에 대한 환경 기준이 마련되지 않음
③ 철로변 토지이용의 변화로 민원이 증가함
④ 방음벽 설치로 저층의 소음은 저감되나, 고층은 방음효과가 없음

2) 구조적인 문제

① 부처간 협의가 원활하지 않고, 철도로부터의 건축물 이격거리(50 m 이상)가 개인의 재산권 행사로 준수되지 않음
② 방음벽, 이중창 등의 대책이 전면적으로 시행되지 않음

3) 고속철도 소음 문제

① 고속전철의 도심 통과로 민원 발생의 우려가 높음
② 기존의 철도 소음보다 소음 발생량이 많음
③ 고속운행 시 터널 입·출구에서 발생 되는 미기압파 충격소음
④ 건축물 이격거리를 확보하지 못한 주거시설 등의 이주·보상 방안
⑤ 방음벽, 방음터널, 이중창 등 방음 대책 시행시의 재정 확보

(3) 대처방법

- 건축 허가 시 철로로부터의 이격거리 준수
- 주택지역 통과 시 철로변에 방음벽 설치
- 철로변 공동주택의 중간층의 이중창, 삼중창의 의무화
- 공동주택을 선로와 직각베치 또는 복도, 거실을
- 철로변으로 배치
- 짧은 레일을 긴 레일로 대치 및 방진침목 설치
- 주거지 통과 시 저속 운행

1) 동력원 및 보조기구 소음

디젤기관차의 기관음과 배기음이 전동음보다 8dB(A) 정도 높음
➡ (대책) 소음기의 성능향상, 흡음재 취부 강화, 동력분산화, 경량화 등

2) 노반에서의 발생음

차량의 주행에 수반되는 진동은 완충물에서 일부 경감되지만 노반에 전달되어 새로운 소음 발생원이 되고 있음
➡ (대책) 레일과 침목의 중량화 및 접지면적의 확대, 자갈층과 고무두께 증가

3) 전파경로 대책

① 방음벽
- 전동음이 주변에 전파하는 것을 방지하기 위해 궤도의 측방에 벽체 설치
- 방음벽 효과는 방음원리, 높이와 길이, 음원측의 흡음특성, 형상에 따라 다름
- 2 m 내외의 직립 방음벽은 9 dB 정도, 2 m 내외의 L형 방음벽(음원측 흡음처리)

은 12 dB정도 방음효과가 있는 것으로 알려짐

② 노반의 흡음처리

- 노반위의 자갈은 진동의 완충재 역할 뿐 아니라 전동음에 대한 흡음효과도 있음
- 자갈층의 두께를 20 cm에서 40 cm로 증가시킬 경우 0.5~2 KHz 대역의 흡음율이 0.25에서 0.45로 증가 전동음이 저감
- 콘크리트 노반의 경우 표면을 흡음재로 도포하여 차량하부에서 발생되는 소음경감이 필요함

4) 철도소음 방지대책 종합

① 철도소음 발생원 측면 : 기관 및 차체의 저소음화 및 차륜 등의 정도유지삭정 상태, 선로의 중량화, 장대화 및 자갈층과 방진재의 두께 증가, 방음 시설의 확충 등

② 철도변 측면 : 소음 우심지역의 선로 이설 및 이주 보상, 생활방해지역 방음설비 공공용 택지개발의 억제 및 저층화, 건축허가 시 소음환경 검토 등

표 3.27 철도소음 대책

구분	대책	비고
소음 간섭장치	• 기존의 방음벽에 소음 간섭장치 설치로 약 2dB 감소	
장대레일	• 기존의 정척레일을 장대레일로 교체하여 약 7 dB 감소	• 정척레일 : 25 m • 장대레일 : 200 m 이상
방진체결구	• 기존의 체결구를 방진체결구로 교체하여 약 3 dB 감소	
레일연마	• 레일을 연마하여 마찰소음 저감으로 약 3 dB 감소 • 레일연마 기준 작성완료	

표 3.28 철도소음 정부 대책

구분	대책	비고
도상흡음재	• 콘크리트 반사 소음 저감시킬 수 있는 도상흡음재 설치로 약 3 dB 감소	
방진궤도 부설	• 레일은 두부 아래쪽과 측면에서 큰 고무판에 의해 떠 받쳐져 레일 하부는 공중에 뜬 상태로 하여 방진궤도 부설로 약 4~9 dB 감소	
방진매트	• 교량구간에서 방진매트를 부설하여 약 5dB 감소	
방진침목	• 침목저부에 탄성재를 부착한 방진침목으로 약 4 dB 감소	
레일댐퍼	• 레일댐퍼를 설치하여 약 12 dB 감소	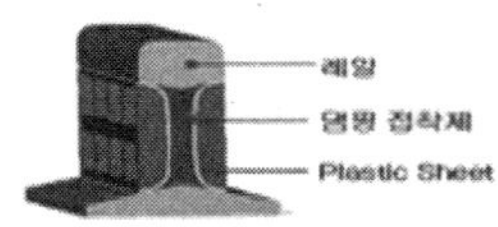

3.5 항공기소음

3.5.1 정의

항공기의 운행과정에서 방사되는 소음과 여러 기종의 이착륙 뿐만 아니라 정비과정 및 공항 내의 여러 시설물 등에서 발생하는 소음을 뜻한다.

대형제트기는 대형자동차의 수만대에 상당하는 소음을 발생시킨다. 항공기 소음의 평가는 PNdB로 한다. ISO에서는 PNdB에 음의 계속시간과 터빈, 팬 등의 음에 관하여 보정을 한 EPNdB로서 문제가 되는 이착륙시의 소음레벨을 평가한다.

최근 항공기의 운항 항로 신설 및 운항 회수의 급격한 증가에 따라 항공기 소음 피해는 사회적 문제로 대두되고 있다.

3.5.2 발생원과 특징

(1) 배출원

1) 엔진소음

① 프로펠러 엔진

- 가스터빈이나 피스톤 엔진에 의해 추진
- 프로펠러의 회전에 의해 공기역학적 소음 발생
- 엔진의 배기소음 발생

② 터보제트 엔진

- 높은 출력과 급가속 등으로 군용기에 사용
- 공기 흡입소음, 배기 소음, 엔진 표면의 방사소음
- 배기 소음이 지배적

③ 터보 팬 엔진

- 제트추진 과 팬에 의한 추진 구조
- 제트 노즐에 의한 공기역학적 소음 발생
- 팬에 의한 소음 발생(3~4 KHz)
- 터보제트 엔진에 비해 낮은 소음 발생

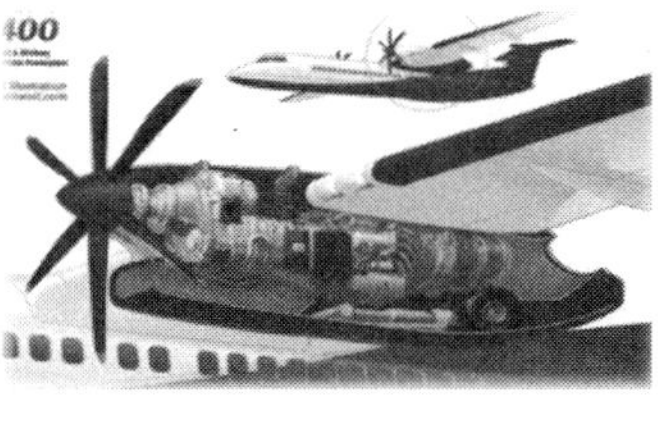

그림 3.7 프로펠러 엔진

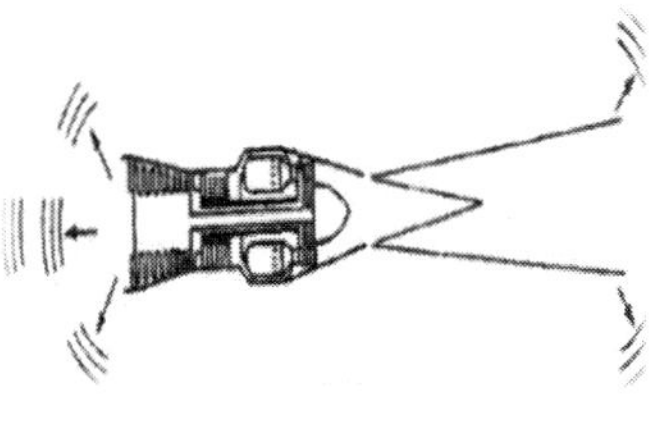

그림 3.8 터보제트 엔진

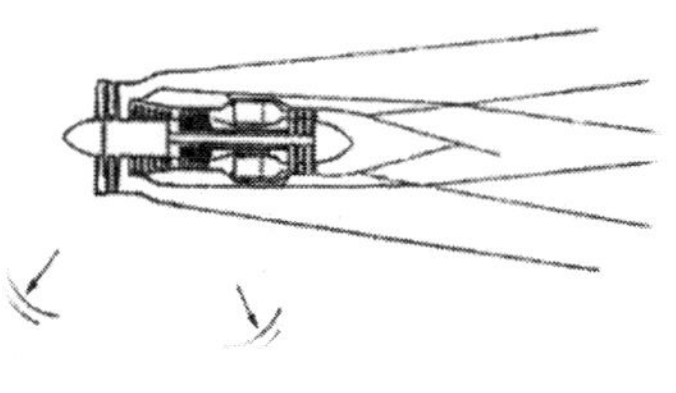

그림 3.9 터보 팬 엔진

2) 기체소음

- 항공기의 기체 표면을 따라 유동하는 공기의 흐름에 의해 발생
- 항공기의 순항, 이착륙 장치를 지나가는 공기의 흐름으로 발생
- 엔진소음에 비해 낮은 레벨의 소음 유발

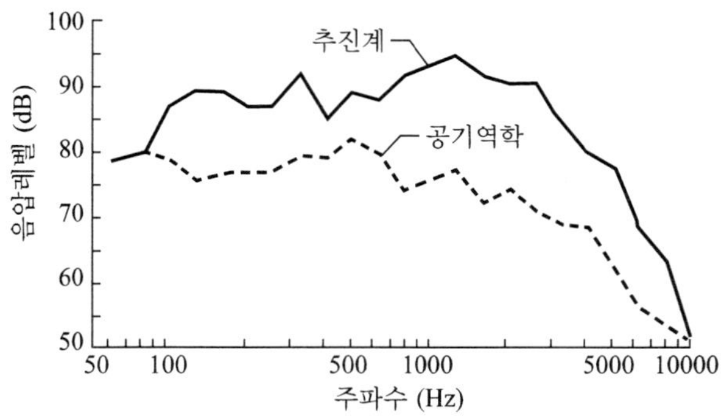

그림 3.10 기체소음 주파수에 따른 음압레벨

3) 항공기 통과시의 지상소음

높은 고도의 상공에서 이동하기 때문에 위치에 따른 시간적인 변화에 따라 지상에서 느끼는 항공기 소음도 변한다.

- 항공기가 접근하는 경우 → 고주파수 영역소음
- 항공기가 멀어지는 경우 → 저주파수 영역소음

4) 소닉 붐

- 비행기나 전투기가 초음속으로 비행하면 충격적인 음파 발생
- 충격음파가 지상으로 전파되어 충격음이 들린다.
- 공기의 비선형 효과에 의해서 두 번의 충격음처럼 들림
- 가로 : msec (1/1000초), 세로 : psf (pounds per square foot)
- 세계 최초의 초음속 비행기 '콩코드 여객기' 운행 영향

(2) 영향

항공기 소음은 고주파음을 많이 포함하고, 공항주변에서는 간헐소음인 경우가 많으며, 다른 소음에 비하여 크기 때문에 소음의 영향은 광범위하고, 다양하며, 극도로 복잡하다.

1) 영향의 종류

① 생리의 영향

- 일시적 : 놀람, 일시난청
- 지속적 : 영구난청, 불면증 등

② 행태의 영향 : 대화, 공부, TV시청, 수면, 업무처리 등에 지장.
③ 주관적 영향 : 성가심, 불쾌, 불만, 혼란 등.

2) 주거환경에 미치는 영향

- 항공기소음의 시끄러운 정도와 토지이용

3) 항공기 소음의 피해지역 지정 및 항공기소음 한도

① 국제민간항공기구(ICAO)

- 공항주변 소음 80웨클 이상 : 소음피해 예상지역
- 공항주변 소음 90웨클 이상 : 소음피해 지역 지정 → 이주 및 방음대책 수립

항공기소음의 발생원은 크게 추진계 소음과 기체의 공기역학적 소음으로 나눌 수 있다. 이 두 소음 발생원의 상대적 기여도는 항공기 운항 모드(순항, 이·착륙, 선회비행 등)에 따라 다르고, 소음의 특성 역시 이에 따라 달라지지만 순항시 보다는 이·착륙시 소음을 주대상으로 하는 환경소음 측면에서는 추진계 소음이 주요 대상이 된다.

항공기 엔진에는 제트엔진과 프로펠러엔진이 있다. 제트엔진은 다시 터보제트(turbojet) 엔진과 터보팬(turbofan)엔진으로 나눌 수 있다. 이들 각각의 추진 시스템에 따라서 소음발생 메커니즘이 달라진다.

(3) 항공기소음 측정 및 평가단위

항공기소음평가는 개별 항공기 기종의 소음평가와 공항주변 등 주거지의 소음평가로 나누어 고려된다. 항공기소음평가는 개별 항공기에 대한 소음평가와 공항주변에 대한 소음평가로 나누어 수행한다. 개별 항공기에 대한 평가는 항공기 1대가 운항할 때 항로에 따라 나타나는 소음특성을 분석하는 것으로서 항공기의 소음인가(Noise Certificate)의 기준으로 쓰이며 평가에 쓰이는 양을 소음도라 하여 청감보정 A특성을 이용하고 소음 scale이라고 한다.

공항주변 소음평가는 다수 항공기의 이착륙을 대상으로 하고, 이 때 쓰이는 양을 소음 index라고 하며 토지이용계획 수립 및 주거 환경에 대한 평가 시 사용한다. 개별 기종에 대한 항공기소음평가는 소음의 크기뿐 아니라 주파수특성, 지속시간, 소음의 분포성 등 항공기소음의 모든 특성을 고려한 것이고, 공항주변에 대한 소음평가는 이에 더하여 이·착륙시 발생하는 소음이 문제가 되므로 항공기의 이·착륙 횟수, 이·착륙시간대 등을 함께 고려하도

록 되어 있다.

다음은 항공기 평가에 주로 쓰이는 방법들이다.

- 소음 scale
  - EPNL (Effective Perceived Noise Level)
- 소음 index
  - WECPNL (Weight Equivalent Continuous Perceived Noise Level)
  - L_{eq} (Equivalent Sound Level)
  - L_{dn} (Day-Night Equivalent Noise Level)

1) 유효감각소음레벨(EPNL, Effective Perceived Noise Level)

소음에 대한 청감은 크기뿐만 아니라 그 소리의 지속 시간에 관계된다. 또한 제트 소음과 같이 금속성의 높은 기계 소음을 포함하는 경우, 계기에 나타난 수치 이상으로 시끄럽게 느껴질 수 있다. 항공기소음을 평가하기 위해 PNL의 계속 시간과 특이음 등에 대해 보정할 것이 제안되었으며 이를 EPNL이라 한다. EPNL은 단일 항공기에 의한 소음영향을 나타내는 소음척도의 대표적인 것으로서, 현재 국제민간항공기구(ICAO)와 미국연방항공국(FAA : Federal Aviation Administration)에 의해서 항공기소음 증명 단위로 제정되어 이용되고 있다. 또한 EPNL은 항공기소음에 대한 인체 반응, 항공기소음의 특성, 항공기소음 지속 시간 효과 등을 반영하고 있어서 현재 사용 중인 다른 어느 척도보다도 항공기의 소음의 영향을 객관적으로 나타내고 있다고 널리 인정받고 있다.

EPNL의 산정 방법은 다음과 같다.

① 정해진 지점에서 착륙 또는 이륙 소음을 녹음한다.
② 재생 과정에서 0.5초마다 sampling하여 각각 1/3 Octave를 분석한다.
③ 1/3 Octave 밴드 레벨로부터 PNL을 계산한다.
④ 1/3 옥타브 밴드의 스펙트럼으로부터 순음 보정량을 구하고 PNL을 가한
⑤ 보정된 양을 TPNL (Tone Corrected Perceived Noise Level)이라 한다.
⑥ TPNL (Tone Corrected Perceived Noise Level)의 곡선을 에너지 적분

하여 계속 시간 보정 D를 구한다.

$$EPNL = 10\log[\int_{t1}^{t2} 10^{\frac{TPNL}{10}} dt] = 10\log[\sum_{i=1}^{n} 10^{\frac{TPNL}{10}}] \tag{3.1}$$

이때, TPNLi는 0.5초마다 구한 TPNL이다.

순음과 항공기소음 폭로시간에 대한 영향을 고려한 PNL값이다. 이는 소음에 대한 시끄러움의 감각은 크기뿐만 아니라 그 소리의 계속시간에 관계된다. 또한 제트 소음과 같이 금속적인 높은 기계소음을 포함하는 경우, 계기에 나타난 수치 이상으로 시끄럽게 느낄 수 있다.

단일항공기에 의한 소음영향을 나타내는 소음 척도로써 국제 민간항공기구와 미국연방항공국(FAA, Federal Aviation Administration)에 의해 항공기소음증명 단위로 제정되어 이용되고 있다.

2) WECPNL (Weight Equivalent Continuous Perceived Noise Level)

WECPNL (Weighted Equivalent Continuous PNL)이란 ICAO(국제민간항공기구)가 1971년에 공포한 Annex 16 Aircraft Noise 중에서 다수의 항공기에 의해 장기간 연속 폭로된 소음 척도로 제안한 항공기의 소음도를 나타내는 단위이며 음향의 강도와 이의 빈도, 발생시간대 등의 요소를 고려하고, 다수의 항공기에 의한 소음의 총발생량을 1일 평균량으로 평가한 것이다. WECPNL은 구체적으로 각각 단어별로 다음과 같은 의미를 지닌다. 먼저 동일한 크기의 항공기소음일지라도 시간대에 따라 소음에 대한 느낌이 다를 수 있기 때문에 항공기의 소음치에 대해 저녁시간(오후 7시～오후 10시)에는 3 dB를, 그리고 야간(오후 10시～다음날 오전 7시)에는 10 dB를 가산하는 가중방법을 사용하며 이렇게 가중(Weighted)된 소음은 1일을 24시간으로 평균하는 등가절차(Equivalent)를 거치게 된다. 이렇게 계산된 등가치는 평균치로 환산된 소음이 하루 종일 계속되는(Continuous) 것을 나타내게 되는데 여기서 PNL은 감각과 소음을 나타내는 지수이며 소음의 주파수 성분을 고려해서 이의 크기뿐만 아니라 소음의 정도에 중점을 두고 평가한 것이다. 이와 같은 의미를 지니는 WECPNL은 통상 측정을 간편하게 하기 위해 감각소음 레벨 PNL = dB(A) + 13으로 근사화 된다. 따라서, 현재 우리나라에서 사용하는 식은 WECPNL = dB(A) +10 log(N) − 27로 나타낼 수 있다. 여기서 N은 시간대별로 조정된 항공기 회수(소음의 발생회수)이다.

이는 다음과 같이 정의된다.

$$\text{WECPNL} = \text{LA} + 10\log[\text{N2} + 3\text{N3} + 10(\text{N1} + \text{N4})] - 27 \qquad (3.2)$$

여기서 LA는 1일간 항공기통과시마다 측정된 소음도 최고치의 평균값이다.

N1 : 00:00～07:00시의 비행횟수, N2 : 07:00～19:00시의 비행횟수

N3 : 19:00～22:00시의 비행횟수, N4 : 22:00～24:00시의 비행횟수

일반적으로 WECPNL을 L_{eq}로 환산하는 식은

$$L_{eq} = WECPNL - (13 + C) \tag{3.3}$$

여기서, C : 순음 보정량으로 터보팬 엔진을 가진 항공기의 발착시에 +2 dB

그러나 위 식은 어느 경우나 적용할 수 있는 것은 아니며 비교적 운항 횟수가 많은 대형 공항에 한한다.

3) 등가소음도(L_{eq} : Equivalent Sound Level)

L_{eq}는 변동하는 소음의 에너지 평균 레벨로써 동 에너지(Equivalent Energy) 가설에 입각하고 있다. 즉, 2개의 소음 에너지가 같을 때 양자의 심리적 생리적 영향도 같다고 하는 가설을 동 에너지 가설이라고 한다. 이 가설에 따르면 계속시간이 2 배로 되는 것과 피크레벨이 3 dB 상승하는 것은 동등한 효과를 가진다. 즉, 등가소음도란 변동하는 소음의 에너지 평균레벨, 즉 임의의 측정시간 동안의 변동소음 에너지를 시간적으로 평균하여 상용대수를 취해 10을 곱한 값으로 정의한다. 예를 들어, 1시간 동안의 소음도 변동이 처음 30분간은 80 dB(A)이고, 다음 30분간은 70 dB(A)라 할 때, 산술평균 소음도는 75 dB(A)에 지나지 않는다. 그러나 이 평균은 해당 소음에 대한 지속시간비가 반영되어 있지 않기 때문에 불합리함을 알 수 있다. 따라서 소음의 크기와 지속시간비를 함께 고려한 등가소음도가 제안되었는데 그에 따른 등가소음도(L_{eq})는 77.4 dB(A)이 된다. 이러한 결과로부터 등가소음도는 소음도가 높거나 지속시간이 긴 소음도 쪽에 가깝게 됨을 알 수 있다. 이러한 가정 하에 각 측정일의 24 시간 등가 소음도는 다음과 같이 구한다.

$$L_{eq}(A) = 10\log\left[\frac{1}{24}\left(10^{\frac{L_{eq1}}{10}} + 10^{\frac{L_{eq2}}{10}} + \cdots + 10^{\frac{L_{eqn}}{10}}\right)\right] \tag{3.4}$$

여기서 : L_{eq1}, L_{eq2}, ⋯ , L_{eqn}은 1시간 등가소음도 dB

4) L_{dn}(Day-Night Equivalent Noise Level)

L_{dn}은 현재 미국에서 사용되고 있는 항공기소음평가 단위 중의 하나이다. L_{dn}은 1973년에서 1974년에 EPA(미환경보호청, Environmental Protection Agency)에 의하여 제안되었으며 같은 레벨의 소음이라도 주간보다 야간에 더욱 불쾌하게 느낀다는 것을 감안하여 야간

에 10 dB(A)의 벌칙을 부과하여 구한 1일의 L_{eq} 이다.

$$L_{dn} = 10\log\left[\frac{1}{24}\left(15\times10^{0.1L_d} + 9\times10^{0.1(L_n+10)}\right)\right] \tag{3.5}$$

여기서, L_d : 주간(07:00～22:00) 동안의 L_{eq}

L_n : 야간(22:00～07:00) 동안의 L_{eq}

주거 지역에 적용되는 24시간 등가소음도 L_{dn} 은 저녁시간대와 야간시 소음도를 보정하게 된다. 저녁과 야간의 구분은 국가와 지역마다 다를 수 있으나 우리나라와 같은 중위도 지역의 국가 등은 대체로 저녁 7시부터 10시 까지를 저녁 시간대로, 10시부터 다음날 7시까지를 야간 시간대로 분류하고 있다. 국제 표준화 기구에서는 저녁 시간대의 소음에는 5 dB을, 야간시간대의 소음에는 10 dB의 보정값을 가하도록 권장하고 있다. L_{dn} 은 이와 같은 방법으로 보정한 소음을 24시간 평균한 등가 소음도이다.

3.5.3 항공기소음 측정 사례 - 원주비행장

(1) 원주비행장의 특성

1975년 10월 횡성 군비행장으로 건설되었다. 1993년 1월부터 민간 항공기 취항을 추진하여 1995년 11월부터 공사를 시작하고, 1997년 2월 개항했다. 1997년 1월부터 한국공항공사(KAC) 원주지사에서 공항을 관리 운영하고 있다. 2006년 현재 원주～제주 노선이 운항된다.

부지면적은 3만 1,391 m^2이며 여객터미널(국내선)은 1,596 m^2, 계류장은 5,808 m^2, 주차장은 2,006 m^2이다. 2,740 m ×45 m 크기의 활주로 1개소가 있다. 항공기 운항횟수는 연간 11만 5,000회 가능하며, 여객은 연간 45만 명을 수용할 수 있다. 면적은 867.63 km^2 인구는 29만 3,678명(2006년)이다. 경도 127° 54′～128° 03′, 북위 37° 17′～37° 24′에 있다.

(2) 항공기소음 측정

「소음・진동 공정시험방법」에 근거하여 2004년 11월 그리고 2005년 3월, 6월, 9월을 선정하여 계절별로 원주공항 주변지역의 대표적인 12개 지점을 선정하여 측정하였다.

1) 측정 소음기

조사는 항공기소음의 Peak Level 값과 항공기소음 주파수 특성 등을 측정하였으며, 이 값을 근거로 분석하였다. 조사에서 사용한 소음계는 다음 표와 같이 KSC-1502에 정한 보통소음계 또는 동등 이상의 성능을 가진 적분형소음계를 사용하였다. 이번 과업에서 항공기소음 측정에 사용한 소음계는 RION과 SOLO모델을 중심으로 측정하였고, 주파수 분석을 위하여 Symphonie장비를 이용하였다.

표 3.29 항공기소음 측정 소음계

장비명	모델명	제조회사	정밀도	비고
소음계	SOLO	01 dB stell	정밀	프랑스
소음계	Symphonie	01 dB stell	정밀	프랑스
소음계	HAMONIE	01 dB stell	정밀	프랑스
소음계	NL-31	Rion	정밀	일본

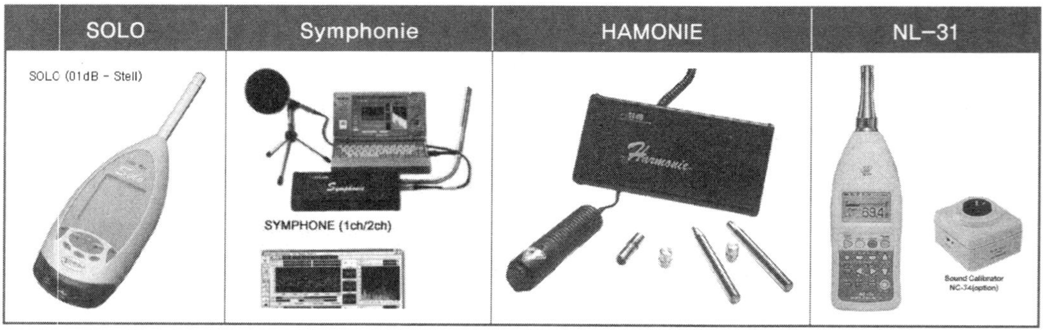

그림 3.11 항공기소음 측정 소음계

2) 항공기소음 측정지점 선정 및 근거

① 항공기소음 측정지점

원주공항의 항공기 이착륙방향 및 항로를 파악하여 활주로를 중심으로 공항 주변의 항공기소음을 대표할 수 있는 곳으로 측정지점을 선정하되, 민원발생지역을 중심으로 우선 배치하였으며, 지형지물의 영향이나, "소음·진동 공정시험방법"의 조건을 충족시키지 못하는 지점에 한해서는 인근 지점을 선정하였다.

또한, 각각의 측정지점에 대해서는 옥외 측정을 원칙으로 하며. 반경 3.5 m 이내는 가급적 평활하고, 시멘트 등으로 포장되어 있으며, 수풀, 수림, 관목 등에 의한 흡음의 영향이 없는 장소의 옥외측정을 원칙으로 하였으며, 그 지역의 항공기소음을 대표할 수 있는 장소나 항공기소음으로 인하여 문제를 일으킬 우려가 있는 장소를 택하였다.

② 측정지점 상세설명

- N-1지점(갈풍리)

  활주로에서 북서쪽으로 약 4 km 떨어진 곳이며 전투기가 선회하는 곳으로 비행고도가 높아 소음도는 비교적 낮은 편이다. 연평균 항공기소음도는 64 WECPNL 정도이다.

- N-2지점(입석리)

  활주로에서 북쪽으로 약 3.3 km 떨어진 곳이며 비행고도가 비교적 높은 편이지만 전투기의 비행 경로상에 위치한다. 연평균 WECPNL값은 85 정도이다.

- N-3지점(가담 2리)

  활주로에서 북서쪽으로 약 3.6 km 떨어진 곳이며 전투기가 선회하는 곳으로 비행고도가 비교적 높은 편이다. 한편 버스 통행 인접 지점으로 도로소음이 일부 반영될 수 있다. 연평균 WECPNL값은 78 정도이다.

- N-4지점(청룡리)

  활주로에서 북동쪽으로 약 3 km 떨어진 곳이며 전투기의 비행 경로상에 근접한 지역이나 비행고도는 비교적 높은 편이다. 연평균 WECPNL값은 81 정도이다.

- N-5지점(묵계리)

  활주로에서 북서쪽으로 약 1.8 km 떨어진 곳이며 비행고도는 비교적 높은 편이다. 전투기의 비행 경로상에 근접하고 연평균 WECPNL값은 84 정도이다.

- N-6지점(반곡리)

  활주로에서 북서쪽으로 약 2.3 km 떨어진 곳이며 전투기의 선회지역이고 비행고도도 비교적 높은 편이다. 연평균 WECPNL값은 74 정도이다.

- N-7지점(곡교리)

  활주로에서 북쪽으로 약 1 km 떨어진 곳이며 전투기의 이·착륙소음이 많을 뿐 아니라 비행고도가 낮아 소음도가 높다. 연평균 WECPNL값은 90 정도이다.

- N-8지점(모평리)

  활주로에서 북서쪽으로 약 800 m 떨어진 곳이며 전투기의 발진소음이 심한 곳이고 활주로로부터 근접한 지역으로 소음도가 비교적 높은 편이다. 연평균 WECPNL값은 87 정도이다.

- N-9지점(장양리)

  활주로에서 남동쪽으로 약 0.7 km 떨어진 곳이며 전투기의 이·착륙소음이 심한 곳이고 활주로로부터 근접한 지역으로 소음도가 매우 높은 편이다. 연평균 WECPNL 값은 93 정도이다.

- N-10지점(가담1리)
  활주로에서 북쪽으로 약 3.2 km 떨어진 곳이며 예측 연평균 WECPNL값은 68 정도이다.
- N-11지점(교향리)
  활주로에서 북동쪽으로 약 3.9 km 떨어진 곳이며 예측 연평균 WECPNL값은 76 정도이다.
- N-12지점(대덕리)
  활주로에서 남서쪽으로 약 0.9 km 떨어진 곳이며 예측 연평균 WECPNL값은 80 정도이다.

(3) 원주공항 주변지역 항공기소음 측정지점 TM좌표 및 위치도

표 3.30 원주공항 항공기소음 측정지점

지점	측 정 위 치	TM좌표		비고
		X	Y	
N-1	횡성군 횡성읍 갈풍리	442888.7	285082.5	
N-2	횡성군 횡성읍 입석리	442062.6	286697.2	
N-3	횡성군 횡성읍 가담2리	441882.7	285382.2	
N-4	횡성군 횡성읍 청룡리	440987.4	286991.4	
N-5	횡성군 횡성읍 묵계리	440693.7	285974.0	
N-6	횡성군 횡성읍 반곡리	440820.7	285024.7	
N-7	횡성군 횡성읍 곡교리	440074.6	286244.0	
N-8	횡성군 횡성읍 모평리	439856.0	285362.9	
N-9	원주시 소초면 장양리	436960.5	284921.5	
N-10	횡성군 횡성읍 가담 1리	442232.2	285528.5	
N-11	횡성군 횡성읍 교향리	442555.3	287327.0	
N-12	원주시 호저면 대덕리	436277.2	283297.8	

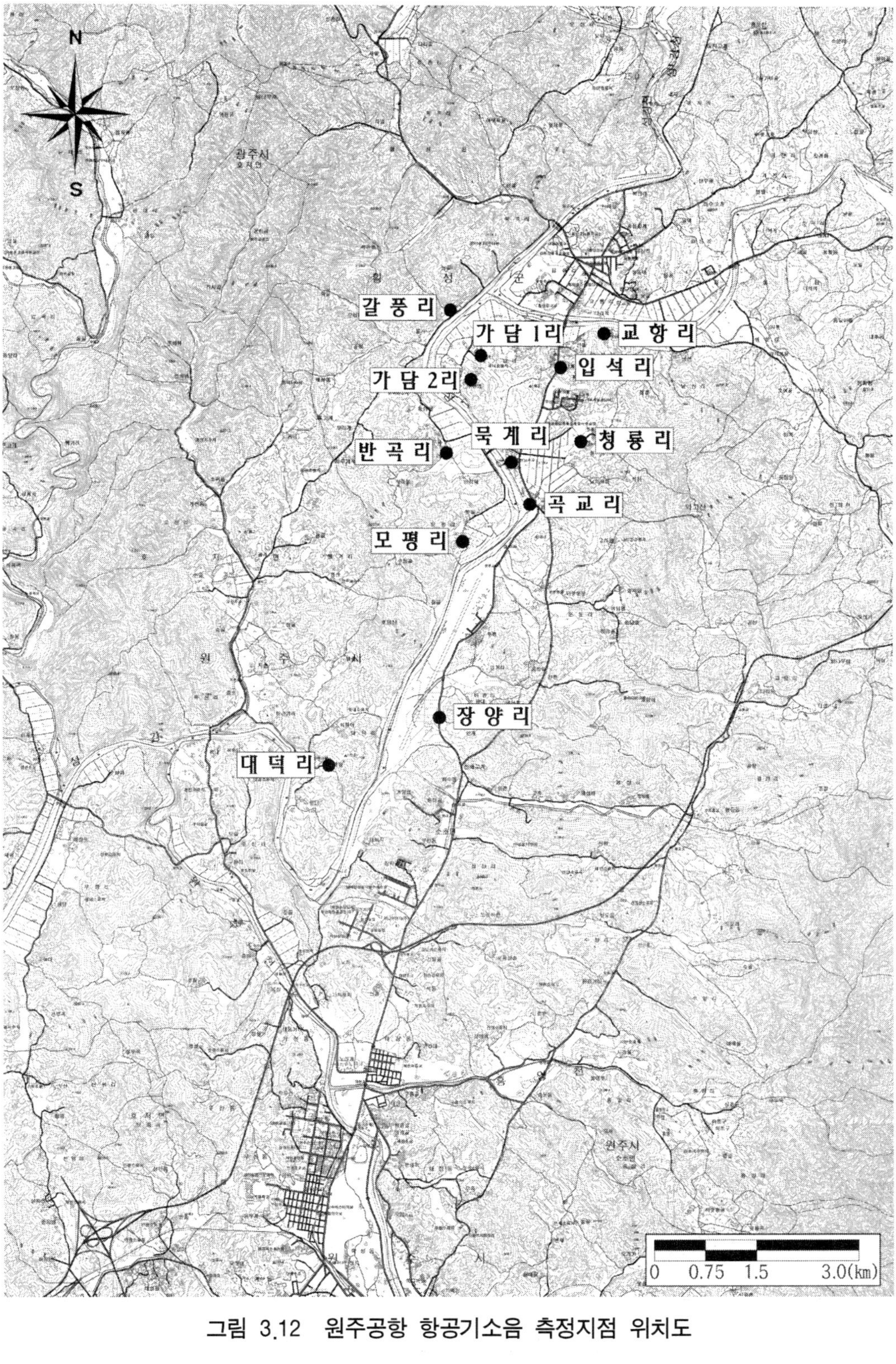

그림 3.12 원주공항 항공기소음 측정지점 위치도

■ N-1 : 횡성군 횡성읍 갈풍리

(가옥구조)

(측정사진)

■ N-2 : 횡성군 횡성읍 입석리

(실외)

(측정사진)

■ N-3 : 횡성군 횡성읍 가담리

(실외)

(측정사진)

■ N-4 : 횡성군 횡성읍 청룡리

(실외)

(측정사진)

■ N-5 : 횡성군 횡성읍 묵계리

(실외)

(측정사진)

그림 3.13 항공기소음 측정지점 가옥구조 및 측정사진

■ N-6 : 횡성군 횡성읍 반곡리

(실외)

(측정사진)

■ N-7 : 횡성군 횡성읍 곡교리

(가옥구조)

(측정사진)

■ N-8 : 횡성군 횡성읍 모평리

(가옥구조)

(측정사진)

■ N-9 : 원주시 소초면 장양4리

(가옥구조)

(측정사진)

그림 3.13 항공기소음 측정지점 가옥구조 및 측정사진 (계속)

(4) 항공기소음 측정결과 및 분석

1) 측정 Data 분석

항공기소음에 대한 지점별 측정결과는 각 지점에서 측정가능한 모든 방향의 이·착륙 항공기소음에 대해 측정하였으며, 항로와 활주로에 가까울수록 높은 소음도를 나타내고 있다. 원주공항의 소음측정 결과는 측정에서 나타난바와 같이 항공기소음 영향지역은 비행경로를 따라 분포되어 있다. 횡성 주민들이 소송을 제기한 지역을 대상으로 측정지점으로 선정된 모평리를 비롯하여 곡교리, 청룡리, 묵계리, 입석리 지역은 횡성방향으로의 활주로 연장선상으로 항공기 이륙시 엔진의 출력이 최대한으로 사용되며 항공기가 이륙 한 후 빠른 속도로 통과하면서 높은 소음도를 발생 시키는 비행경로 직선상에 위치하여 소음피해를 많이 받고 있는 것으로 조사되었다.

2) 기간(계절)별 항공기소음 측정소음도 및 분석결과

① 원주공항 주변지역 항공기소음 측정소음도(2004년 11월 : 겨울)

측정기간 동안 대부분의 비행기가 원주 방향으로 이륙함에 따라 N-9(장양리) 지점에서 92.1~93.9 WECPNL 가장 높은 소음도를 나타내는 것으로 조사되었으며, 다음으로 N-7(곡교리) 89.5~94.3 WECPNL, N-8(모평리) 85.0~91.0 WECPNL, N-2(입석리) 84.6~89.0 WECPNL 등의 순으로 장양리 및 곡교리의 경우 소음평가기준상의 시설물, 각종 용도지역 및 토지이용상에 제한이 큰 수치인 것으로 분석되었다.

표 3.31 계절별 항공기소음측정을 위한 일별 측정소음도(2004년 11월, 겨울)

구분	측정소음도(WECPNL)						비고
	2004년 11월						
	15일	16일	17일	18일	19일	평균	
N-1 (갈풍리)	65.5	66.1	63.1	66.4	67.7	66.0	⑨
N-2 (입석리)	84.6	84.7	85.8	88.4	89.0	86.9	④
N-3 (가담2리)	78.6	75.0	79.7	85.7	82.4	81.7	⑦
N-4 (청룡리)	78.8	79.1	85.4	83.8	83.5	82.8	⑥
N-5 (묵계리)	87.0	86.7	79.1	82.7	82.6	84.5	⑤
N-6 (반곡리)	71.7	72.0	75.4	78.4	79.5	76.5	⑧
N-7 (곡교리)	89.5	90.3	91.0	93.8	94.3	92.2	②
N-8 (모평리)	85.0	86.3	86.3	89.5	91.0	88.2	③
N-9 (장양리)	92.2	92.7	93.9	92.6	92.1	92.8	①

표 3.32 계절별 항공기소음 평균 WECPNL(2004년 11월, 겨울)

날짜 \ 지점	N-1	N-2	N-3	N-4	N-5	N-6	N-7	N-8	N-9
2004년 11월 평균	66.0	86.9	81.7	82.8	84.5	76.5	92.2	88.2	92.8

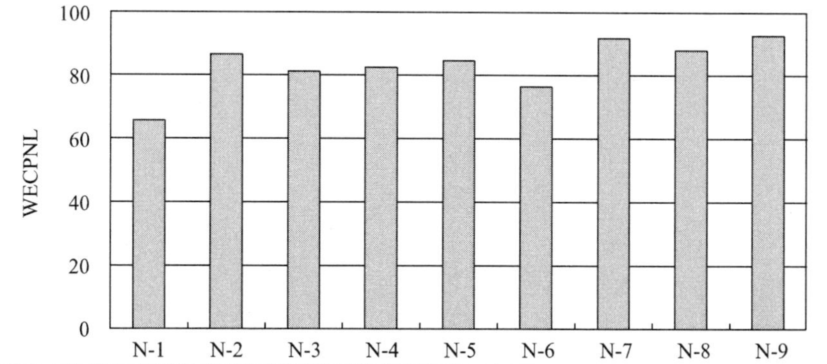

- 측정시 헬리콥터 및 곡예비행으로 소음 증가
- N-3 지점의 경우 버스 통행 인접 지점으로 도로소음이 일부 반영됨.

② 원주공항 주변지역 항공기소음 측정소음도(2005년 3월 : 봄)

2004년 11월 측정시와 같이 측정기간 동안 대부분의 비행기가 원주 방향으로 이륙함에 따라 N-9(장양리) 지점에서 91.8~93.2 WECPNL 가장 높은 소음도를 나타내는 것으로 조사되었으며, 다음으로 N-7(곡교리) 75.8~90.0 WECPNL, N-8(모평리) 77.0~85.9 WECPNL, N-2(입석리) 73.3~85.0 WECPNL 등의 순으로 분석되었다.

표 3.33 계절별 항공기소음측정을 위한 일별 측정소음도(2005년 3월, 봄)

구분	측정소음도(WECPNL)					비고
	2005년 3월					
	21일	22일	23일	24일	평균	
N-1 (갈풍리)	61.0	58.4	58.0	62.8	60.5	⑨
N-2 (입석리)	83.2	75.6	73.3	85.0	81.6	④
N-3 (가담2리)	74.3	69.8	70.3	77.2	73.9	⑦
N-4 (청룡리)	81.4	70.6	69.7	81.4	78.7	⑤
N-5 (묵계리)	76.9	74.4	73.0	78.6	76.3	⑥
N-6 (반곡리)	73.0	69.3	68.1	74.8	72.1	⑧
N-7 (곡교리)	88.5	76.2	75.8	90.0	86.5	②
N-8 (모평리)	84.0	77.8	77.0	85.9	82.7	③
N-9 (장양리)	91.8	93.2	92.8	93.0	92.7	①

표 3.34 계절별 항공기소음 평균 WECPNL(2005년 3월, 봄)

날짜 \ 지점	N-1	N-2	N-3	N-4	N-5	N-6	N-7	N-8	N-9
2005년 3월 평균	60.5	81.6	73.9	78.7	76.3	72.1	86.5	82.7	92.7

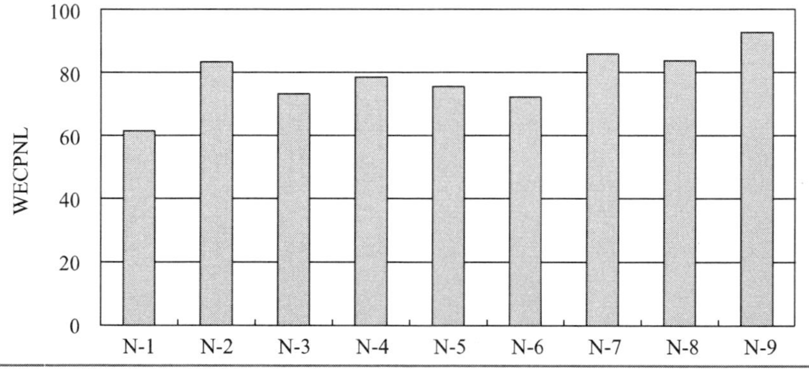

- 측정시 헬리콥터 및 곡예비행으로 소음 증가
- N-3 지점의 경우 버스 통행 인접 지점으로 도로소음이 일부 반영됨.

③ 원주공항 주변지역 항공기소음 측정소음도(2005년 6월 : 여름)

측정기간 동안 비행기의 이륙방향 및 비행회수에 있어 큰 차이를 나타냈으며, 6월 23일 측정시 횡성방향으로의 비행횟수가 증가하여 N-9(장양리) 지점에서 92.0~93.6 WECPNL, N-7(곡교리) 86.8~91.7 WECPNL, N-8(모평리) 82.5~90.3 WECPNL, N-5(묵계리) 75.2~90.1 WECPNL 등으로 분석되었다.

표 3.35 계절별 항공기소음측정을 위한 일별 측정소음도(2005년 6월, 여름)

구분	측정소음도(WECPNL)						비고
	2005년 6월						
	20일	21일	22일	23일	24일	평균	
N-1 (갈풍리)	61.0	59.4	59.2	68.4	60.2	60.5	⑨
N-2 (입석리)	83.2	81.5	81.5	89.2	82.2	84.7	⑤
N-3 (가담2리)	79.6	73.2	76.3	75.4	76.0	76.6	⑦
N-4 (청룡리)	88.6	81.8	82.0	81.2	81.3	84.1	⑥
N-5 (묵계리)	77.1	75.2	75.2	90.1	86.3	84.9	④
N-6 (반곡리)	73.1	71.4	71.3	73.3	72.2	72.3	⑧
N-7 (곡교리)	88.5	86.8	86.8	91.7	91.2	89.5	②
N-8 (모평리)	84.3	82.5	82.5	90.3	90.1	87.3	③
N-9 (장양리)	92.9	93.6	92.0	93.1	92.0	92.8	①

표 3.36 계절별 항공기소음 평균 WECPNL(2005년 6월, 여름)

날짜 \ 지점	N-1	N-2	N-3	N-4	N-5	N-6	N-7	N-8	N-9
2005년 6월 평균	60.5	84.7	76.6	84.1	84.9	72.3	89.5	87.3	92.8

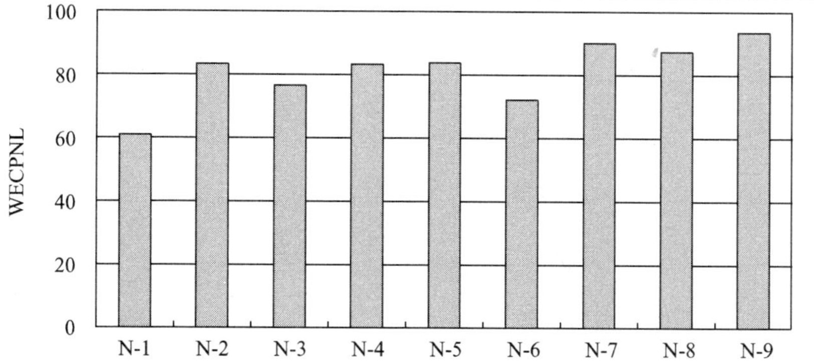

- N-3 지점의 경우 버스 통행 인접 지점으로 도로소음이 일부 반영됨.

④ 원주공항 주변지역 항공기소음 측정소음도(2005년 9월 : 가을)

측정기간 동안 비행기의 이륙방향은 주로 원주방향이었으며, 9월 27일 측정시 비행횟수가 가장 많았으며, 측정소음도는 N-9(장양리) 92.3~92.8 WECPNL, N-7(곡교리) 90.6~91.6 WECPNL, N-8(모평리) 87.0~90.1 WECPNL, N-5(묵계리) 74.8~88.5 WECPNL 등으로 장양리, 곡교리 및 모평리 지점의 경우 토지이용상 단독주거 구조물 등의 설치는 삼가야 할 것으로 조사되었다.

표 3.37 계절별 항공기소음측정을 위한 일별 측정소음도(2005년 9월, 가을)

구분	측정소음도(WECPNL)				비고
	2005년 9월				
	27일	28일	29일	평균	
N-1 (갈풍리)	66.1	65.5	64.2	65.3	
N-2 (입석리)	85.2	84.4	86.2	85.3	
N-3 (가담2리)	77.4	79.0	75.1	77.4	
N-4 (청룡리)	79.5	79.0	81.4	80.1	
N-5 (묵계리)	88.5	87.2	74.8	86.2	
N-6 (반곡리)	72.2	71.4	76.2	73.8	
N-7 (곡교리)	91.0	90.6	91.6	91.1	
N-8 (모평리)	90.1	88.3	87.0	88.7	
N-9 (장양리)	92.5	92.3	92.8	92.5	

표 3.38 계절별 항공기소음 평균 WECPNL(2005년 9월, 가을)

날짜 \ 지점	N-1	N-2	N-3	N-4	N-5	N-6	N-7	N-8	N-9
2005년 9월 평균	65.3	85.3	77.4	80.1	86.2	73.8	91.1	88.7	92.5

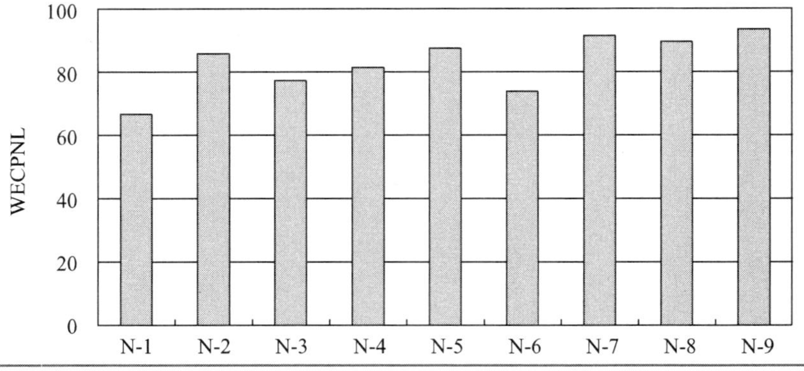

• N-3 지점의 경우 버스 통행 인접 지점으로 도로소음이 일부 반영됨.

3) 연간 원주공항 주변지역 항공기소음 측정영향도

연간 원주공항 항공기소음 측정소음도는 표 3.39에 나타내었다.

표 3.39 연간 원주공항 항공기소음 평균 WECPNL(2004년 11월, 2005년 3월, 6월, 9월)

구분	측정소음도(WECPNL) 월평균 및 연평균					비고
	11월 평균	3월 평균	6월 평균	9월평균	년평균	
N-1 (갈풍리)	66.0	60.5	60.5	65.3	63.8	⑨
N-2 (입석리)	86.9	81.6	84.7	85.3	85.0	④
N-3 (가담2리)	81.7	73.9	76.6	77.4	78.3	⑦
N-4 (청룡리)	82.8	78.7	84.1	80.1	81.9	⑥
N-5 (묵계리)	84.5	76.3	84.9	86.2	84.1	⑤
N-6 (반곡리)	76.5	72.1	72.3	73.8	74.1	⑧
N-7 (곡교리)	92.2	86.5	89.5	91.1	90.2	②
N-8 (모평리)	88.2	82.7	87.3	88.7	87.3	③
N-9 (장양리)	92.8	92.7	92.8	92.5	92.7	①

(5) 항공기소음영향예측 및 평가

1) INM6.1 모델링 개요

항공기소음의 측정은 넓은 지역에 걸쳐 발생하는 항공기소음 피해지역을 산출하기에는 한계가 있어 소음 모델을 이용한 소음등고선(Noise Contour)을 작성하여 측정을 통한 측정치와의 비교 검토를 통하여 평가가 이루어지고 있다.

INM (Integrated Noise Model)은 미 연방항공국(FAA)에서 개발한 항공기소음 예측 모델로서 1978년부터 공항 주변의 소음피해 지역의 예측을 위해 사용되고 있으며, 비행장의 구조, 항공기의 기종, 운항횟수 변화 등에 따른 항공기소음 예측을 위하여 사용되고 있다.

2) 모델링 적용인자

INM 모델을 운영하여 항공기소음을 예측하기 위하여 요구되는 입력 자료는 첫째, 활주로의 위치, 길이, 폭, 고도 등 공항 정보, 둘째, 항공기 기종 및 운항 횟수, 셋째, 거리별 고도, 속도, 추력(Thrust) 및 거리별 소음 감쇠식 등 항공기 운항에 있어서 발생하는 사항으로 이루어진다.

공항 정보 및 항공기의 기종과 운항 횟수는 현장 자료를 조사하여 입력하며, 세 번째 자료는 INM 프로그램에서 default로 제공되고 있다.

3) 원주공항 정보 및 기후

표 3.40 원주공항정보

공 항		위 치			길이(m)
		위도(Latitude)	경도(Longitude)	고도(Altitude)	
원주	활주로방향 21	37.4463	127.9663	119m	2,700
	활주로방향 03	37.4240	127.9531	116m	
기 준 점		37.4350	127.9595	117.5m	

표 3.41 평균 원주공항기후 정보

구분	평균기온(℃)	습도(%)	압력(mb)	풍속(Kts)
2004년 11월	4.7	73.9	1006	1.94
2005년 3월	4.1	64.3	1020	3.00
2005년 6월	21.3	72.7	1016	2.14
2005년 9월	18.9	77.8	1010	1.56

4) 항공기 기종 및 운항 정보

원주 공항은 군용항공기(F-5E/F, A-37)가 운용되고 있으며, 이・착륙시의 기후 및 군 작전/훈련과 같은 군용 공항의 특성상 복잡한 운항패턴을 보이고 있는 것으로 조사되었다.

INM6.1 프로그램에서는 F-5E/F 및 A-37군용기에 대한 운항패턴이 default로 제공되므로 추가적인 자료의 입력은 생략하였으며, 비행경로는 군 공항 특성상 여러 형태의 작전과 훈련 등으로 인하여 복잡한 패턴을 갖으며, 비행조종사의 판단여하에 따라 가변적이므로 본 연구에서는 원주 군 공항의 협조를 통해 사용 빈도가 높은 경로를 제공받아 본 연구에 활용하였다.

표 3.42 항공기 정보

구분		F5	A37
길이		48.2 ft (“E” Type) 51.8 ft (“F” Type)	31.83 ft
폭		26.8 ft	38.34 ft
높이		13.4 ft	9.47 ft
엔진 형태		J85-GE-21	J-85-GE-17A
엔진 수		2	2
Static Thrust (lb)		3,250 each	2,850 each
Max Thrust (lb)		4,650 each	
Max Gross Landing Weight (lb)		17,000	14,000
이착륙 거리	이륙거리	2,813	2,400
	착륙거리	2,734	1,550

① 항공기 운항 횟수

항공기의 운항 횟수의 조사를 위하여 소음측정 당시 목측으로 이・착륙 회수 및 기종을 확인하였으나 정확한 자료의 확보를 위하여 원주 군 공항 측으로부터 소음측정 기간별 항공기의 운항 횟수를 제공받아 연구에 활용하였다.

모델링에 적용된 운항 횟수는 표 3.43의 시간별로 구분된 기간별 운항 횟수를 고려하여 예측에 적용하였다.

표 3.43 기간별 항공기 운항(이륙) 횟수

기종	시간	이륙회수(대)			
		2004.11.15~19	2005.3.21~25	2005.6.20~24	2005.9.27~30
F-5E/F	오전	70	70	150	50
	오후	130	120	70	90
	일몰 후	30	20	-	20
A-37B	오전	30	20	30	20
	오후	40	30	20	30
	일몰 후	10	10	-	10

자료 : 공군 내부 자료-1

표 3.44 일별 항공기 운항(이륙) 횟수

구분		이륙회수(대)					
		RUNWAY3		RUNWAY21		계	
		F-5	A-37	F-5	A-37	F-5	A-37
2005년 3월	21일	25	10	5	10	30	20
	22일	-	-	70	10	70	10
	23일	-	-	40	20	40	20
	24일	-	-	-	-	-	-
	25일	-	-	70	10	70	10
	소계	25	10	185	50	210	60
2005년 6월	20일	20	5	-	5	20	10
	21일	20	5	30	15	50	20
	22일	30	-	-	-	30	-
	23일	50	10	10	-	60	10
	24일	-	-	60	10	60	10
	소계	120	20	100	30	220	50
2005년 9월	27일	20	10	40	15	60	25
	28일	15	5	35	10	50	15
	29일	15	5	35	15	50	20
	30일	-	-	-	-	-	-
	소계	50	20	110	40	160	60

자료 : 공군 내부 자료-2

(6) 소음예측 표준 적용 절차

1) INM 6.1을 이용한 소음예측 절차

① File//New Study, 새로운 작업환경을 만든다.

② INM 모델은 Metric(kg, km, ℃) unit과 English(nmi, lb, ft, ℉) unit 두 가지 단위를 제공하며, 원하는 단위를 선택할 수 있다.

③ 단위를 선택하면 Study Setup 박스가 나타나며, 공항 기준점의 위도, 경도, 고도를 입력한다.

④ Study//Aircraft, 소음계산에 이용할 항공기를 선택할 수 있으며 모든 고정익 항공기에 대해 프로그램상에서 기본정보를 제공해주고 있다. 선택방법은 박스의 왼쪽 항공기 목록에서 사용하고자 하는 항공기를 선택한 후 Include를 누르면 선택한 항공기가 오른쪽 창으로 이동한다.

⑤ Study//Cases, 여러 가지 소음계산을 위한 작업환경을 만들 수 있으며, 만드는 방법은 Study//Cases 명령 후 Edit//Add Record 명령을 누르고 Case ID 및 계산에 사용할 기상조건을 입력하고 Edit//Commit Record 명령을 누르면 만들어지며 동일한 방법으로 여러 개의 Case를 만들 수 있다.

⑥ Tracks//Identifiers Runway 명령을 이용하여 활주로를 정의하고 Tracks//Runway Ends 명령을 이용하여 활주로의 위치 등과 같은 정보를 입력한다.

⑦ Tracks//Track Identifiers 명령을 이용하여 항공기 이·착륙 및 Touch & Go 등의 비행경로(Flight path)를 정의하고, Tracks//Track Segment 명령을 이용하여 Segment 단위로 비행경로를 생성한다.

⑧ Acft//Profile Identifiers 명령을 이용하여 항공기 이·착륙 및 Touch & Go 등의 운항패턴을 정의하고, Acft//Procedural Profiles 명령을 이용하여 각 단계별 운항패턴을 생성한다.

⑨ Ops//Flight Operations 명령을 이용하면, 선택했던 각각의 항공기에 대한 운항자료(활주로, 비행경로, 운항패턴 및 비행횟수)를 입력할 수 있다.

⑩ Run//Grid Setup, 소음계산을 수행할 격자를 생성한다.

⑪ Run//Run Options, 소음계산을 수행할 소음단위 및 계산 범위를 결정한다.

⑫ Run//Run Start, 지금까지 입력된 내용을 계산한다.

⑬ Output//Output Setup, Output Graphics 창을 실행하기 전에 출력할 소음단위 및 소음 등고선이 그려진다.

⑭ Output//Output Graphics 명령은 Grid Setup에서 정의하였던 범위 안에 소음 등고선이 그려진다.

2) 데이터 입력

INM 모델은 Metric(kg, ㎞, ℃) unit과 English(nmi, lb, ft, °F) unit 두 가지 단위를 제공하며, 프로그램 시작 시 선택할 수 있다.

본 연구에서는 Metric unit을 적용하여 모델링을 수행하였다.

① Setup Menu

공항의 위치, 고도, 연평균기온, 풍속, 압력, 비행기종, 측정지점 좌표 등을 입력할 수 있다.

표 3.45 INM 모델 Setup Menu

사용설명	INM 사용 예
가. 공항정보 I (Airport data I) • Menu Item : Setup//Study - 공항 기준 점의 위도, 경도(Latitude, Longitude) - 공항의 고도(Altitude)	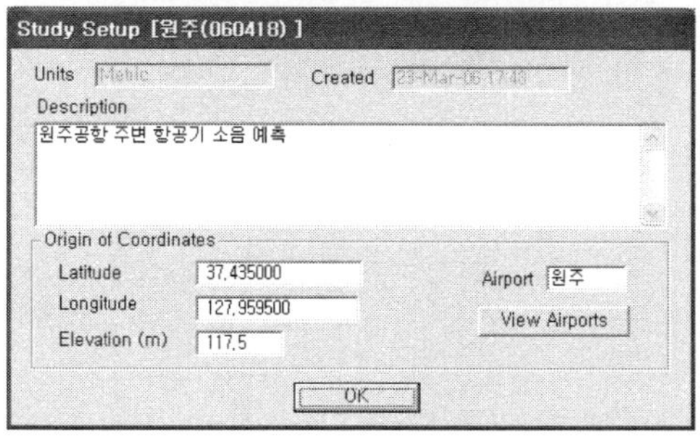
나. 운항기종 • Menu Item : Setup//Aircraft - 기종선택 ⇒ Included ⇒ Press ok - INM은 대부분의 고정익 항공기에 대해 표준 정보를 제공한다. - 만약 원하는 항공기가 없거나 새로 정의할 필요가 있을 경우에는 Setup//Substitutions에서 추가하거나 Edit//Add Records를 이용하여 원하는 정보를 입력할 수 있다.	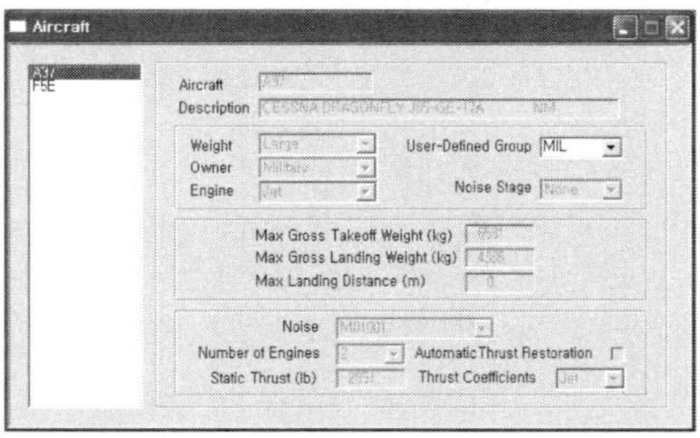
다. 공항정보 II (Airport data II) • Menu Item : Setup//Cases - Edit//Add Records ⇒ Airport Par- ameters(공항 평균온도, 압력, 습도, 풍속) 입력 ⇒ Edit//Commit Record - Case를 여러 개 사용함으로써 결과 출력 시 각각 혹은 여러 Case가 합쳐진 형태의 결과를 얻을 수도 있다.	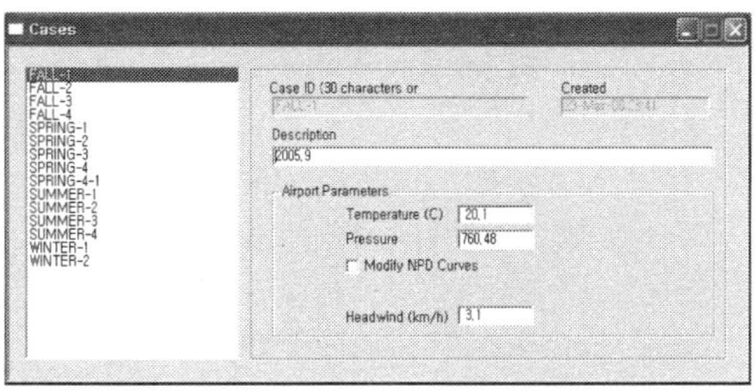

② Tracks Menu

활주로 위치(위・경도), 표고 입력, 이・착륙 운항패턴 등을 입력할 수 있다.

표 3.46 INM 모델 Tracks Menu

사용설명	INM 사용 예
가. Input Graphics • Menu Item : Tracks//Input graphics - 활주로와 항공기의 이・착륙 비행경로를 한눈에 확인할 수 있으며, Edit Menu를 이용하여 트랙(V-track)을 추가 및 삭제할 수 있다. - View Menu를 통해 트랙과 활주로에 label, 색깔을 결정할 수 있다.	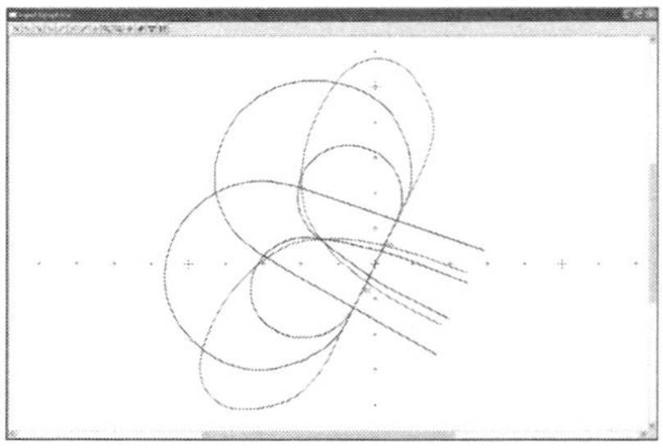
나. 활주로 정보 • Menu Item : Tracks//Runway Ends - 먼저 Tracks//Runway Identifiers을 이용하여 사용할 활주로를 정의한다(입력방법은 Edit//Add Records ⇒ Data 입력 ⇒ Edit//Commit Record). - 해당 정보(활주로 위치, 고도 …)를 입력. 단, 활주로 위치 X, Y값은 View//Lat/Long Calculator에 위도, 경도를 이용하여 계산할 수 있다. ※Displaced approach : 활주로의 실제 끝점과 threshold-crossing point 사이 거리	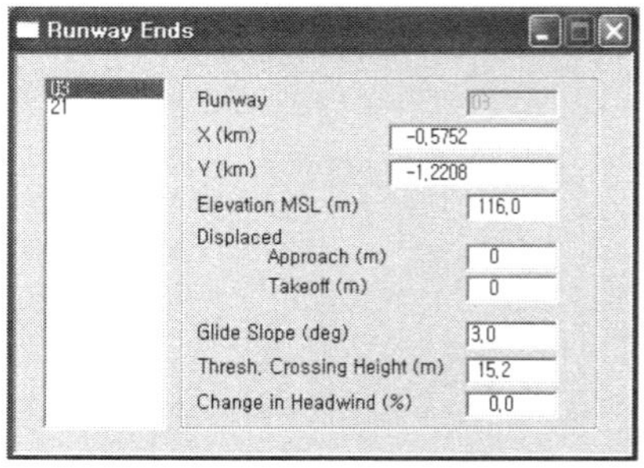
다. Track 정보 I • Menu Item : Tracks//Track Idectifiers - 사용할 Track 이름을 정의 - Edit//Add Records ⇒ Data 입력 ⇒ Edit//Commit Records를 이용하여 Track의 이름을 생성 ※ Delta distance : 활주로의 끝점과 항공기의 이・착륙 지점의 거리 차	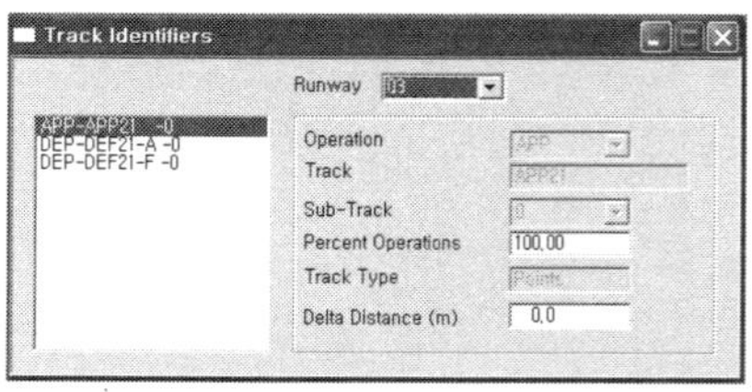
라. Track 정보 II • Menu Item : Tracks//Track Segments - Edit//Add Records ⇒ 해당 Segment Data(해당 활주로, 사용 트랙 등 …) 입력 ⇒ Edit//Commit Records를 이용하여 Track Segment를 생성 - 이륙 트랙 첫 번째 부분(segment)과 착륙 트랙 마지막 부분은 직선(straight segment)으로 정의하여야 한다. ※ 활주로와 track 입력이 끝나면 Input Graphic을 통해 확인 ※ Overflight track은 point-type track이기 때문에 오직 Input Graphics menu에서만 생성할 수 있다.	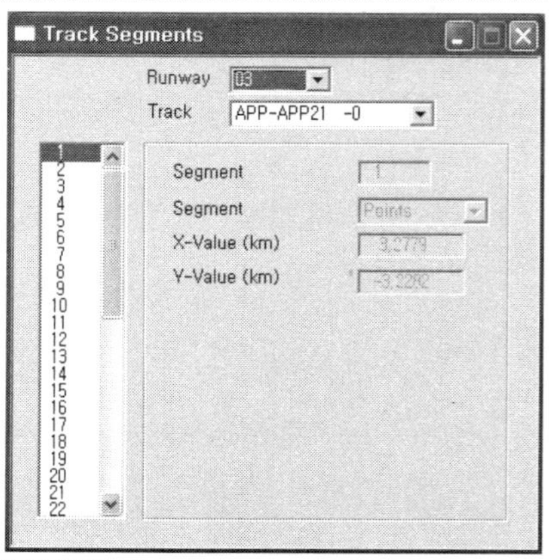

③ Aircraft Menu

항공기, NPD (Noise Power Distance) 곡선 및 이·착륙 절차 등을 입력한다.

표 3.47 INM 모델 Aircraft Menu

사용설명	INM 사용 예
가. NPD 곡선 • Menu Item : Acft//Noise Curves - NPD 데이터를 만들거나 확인할 때 사용, 그러나 INM 프로그램은 대부분 항공기의 NPD 데이터 정보를 default로 제공한다. - 필요 시 Edit//Add Records ⇒ Data 입력 ⇒ Edit//Commit Records 방법으로 생성할 수 있다. - 외·내삽(Extrapolation, Interpolation)을 이용하여 해당 소음데이터를 구한다. ※NPD 곡선은 Acft//Noise Graph 메뉴를 통해 볼 수 있다.	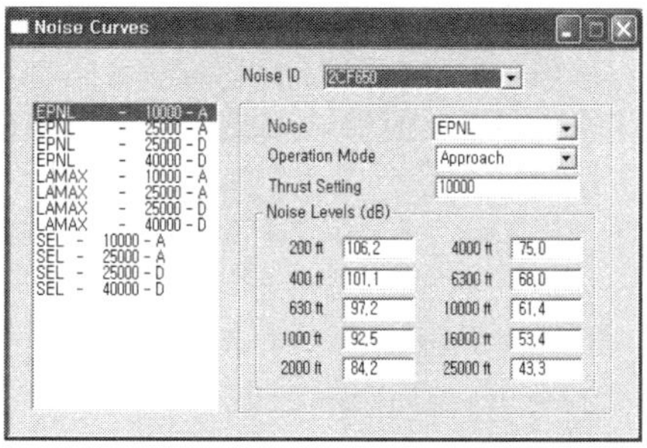
나. 이·착륙 절차 I • Menu Item : Acft//Profile Identifiers - Profile ID를 정의할 수 있다. - 대부분 민항기의 기본 절차는 INM 프로그램에서 default로 제공 - 대부분의 군용 항공기는 부대특성에 맞게 항공기가 운용되기 때문에 INM 프로그램에서 기본데이터가 제공되지 않으며 Edit//Add Records ⇒ Data 입력 ⇒ Edit//Commit Records의 방법으로 절차를 입력한다.	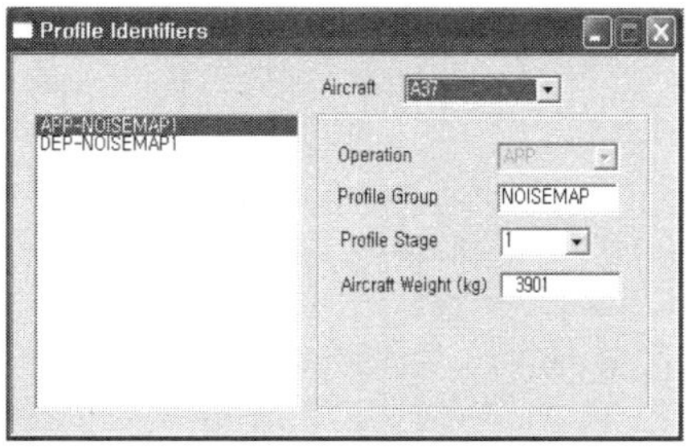

④ Ops Menu

기종별, 시간별, 활주로 이·착륙 방향별로 운항 회수 입력한다.

표 3.48 INM 모델 Ops Menu

사용설명	INM 사용 예
가. Flight operations • Menu Item : Ops//Flight operations - 당일 운용되는 비행계획(운용비행기, 이용한 이·착륙 절차, 이용한 track, 비행 회수 등)을 입력 - 비행회수는 시간대별 가중치를 주기 위해 1일 3분할을 사용 - Edit//Add Records ⇒ 비행계획 Data 입력 ⇒ Edit//Commit Records를 이용하여 각각의 Flight Operation을 작성	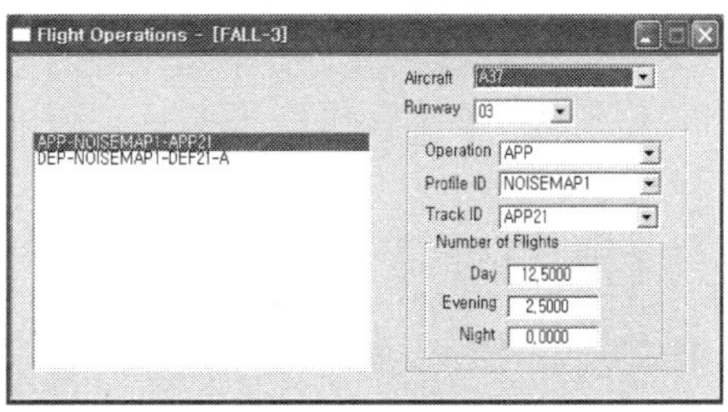

3) 예측 모델 실행

① Run Menu

계산이 수행될 Grid 범위 결정, 소음평가단위 선정, 소음계산범위 선정 및 소음계산 실행

표 3.49 INM 모델 Run Menu

<table>
<tr><th>사용설명</th><th>INM 사용 예</th></tr>
<tr><td>가. Grid 생성
• Menu Item : Run//Grid Setup
- 계산이 수행될 Grid 범위를 결정.
- 5개의 Grid type(Contour, Standard, Detailed, Location, Population)이 있다.
- Edit//Add Records ⇒ Grid Data 입력 ⇒ Edit//Commit Records를 이용하여 여러 종류의 Grid 생성</td><td>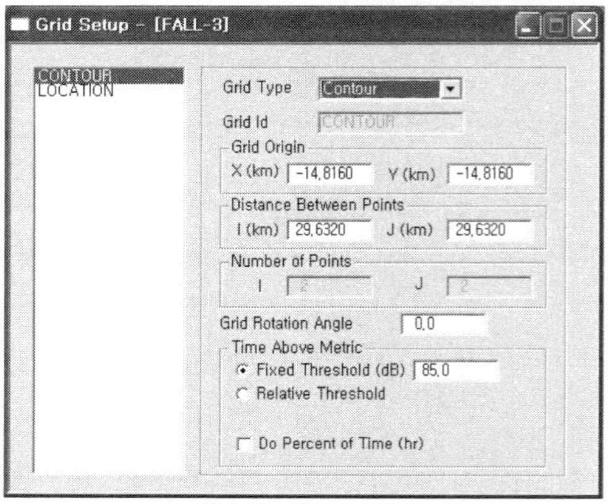
</td></tr>
<tr><td>나. Run Options
• Menu Item : Run//Run Options
- 계산을 수행할 소음단위 및 계산범위를 결정
- 각각의 Cases에 대해 여러 종류의 grid를 한 번에 계산할 수 있다.
- Import된 지형정보가 있으면 선택함으로써 계산을 좀 더 정확하게 할 수 있다.</td><td>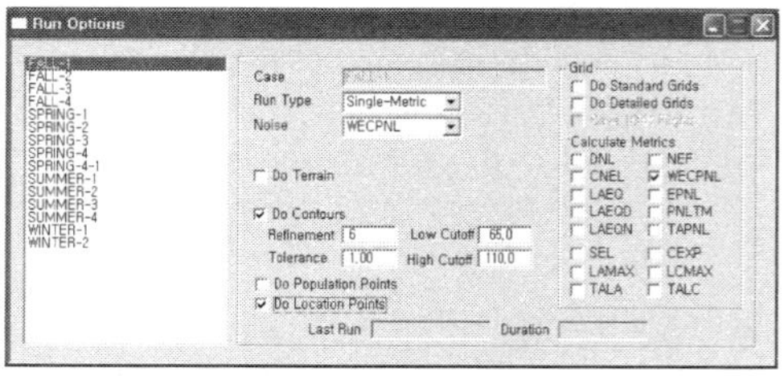
</td></tr>
<tr><td>다. 계산 실행
• Menu Item : Run//Run Start
- Case List에서 원하는 case를 선택
- 여러 case를 선택하여 한 번에 여러 case를 계산할 수 있다.</td><td>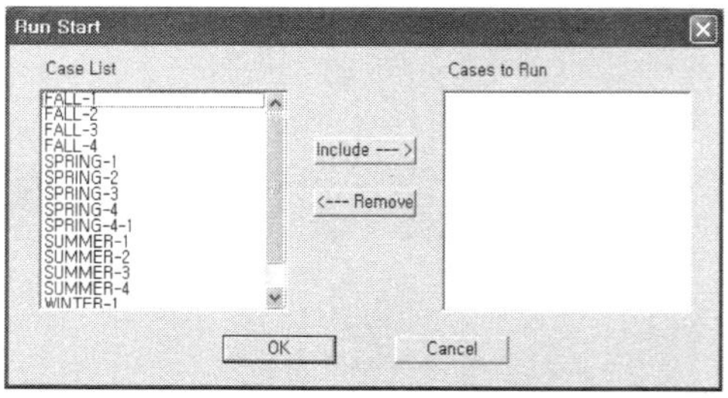
</td></tr>
</table>

4) 예측 모델 출력

① Output Menu

여러 종류의 소음계산 및 소음지도 출력

표 3.50 INM 모델 Output Menu

사용설명	INM 사용 예
가. Output Setup • Menu Item : Output//Output Setup - 출력할 소음단위 및 소음 등고선의 범위를 결정 - 하나의 Case 및 여러 Case를 Log-Add 등의 기능으로 합하여진 혹은 빼진 소음 등고선을 계산할 수 있다. - Edit//Add Records ⇒ Output type Data 입력 ⇒ Edit//Commit Records를 이용하여 원하는 출력형태를 결정	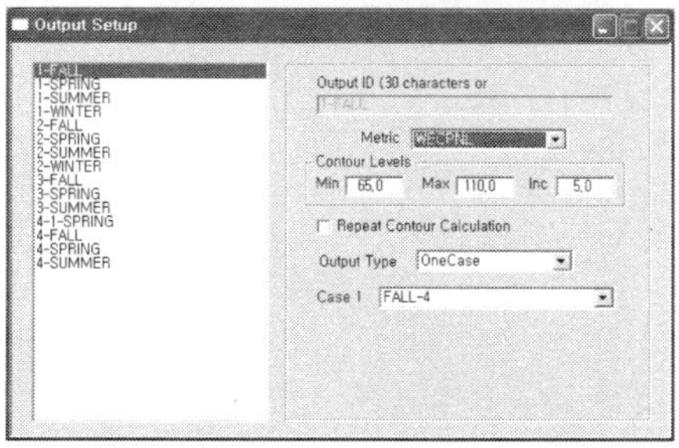
나. Output Graphics • Menu Item : Output//Output Graphics - Grid Setup에서 정의하였던 사각형 안에 소음 등고선이 그려진다. - View 메뉴를 이용하여 여러 형태로 소음 등고선을 그릴 수 있다. ※ Output//Contour Points을 이용하여 소음 등고선을 텍스트 형식으로 출력 ※ Output//Contour Area and Population 메뉴를 이용하면 소음 등고선의 피해 면적 및 피해 인구를 계산 가능	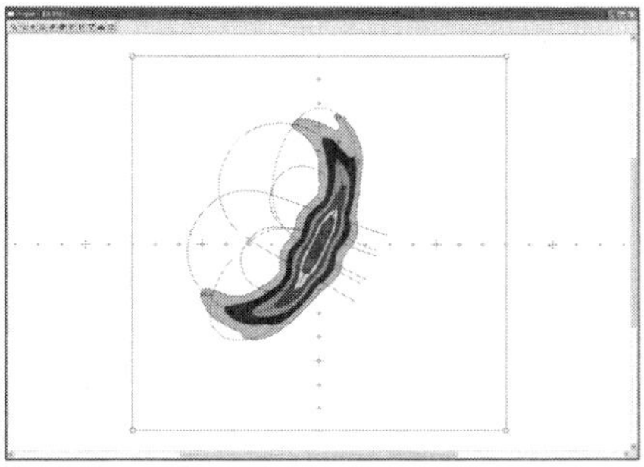

(7) 모델링 예측 결과

1) 기간(계절)별 예측 항공기소음도

① 예측 항공기소음도(2005년 3월 : 봄)

소음 예측은 조사 기간의 항공기 운항을 고려하여 실제 운항된 4일간에 대하여 예측을 실시하였다. 본 기간 동안의 항공기 이륙 방향은 3월 21일에만 일부 항공기가 횡성 방향으로 이륙하였으며, 3월 22~25일 동안은 모든 항공기가 원주 방향으로 이륙함에 따라 일별 소음도차가 비교적 크게 나타났다. 예측지점별로는 3월 21일의 경우 항공기의 주 이륙방향이 횡성으로 곡교리에서 89.3 WECPNL로 최고 소음도를 보이며, 3월 22~25일 동안은 항공기의 이륙방향이 원주 방향의 영향으로 장양리 지점에서 94.2~96.3 WECPNL로 예측되었다. 예측기간 동안의 소음도는 총 6개 지역에서 비행기의 이·착륙 방향에 따라 소음도가 항공기소음한도 기준인 80 WECPNL을 초과하는 것으로 나타났으며, 장양리 지점에서는 90 WECPNL을 초과하는 것으로 예측되어 생활환경의 손상이 예상되므로 방음시설의 설치 및 기타 항공기소음의 방지를 위한 적절한 저감대책의 수립이 필요할 것으로 판단된다.

표 3.51 원주공항 계절별 예측 항공기소음도(2005년 3월 : 봄)

구분	예측소음도(WECPNL)						비고 (측정 소음도)
	2005년 3월						
	21일	22일	23일	24일	25일	평균	
N-1 (갈풍리)	67.3	57.3	55.2	57.3	62.2	60.5	
N-2 (입석리)	86.1	76.8	75.2	76.8	81.2	81.6	
N-3 (가담2리)	70.1	61.8	59.8	61.8	65.5	73.9	
N-4 (청룡리)	78.7	69.2	67.5	69.2	73.8	78.7	
N-5 (묵계리)	86.6	75.9	74.3	75.9	81.4	76.3	
N-6 (반곡리)	71.0	68.3	66.0	68.3	68.7	72.1	
N-7 (곡교리)	89.3	76.8	75.1	76.8	83.8	86.5	
N-8 (모평리)	88.6	84.0	81.7	84.0	85.3	82.7	
N-9 (장양리)	88.8	96.3	94.2	96.3	94.7	92.7	
N-10 (가담1리)	71.5	60.5	58.6	60.5	66.3	-	
N-11 (교항리)	76.2	76.1	74.5	76.1	75.7	-	
N-12 (대덕리)	75.9	83.2	81.0	83.2	81.6	-	

② 예측 항공기소음도(2005년 6월 : 여름)

소음 예측은 조사 기간의 항공기 운항을 고려하여 실제 운항된 5일간에 대하여 예측을 실시하였다. 본 기간 동안의 항공기 이륙 방향은 6월 22일에는 횡성 방향, 6월 24일에는 원주 방향으로 단 방향으로만 이륙하였으며, 이륙 횟수는 6월 20일, 22일은 30대/일, 6월 21일, 23일, 24일은 70대/일로 나타났다. 예측지점별 소음도는 6월 23일의 경우 항공기의 주 이륙방향이 횡성으로 곡교리에서 91.2 WECPNL로 최고 소음도를 보이며, 6월 24일은 원주 방향으로의 항공기 이륙방향의 영향으로 장양리 지점에서 94.6 WECPNL로 최고소음도가 나타나는 것으로 예측되었다.

곡교리, 모평리, 장양리 지점은 비행기의 이·착륙 방향 및 운항 횟수에 따라 일 소음도가 90 WECPNL을 초과하는 것으로 나타났으며, 예측기간 동안의 소음도는 총 5개 지점에서 항공기소음한도 기준인 80 WECPNL을 초과하며, 장양리 지점에서는 90 WECPNL을 초과하는 것으로 예측되어 생활환경의 손상이 예상되므로 방음시설의 설치 및 기타 항공기소음의 방지를 위한 적절한 저감대책의 수립이 필요할 것으로 판단된다.

표 3.52 원주공항 계절별 예측 항공기소음도(2005년 6월 : 여름)

구분	예측소음도(WECPNL)						비고 (측정 소음도)
	2005년 6월						
	20일	21일	22일	23일	24일	평균	
N-1 (갈풍리)	64.1	64.4	63.7	67.8	55.7	64.4	60.5
N-2 (입석리)	84.1	84.4	85.8	88.1	75.2	85.0	84.7
N-3 (가담2리)	67.4	67.8	67.8	71.2	60.2	68.0	76.6
N-4 (청룡리)	76.6	76.9	78.2	80.6	67.6	77.5	84.1
N-5 (묵계리)	84.4	84.7	85.9	88.4	74.3	85.2	84.9
N-6 (반곡리)	68.6	69.8	69.8	72.6	66.7	69.9	72.3
N-7 (곡교리)	87.2	87.4	88.7	91.2	75.2	88.0	89.5
N-8 (모평리)	86.4	87.2	88.0	90.5	82.3	87.6	87.3
N-9 (장양리)	84.1	92.5	84.9	90.1	94.6	90.9	92.8
N-10 (가담1리)	68.7	68.9	69.1	72.4	58.9	69.1	-
N-11 (교항리)	73.8	76.0	75.3	77.9	74.5	75.7	-
N-12 (대덕리)	71.4	79.4	72.4	77.2	81.5	77.9	-

③ 예측 항공기소음도(2005년 9월 : 가을)

소음 예측은 조사 기간의 항공기 운항을 고려하여 실제 운항된 3일간에 대하여 예측을 실시하였다. 본 기간 동안의 항공기의 주 이륙 방향은 원주 방향으로 조사되었으며, 이륙 횟수는 9월 27일은 85대/일, 9월 28일은 65대/일, 9월 29일은 70대/일로 나타났다. 예측지점별 일 소음도는 대부분의 항공기가 원주 방향으로 이륙함에 따라 장양리 지점에서 93.9~94.6 WECPNL로 가장 높은 소음도를 나타내며, 횡성 방향 지점중에서는 곡교리 및 모평리 지점에서 87.3~88.6 WECPNL로 최고 소음도가 나타나는 것으로 예측되었다. 예측기간 동안의 소음도는 총 6개 지점에서 항공기소음한도 기준인 80 WECPNL을 초과하며, 장양리 지점에서는 90 WECPNL을 초과하는 것으로 예측되어 생활환경의 손상이 예상되므로 방음시설의 설치 및 기타 항공기소음의 방지를 위한 적절한 저감대책의 수립이 필요할 것으로 판단된다.

표 3.53 원주공항 계절별 예측 항공기소음도(2005년 9월 : 가을)

구분	예측소음도(WECPNL)				비고 (측정 소음도)
	2005년 9월				
	27일	28일	29일	평균	
N-1 (갈풍리)	67.0	65.0	65.0	65.7	65.3
N-2 (입석리)	85.5	84.3	84.4	84.7	85.3
N-3 (가담2리)	69.9	68.1	68.1	68.7	77.4
N-4 (청룡리)	78.1	76.8	76.9	77.3	80.1
N-5 (묵계리)	86.0	84.6	84.7	85.1	86.2
N-6 (반곡리)	71.5	70.2	70.3	70.7	73.8
N-7 (곡교리)	88.6	87.3	87.3	87.7	91.1
N-8 (모평리)	88.6	87.4	87.4	87.8	88.7
N-9 (장양리)	94.6	93.9	94.0	94.1	92.5
N-10 (가담1리)	71.1	69.2	69.2	69.9	-
N-11 (교항리)	77.5	76.4	76.6	76.8	-
N-12 (대덕리)	81.5	80.8	80.9	81.0	-

표 3.54 연간 예측 항공기소음 평균 WECPNL(2005년 3월, 6월, 9월)

구분	예측소음도(WECPNL)				비고 (측정 소음도)
	2005년				
	3월	6월	9월	평균	
N-1 (갈풍리)	62.2	64.4	65.7	64.3	63.8
N-2 (입석리)	81.2	85.0	84.7	83.9	85.0
N-3 (가담2리)	65.5	68.0	68.7	67.6	78.3
N-4 (청룡리)	73.8	77.5	77.3	76.5	81.9
N-5 (묵계리)	81.4	85.2	85.1	84.2	84.1
N-6 (반곡리)	68.7	69.9	70.7	69.8	74.1
N-7 (곡교리)	83.8	88.0	87.7	86.9	90.2
N-8 (모평리)	85.3	87.6	87.8	87.0	87.3
N-9 (장양리)	94.7	90.9	94.1	93.5	92.7
N-10 (가담1리)	66.3	69.1	69.9	68.7	-
N-11 (교항리)	75.7	75.7	76.8	76.1	-
N-12 (대덕리)	81.6	77.9	81.0	80.4	-

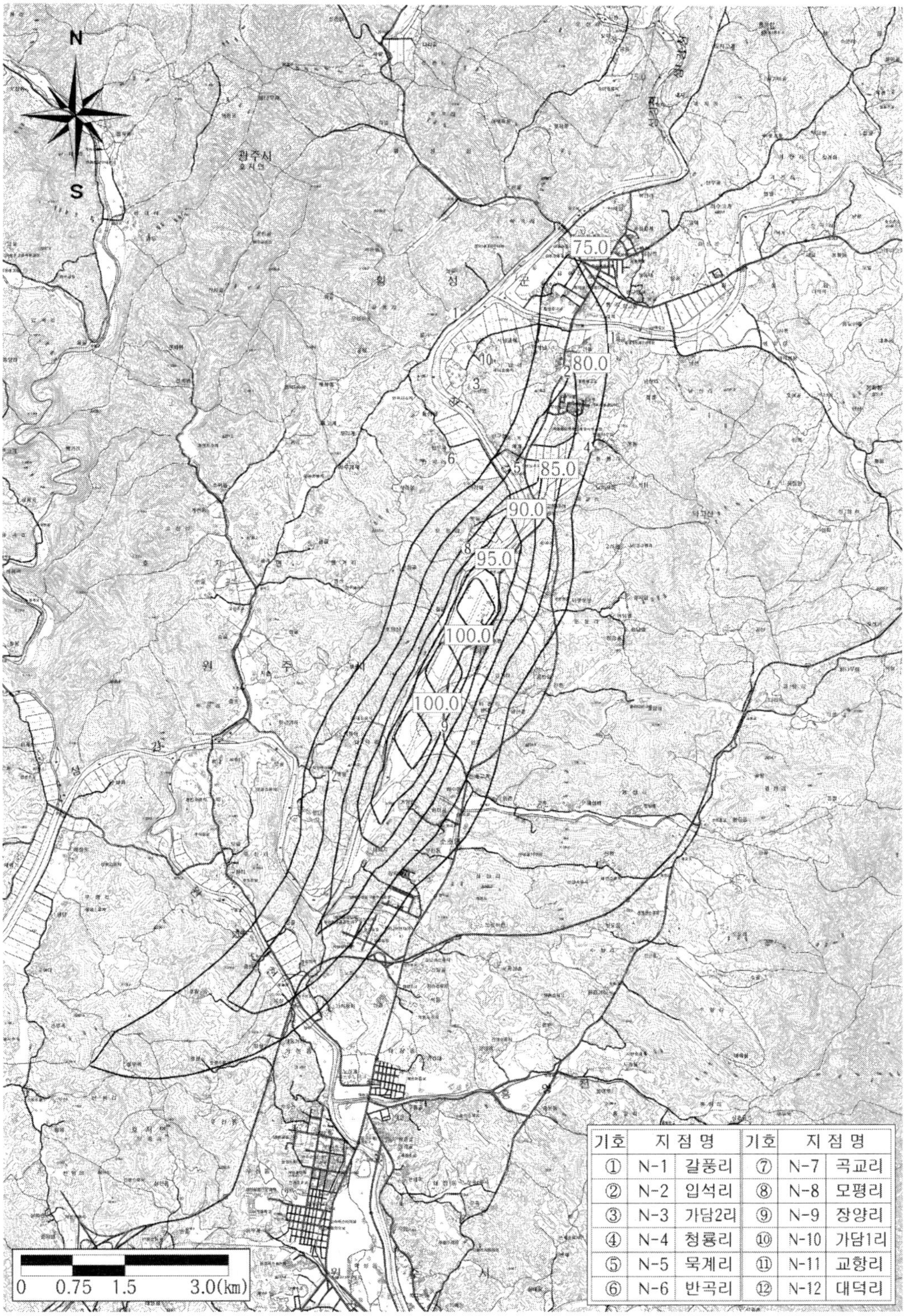

그림 3.14 2005년 예측 항공기소음 등고선

(8) 2005년도 연간 원주공항 항공기소음 측정치와 예측치 비교

원주공항 항공기소음에 대한 실제측정치와 예측치 결과를 종합해보면 다음과 같이 요약할 수 있다.

① INM 모델링에 의한 항공기소음 예측치는 신뢰할 수 있다.
실측치와의 차이가 거의 없다(2～5 WECPNL 이내 범위).
② 가담2리를 제외하곤 모든 지역이 오차범위 5% 내에 있다.
③ N-3지역인 가담2리는 도시교통으로 인한 소음이 추가된 결과로, 실측치의 연간 평균치가 예측치보다 10.6 WECPNL 높았다.
④ N-7(곡교리)의 경우 예측평균치보다 3.2 WECPNL 높은 이유는 공항근처에 위치하고 있어 착륙 비행고도가 50～100 M 정도로 매우 낮기 때문에 소음도가 증가한다. 이번 과업수행기간동안 원주 쪽으로 거의 이륙 횟수가 많았기 때문이지만 만약 횡성쪽으로 이륙한다면 그 소음도는 장양리 수준 이상이 될 것이다.
⑤ 모든 항공기소음이 대부분 그렇듯이 우선적으로 비행기종, 비행 횟수, 이・착륙방향과 매우 밀접한 관계가 있으며, 항공기 운항경로, 비행고도나 선회와 아울러 기후와의 상황도 고려해야만 한다.
⑥ 그 외 나머지 지역에 대한 항공기소음 측정결과는 예측치와 거의 비슷했다.
⑦ 겨울에 관한 자료는 공군 쪽에서 정확한 비행자료를 못 받았기 때문에 정확한 INM modeling을 돌릴 수 없었지만, 연간 항공기소음도는 실제 비행횟수가 중요하므로 연간 평균자료의 산정엔 무리가 없다고 환경부 쪽에서 확인받은 바 있다.
⑧ 추후에 추가지점으로 선정된 나머지 세 지역(N-10～N-12)에 대한 예측결과는 INM에 의거 산정하였으며, 실측한다 해도 항공소음도는 별 차이가 없으리라 판단된다.

(9) 측정 소음 분석

항공기 운항패턴에 따라 소음특성을 대표할 수 있고 주민들의 민원발생지점 중에서 9개 지점을 선정하여 비행기 기종과 운항패턴에 따른 소음발생 특성을 측정하고, 이를 토대로 비행에 따른 피크소음($L_{\max}$)을 구하고, 이들의 평균 소음도를 구하여 소음등고선으로 나타내었다. 또한 기종별, 운항패턴별, 운항횟수에 따른 WECPNL값을 구하였다. 측정 결과 활주로에 인접하여 위치한 장양리와 모평리 지점 및 활주로의 연장선상에 위치하고 있는 곡교리와 묵계리 등의 지점에서는 항공기 운항횟수에 따라 90 WECPNL 내외의 높은 소음도를 보이고 있는 것으로 조사되었다.

결국 원주 공항 주변의 주민들은 예측할 수 없는 소음에 노출되어 있으며, 이러한 불규칙적이고 심각하다고 할 수 있는 정도의 소음에 의한 피해를 보고 있다. 따라서 원주 공군 공항 주변의 소음에 대한 '국제 공항 소음 모니터링 시스템'과 같은 일상적인 소음 모니터링을 실시하여 불규칙한 소음의 패턴을 확인하는 것이 중요하다고 판단된다. 이번 소음 측정에서는 여건상 선회하는 비행기 소음을 정밀하게 측정하지 못한 것도 한계로 지적될 수 있을 것이다. 또한 항공기소음 측정상 군용기라는 점에 있어 군사대외비라는 걸림돌로 인하여 공군 측에 자료 요청시 보통 2~3개월씩 지연되는 점이 몹시 아쉬웠고 보다 철저한 항공기소음의 대책방안을 마련하기 위해서는 좀 더 긴밀한 협조체계가 이루어져야 할 것으로 사료된다.

3.5.4 대책 방법

(1) 항공기소음 대책

항공기소음 대책은 소음발생원 대책, 공항구조 대책, 공항주변 대책으로 나누어 볼 수 있다.

표 3.55 항공기소음대책 방안

구분	대책방안	세부내용
소음발생원 대책	• 저소음 항공기 개발 • 이・착륙 규제 • 항공기 운행편수 조정 • 운항방법 개선 (소음 저감 운행방식)	• 저소음형 항공기 운항(항공기소음증명 제도채택) • 엔진의 저소음화 • 야간운항규제 • 항공기 운행편수 조정(기종의 대형화) • 급상승방식, delayed flap방식, 우선 활주로 방식 등 채택
공항구조 개선대책	• 활주로 개선 • 공항 내 완충지역 확보 • 방음장치 설치	• 활주로의 연장 및 이전 • 공항 내 완충녹지, 방음림 조성 • 방음벽 등의 설치
공항주변대책	• 토지 이용	• 시설물 설치 및 용도 제한 • 완충녹지 조성 등 환경 기반시설 정비사업 • 공항주변 재개발 등의 적절배치 • 방음공사 - 학교, 병원 등 공공시설 방음공사 - 주택 방음공사
	• 보상	• 이전 보상 - 건물 등 이전 보상 - 토지 매입 • 텔레비전 수신장해, 전화통신장해 등 대책 수립

1) 소음 발생원 대책

① 항공기엔진의 저소음화

항공기의 제트엔진은 본질적으로 소음이 크기 때문에 엔진소음의 저감이 기술적으로 아주 곤란한 것으로 여겨져 왔다. 하지만, 엔진개량이 소음저감을 위한 기본적인 개선 방안이며 그 효과도 아주 크기 때문에 꾸준한 연구개발이 진행되어 왔다. 결국, 엔진 개발은 효과적인 소음대책이 된다.

- 엔진방음커버(Nacelle)의 설치로 항공기소음을 10～15 dB정도 감소시킬 수 있다.
- 공기가 통과하는 지점에 흡음관이나 Honey-comb를 부착하여 항공기소음을 낮출 수 있다.
- 항공기엔진의 소음저감을 위해 소음저감장치인 Hushkit을 장치하거나 저소음 엔진을 새로이 장착하는 방법이 있을 수 있다.

항공기 엔진의 저소음화를 위해서는 많은 인력과 재정적인 투자가 있어야 하고, 상당한 시간이 소요되는 장기적인 과제이다. 이 부문에 대한 꾸준한 연구노력이 지속되어야 할 것이다.

② 저소음 항공기의 대체

ICAO의 항공기소음 기준 적합증명제도에 의하면 일정한 기준을 설정하고 일정한 기준년 이후에 개발된 항공기에 대해서 이 기준을 만족하지 않는다면 취항할 수 없게 하는 제도가 있다.

③ 공항 차원에서의 정책적 대책

가. 미국의 경우

항공기로 인한 소음을 저감하기 위한 구체적인 정책을 살펴보면 다음과 같다.

- 소음저감을 위한 연방정부의 보조금은 최고 80%까지로 한다.
- 나머지는 지방정부가 부담한다.
- 미국 연방기준은 특수한 경우를 제외하고, 주택의 방음은 외부 평균 소음도 75 dB(A) 이하인 지역에 대해서만 적용하고 있다. 이때 실내의 최대 방음 목표량을 30dB로 설정하고 있다.

나. 일본의 경우

일본에서는 기존의 비행장을 1～3종까지 분류하여 각 공항마다 약간씩 다르게 적용하고 있다. 일본에서는 신동경 국제공항을 제외한 1종 공항은 5년 내에 WECPNL 85 미만으로 낮추고 WECPNL 85 이상 되는 지역은 실내가 65 이하가 되도록 방음시설을 하도록 하고 있으며, 10년 내에 WECPNL 75 미만으로 낮추고 WECPNL 75 이상 되는 지역은 실내가 60이하가 되도록 방음시설을 갖추도록 규정하고 있다.

한편 신동경 국제공항은 방음시설의 설치기준을 WECPNL 85로 하고 있으며, 1종 공항 중에서는 오사카 공항이 설치기준을 75로 하고 있다. 그리고 이주 희망자에 대하여 이주시킬 수 있는 지역은 WECPNL 90 이상인 지역으로 되어 있다.

이와 같은 기준을 1종 공항에 해당하는 공항은 10년 정도를 소음저감 목표 달성 기간으로 정하고 있으며, 2종 공항의 경우는 5년 이내에, 3종 공항 및 신설 비행장은 즉시 달성하도록 규정하고 있다.

2) 운항횟수조정과 운항시간 규제

① 운항횟수 조정

1일 발생하는 소음의 횟수를 억제함으로써 영향을 경감하는 것으로 운항횟수를 절반으로 줄이면 WECPNL값의 저감은 약 3 dB(A)로 나타나 운항횟수를 대폭 줄이지 않으면 실질적 효과는 기대할 수 없다.

② 운항시간 규제

운항통제에는 야간운항금지와 부분적 운항금지가 있다. 야간운항금지는 특정 시간대에 모든 비행기에 대해 운항을 금지하는 것을 말하며, 외국의 사례로 스위스 국제공항은 연방항공국의 허가 하에 22시부터 06시까지 비행기 운항을 통제한다. 워싱턴 국제공항은 22시부터 06시 59분까지 항공기 운항을 통제하고 있다.

또한, 부분적 운항금지는 비행기 기종별로 통제하게 되는데, 예를 들면 팜비치플로리다 국제공항은 연방항공국에서 정의한 제1등급(Stage 1), 제2등급(Stage 2)에 속하는 항공기의 운항을 22시 30분부터 06시 30분까지 금지하고 있다.

3) 운항방법 개선

항공기 제작상 기술적으로 더 이상의 소음경감이 어렵게 된 현재로서는 운항측면에서의 연구가 더 활발하게 진행될 수밖에 없다. 운항측면에서 소음경감방식은 안전운항이 보장되는 범위 내에서 운항시간 제한, 비행경로 지정, 비행방식지정 등이 운용되고 있다.

항공기 운항절차의 개선방법은 원주공항 주변지역의 소음감소를 위한 대책의 일환으로 발생원 형태를 변경하여 소음을 감소하는 방법으로서, 공항특성에 적합한 항공기 기종 운항방식을 적용, 이·착륙 절차를 수립하여 소음저감운항 절차에 활용하여야 할 것이다.

표 3.56 이 · 착륙시 소음 저감 방안

구분	운항방식	비고
우선 활주로 방식	• 복수 활주로를 갖는 공항에서 소음의 피해가 적은 활주로부터 우선적으로 사용하는 방식	소음감소 효과가 크다.
비행경로의 설정	• 민가의 밀집지역을 피하도록 비행경로를 설정하고 그 경로를 비행하는 방식	소음감소 효과가 크다.
급상승방식 (이륙방식)	• 이륙 후 급상승을 계속함으로서 소음을 감소시키는 방식	1.5~10 dB(A) 개선효과
CUT-BACK CLIMB	• 이륙 후 일정 고도에서 엔진의 출력을 줄이고 주거지역 상공을 이탈한 후 출력을 높이고 정상적으로 상승하는 운항방식이다. - 운항공항 : FUKUOKA(일본), FRANKFURT(독일), HEATHROW(영국) 등	5~10 dB(A) 개선효과
DELAYED FLAP APP	• 안전을 저해하지 않는 범위내에서 Approach동안 Flap 조작을 최대한 지연하여 운항하는 방식 - 운항공항 : NAGOYA(일본), OSAKA(일본)	2~3 dB(A) 개선효과
감속진입방식	• 딜레이드 플랩방식을 다시 개선한 방식으로 정상적인 진입속도보다 빠른 속도로 진입을 개시하고 강착장치 및 플랩을 착륙위치에 두면서 감속을 하여 착륙을 하는 방식이다.	3~10 dB(A) 개선 효과
로우플랩앵글 방식 (Low flap angle)	• 접지할 때까지 가능한 얕은 플랩각을 사용하여 기체의 공기저항을 저감하게 하고, 필요출력을 감소시킴으로써 소음을 경감시키는 방식이다.	2~3 dB(A) 개선효과
심야의 발착금지	• 심야간 발착금지를 하는 것은 공항주변의 주민의 안면을 방해하는 것을 금지하기 위함이다.	
소음감시제도	• 상기한 대책의 이행과 효과를 확인하기 위해 소음의 감시제도를 확립한다.	선진 각국 시행

표 3.57 소음 경감 운항방식

구 분		운 항 절 차
ENGINE 추력저감 (음향출력감소)	이륙	• Thrust Cutback Climb • Rolling Take Off
	착륙	• Low Flap Setting • Delayed Flap Approach
거리증대	이륙	• 급상승방식(Seepest Climb) • Interection Take Off
	착륙	• Displaced Threshold • 급각도 진입방식
기타	이륙	• 우선활주로방식(Preferential Runway)
	착륙	• 역추진(Reverse Thrust)

(2) 공항구조 개선 대책

1) 활주로의 연장

기존의 활주로 연장방향에 주거지역이 있는 경우, 활주로 반대쪽으로 연장하여 이・착륙 개시점을 낮추는 것으로 주거지역의 비행고도를 높게 하여 소음의 영향을 작게 할 수 있다.

반대로, 이륙시의 출력의 소음이 뒤쪽의 주거지역에 영향을 미치는 경우, 활주로의 이륙방향을 연장하고 개시점을 전방으로 가져감으로써 소음을 경감하고자 하는 방안도 있다.

2) 완충녹지, 방음림, 방음벽설치의 타당성 검토

활주로에 평행한 근접지에 주거지역이 있는 경우에는 활주로와 주거지역과의 사이에 완충녹지, 방음림, 방음벽 등의 완충지대를 설치하는 방법으로 입지조건에 따라 효과적일 수 있다.

원주공항의 경우에는 전투기의 잦은 Touch & Go 및 선회시의 소음이 주변지역에 미치는 영향뿐만 아니라, 활주로 좌・우 측면에 인접한 주거지역에는 항공기의 착륙 시 바퀴와 바닥면과의 마찰음, 항공기의 지상이동소음과 정비시의 엔진소음 등의 높은 소음으로 인한 2중 피해를 받고 있으므로 부지조성 및 현실적인 여건만 주어진다면 이런 종류의 지상소음저감에는 효과적인 방법이 될 것으로 판단된다.

3) 정비소음 대책

항공기 엔진의 개발시나 기존 엔진의 보수시 또는 일상적인 정비 점검을 위하여 엔진의 출력을 최대한 높일 때 150dB 이상의 높은 소음이 발생된다. 이와 같이 높은 소음이 발생할 겨우 공항주변 지역주민들에게 소음영향이 매우 커서 민원의 대상이 될 뿐만 아니라, 공항내 근무자들에게도 악영향을 미친다. 이에 따라 국내・외의 각종 공항이나 항공사에서는 소음저감을 위한 여러 가지 시설을 설치 또는 계획을 수립하게 된다.

소음저감 시설로는 첫째, HUSH HOUSE라고 하여 항공기 전체 또는 엔진만을 분리하여 밀폐된 공간내에서 시험하는 장치가 있다. 이것은 주로 군용 비행장이나 그러한 비행기를 조립, 생산, 수리 등을 하는 군수공장 등에서 주로 사용된다.

둘째, Engine Test Cell이라고 하여 엔진만을 분리하여 시험하는 장치로서 엔진의 크기에 상관없이 군용에서 대형 민항기까지의 엔진을 개발, 생산 및 보수 점검을 하는 민간공항 등에서 주로 사용된다.

셋째, Ground Noise Supressor라고 하는 시설물이 있다. 이것은 대형 민항기의 엔진점검을 위하여 공항내의 일정공간에 엔진배기구에 소음기를 장착시키고, 비행기 주변은 방음벽으로 감싸는 형태로서 외국의 몇몇 공항에 설치 운용중이다. 이상과 같은 여러 가지 시설물 중 군용기의 정비소음 저감방법으로는 HUSH HOUSE가 적합할 것으로 판단된다.

- HUSH HOUSE의 구성
  - 항공기 및 기관 실험실(TESTBAY)
  - 통제실(CONTROL ROOM)
  - 장비실(EQUIPMENT ROOM)
  - 화장실, 샤워실, LOCKER ROOM
  - 주출입구 및 AIR통로(MAIN GATE DOOR & DOOR HOUSING)
  - 2차 AIR 흡입구(SECONDARY AIR INTAKE)
  - 배기구 및 배기탑(AUGMENTOR TUNNEL & EXHAUST STACK)
  - 기타 통로(ACCESS), EJECTOR-TUBE, TURNIONG VANE 등

(3) 공항주변 대책

원주 공군비행장의 경우 주거지와 농경지, 그리고 학교가 위치해 있다. 이는 항공법에 따른 소음대책과 관련하여 법적으로 보장된 내용이다.

1) 주택 방음공사

소음의 차단효과가 미약한 기존 창문 및 출입문 등을 방음효과가 높은 복층유리(페어유리)로 제작된 방음 창문과 방음 출입문으로 교체하며 필요에 따라 천장 등을 개조하는 사업이 필요하다.

2) 수신 장애 대책

항공기가 지나갈 때 T.V.의 수신 장애가 발생하는데 이를 해소하기 위한 대책으로 유선방송 및 케이블 방송시설이 설치되어야 한다.

3) 기타

노인정의 설치 및 기타 복지 시설(의료시설 등) 무료 설치 등 소음 방지책과는 직접적 관련은 없으나, 지역주민들의 피해에 대한 최소한의 보상이라는 측면에서 필요하다고 판단된다.

Chapter 4

소음방지기술

4.1 소음대책

소음대책은 예방에 최선을 두고, 조기에 적극적으로 실시해야 한다.

4.1.1 대책의 순서

① 소음이 문제되는 지점(수음점)의 위치 확인 : 귀로 판단
② 수음점에서 실태조사 : 계기측정(소음계, 주파수 분석기)
③ 수음점에서의 규제기준 확인
④ 계기측정 결과와 규제기준과의 차로부터 대책의 목표레벨 설정
 - 어느 주파수 대역(帶域)을 얼마만큼 저감시킬 것인가
⑤ 문제 주파수의 발생원 탐사 : 주파수 대역별 소음 필요량 산정
⑥ 적정 방지기술의 선정 : 차음재 또는 흡음재 등 선정
⑦ 시공 및 재평가(재측정)

4.1.2 소음의 탐사 및 공장건설상의 주의

(1) 탐사항목

① 어떤 소음이 문제가 되는가를 확인(부지경계선, 주변 주택)
② 어느 소음이 어느정도 문제되는가의 현황조사
③ 문제되는 소음원(騷音源) 확인
④ 대상 소음원의 방사원 조사(기계·장치 등)

(2) 소음방지의 목표

부지경계선에서의 규제기준과 대상소음의 차에 의해 산정한다.

(3) 공장건설상의 주의

1) 공장 설계계획 수립시의 배려

공장건설에 따른 소음방지의 효과를 얻기 위해서는 건설계획 단계부터 소음문제를 고려하여 사전에 방지할 필요가 있다. 이미 소음문제가 발생하면 그 대책이 곤란한 경우가 많으므로 사전대책을 중요시 할 필요가 있다.

① 부지 선정시 : 부지 선정 시에는 지역 구분이 어떻게 되어 있으며 주변 상황은 어떠한가를 미리 확인하고, 그 지역의 장래 전망 등도 배려할 필요가 있다.

② 기계・장치의 선정 시 : 가능한 한 소음・진동의 발생이 적은 기종을 선정하고 음원대책이 가능한 것을 택한다.

2) 공장 설계시의 배려

① 소음원

공장에 사용될 기계류 중에서 주 소음원이 될 것으로 예상되는 것은 가급적 부지경계선에서 멀리, 즉 공장 부지의 중앙에 설치하여 거리감쇠를 이용한다.

② 부지경계선의 거리

소음방지를 위해서는 거리감쇠를 기대하는 것이 대단히 유리하다. 그러나 일반적으로 큰 거리를 유지하기 어려울 때가 많다. 공장건물은 어떠한 경우라도 부지경계선에 맞닿아 건축하는 것은 바람직하지 않다.

③ 건물구조

공장건물의 구조는 공장이 들어설 지역의 규제기준과 공장 내 발생 소음의 크기 및 부지경계선까지의 거리 및 조건 등에 따라 결정된다. 일반적으로 나타내는 건물구조의 차음성(遮音性)은 투과손실(TL)로 표시하지만 이것은 단일 벽체로 볼 경우의 수치이므로 창, 출입문, 환기구 등으로 구성된 벽체는 총합투과손실로 할 필요가 있다.

④ 개구부

환기구 등은 흡음 닥트나 사이렌서 등을 부착하여 소음저감을 고려할 필요가 있으며, 주택가와 반대측에 설치하는 것이 바람직하다.

⑤ 타 건물에 의한 차음

부지경계선에서 기준치 이하로 저하되지 않을 경우에는 적극적으로 창고, 사무실, 후생시설 등의 건물이나 방음벽을 설치하여 차폐재를 이용하여 저감시킨다.

4.1.3 방음대책의 방법

(1) 음원대책

원인제거, 강제력 저감, 파동의 차단 및 감쇠, 방사율의 저감 등을 들 수 있다.

① 발생원 : 유속 저감, 마찰력 감소, 충돌방지, 공명방지 등

② 소음기(消音器) 설치 : 흡(吸)・배기구에 팽창형 소음기 등의 설치

③ 방음 카버 : 필요 투과손실을 가진 벽체로 음원을 밀폐하고, 내부에는 흡음재를 부착한다.

④ 방진(防振) : 차진(遮振 ; 전달율 감소), 소음 방사면의 제진(制振 ; 15dB 정도 저감)

(2) 전파경로 대책

① 공장건물 내벽의 흡음처리 : 실내 음압레벨의 저감

② 공장 벽체의 차음성(遮音性) 강화 : 투과손실 증가

③ 방음벽 설치 : 부지경계선 부근의 차음 및 흡음

④ 거리감쇠

⑤ 지향성 변환 : 고주파음에 유효(10 dB 정도 저감)

4.1.4 주파수 대역별 소음(消音) 필요량(감음량)을 구하는 방법

(1) 목표레벨(規制値) 설정지점과 측정지점이 같을 때

① 공장이 가동된 상태에서 주파수 대역별 음압레벨 측정

② 공장의 가동을 중지시킨 상태에서 주파수 대역별 음압레벨(暗騷音)측정

③ 전항 ①과 ②로부터 각 주파수대역별로 암소음을 보정하여 대역별 대상음압레벨(시험법이나 dB차를 구하는 공식 이용)을 구한다.

④ 대역별 대상음압레벨에 다음 표의 A특성 청감보정치를 합하여 대역별 대상소음레벨을 구한다.

중심주파수(Hz)	31.5	63	125	250	500	1,000	2,000	4,000	8,000
청감보정치[dB(A)]	−39.2	−26.1	−16.1	−8.6	−3.2	0	+1.2	+1.0	−1.1

⑤ 목표레벨로부터 대역별 목표소음레벨을 다음 식으로 구한다.

대역별 목표소음레벨 = 목표레벨(規制値) $-\ 10 \log n$ dB(A) (4.1)

여기서, n은 주파수 대역수(帶域數)이다.

⑥ 각 주파수 대역별로 ④항에서 ⑤항을 산술적으로 뺀 값이 주파수 대역별 소음(消音) 필요량이 된다.

(2) 목표레벨 설정지점과 측정지점이 다를 때

앞에서 설명한 (1)의 ①, ②항은 같으며, ③항의 측정지점에서의 대역별 대상음압레벨을 음향파워레벨 공식에 의해 목표레벨 설정지점의 대역별 대상음압레벨로 환산한 후, (1)의 ④, ⑤, ⑥과 같은 방법으로 대역별 소음(消音) 필요량을 구한다.

4.1.5 소음발생원과 그 대책

(1) 발생

- 기류음
  - 맥동음 : 주기적인 흡입・토출에 의해 발생
    예) 엔진, 압축기 등의 흡・배기음
  - 난류음 : 기체 흐름 중의 와류에 의해 발생
    예) 관의 굴곡부, 빠른 유속, 밸브 등
- 고체음
  - 동적 발음기구 : 베어링, 외륜 등의 마찰・충격 등과 같은 기계의 운동에 의해 발생
  - 정적 발음기구 : 기계 프레임 등의 진동에 의해 발생

(2) 대책

- 기류음 : 분출유속의 저감, 관의 곡류 완화, 밸브의 다단화 등
- 고체음 : 가진력 억제, 공명 방지, 방사면 축소 및 제진처리, 방진 등

(3) 방음의 이론적 고찰

음향출력 W (W)인 소음원(騷音源)으로부터 거리 r (m) 떨어진 공간 한 점에서의 음압레벨 SPL은 따라서,

$$\mathrm{PWL} = \mathrm{SPL} - 10\log\left(\frac{Q}{4\pi r^2} + R_i\right) \tag{4.2}$$

$$\mathrm{SPL} = \mathrm{PWL} + 10\log\left(\frac{Q}{4\pi r^2} + R_i\right) \tag{4.3}$$

여기서, $\text{PWL} = 10\log W - 10\log W_0 = 10\log W - 10\log(10^{-12}) = 10\log W + 120$

$$\text{SPL} = 10\log W + 10\log\left(\frac{Q}{4\pi r^2} + R_i\right) + 120\ [\text{dB}] \tag{4.4}$$

여기서, 소음방사부에 소음장치(消音裝置)를 붙여 음향출력이 W에서 W'로 변하고 음압레벨도 SPL에서 SPL′로 변하였다면,

$\text{SPL}' = 10\log W' + 10\log\left(\frac{Q}{4\pi r^2} + R_i\right) + 120\ [\text{dB}]$의 기본식으로부터

$$\text{SPL}' = 10\log W - 10\log\left(\frac{W}{W'}\right) + 10\log\left(\frac{Q}{4\pi r^2} + R_i\right) + 120\ [\text{dB}] \tag{4.5}$$

위의 식에서 음압레벨 SPL′로 저감시킬 수 있는 방법은 다음과 같다.

① W를 작게 한다 : 발생원 대책(원인제거, 강제력 저감 등)
② W/W'를 크게 한다 : 소음장치(消音裝置)인 밀폐, 소음기, 흡음닥트 등 시설
③ r을 크게 한다 : 거리감쇠
④ Q를 적게 한다 : 지향성대책(발생원의 방향 변경)
⑤ R_i를 적게 한다 : 환경대책(차음, 흡음 등의 대책)
⑥ 기타 : 수음자(受音者)측 대책(마스킹, 귀마개 등)

(4) 소음대책의 예

그림 4.1은 송풍기의 소음발생원을 보인 것이다.

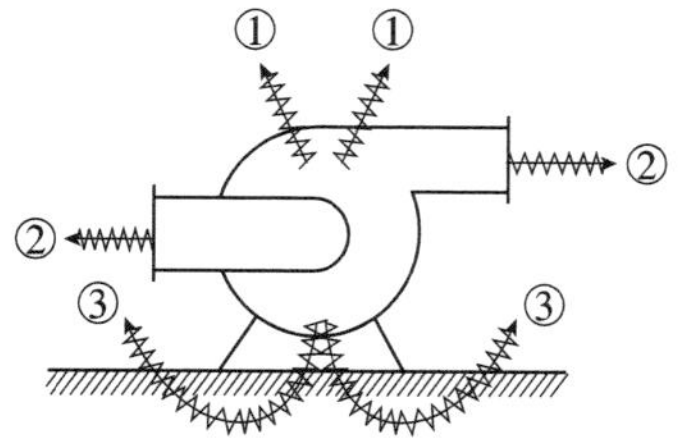

① : 2차 고체음 → 제진(damping)
② : 공기음 → 소음기(消音器)
③ : 1차 고체음 → 차진(遮振 ; 방진)

그림 4.1 송풍기 소음 발생원

한편, 소음제어(騷音制御)에 사용되는 자재류의 특성을 보면 표 4.1과 같다.

표 4.1 소음제어를 위한 자재류의 특성

자재명	성상	기능	사용	비고
흡음재	상대적으로 경량 (8.4~335.6 kg/m^2) ; 내부통로를 가진 다공성 자재, 차음재로는 불량	음에너지의 전환 ; 음에너지가 적기 때문에 소량의 열에너지로 변환됨	잔향음의 에너지저감 ; 소음기 내음 에너지의 전환	공기에 의해 전파되는 음의 저감
소음기 (消音器)	반작용이나 전환요소의 직렬이나 병렬 조합	기체의 정상흐름 상태에서 음에너지의 전환	기체이동기계류의 닥트소음 ; 엔진의 흡배기 · 압축기 · 팬 · 터어빈	공기에 의해 전파되는 음의 저감
차음재	상대적으로 고밀도 (면밀도 100~400 kg/m^2) ; 기공이 없고 흡음재로는 불량	음에너지 감쇠	음의 억제 ; 음의 투과율 저감	
제진재 (damping)	상대적으로 큰 내부손실을 가진 신축성이 있는 점탄성 자재	진동 에너지의 전환	진동으로 판넬이 떨려 발생하는 음에너지의 저감	① 공기전파음에 의해 발생하는 공진 진폭의 저감 ② 판넬 가장자리나 구성요소 접속부의 진동 에너지 전달의 저감
차진재 (isolator)	탄성패드나 금속 스프링	구조적 진동과 진동전달력 저감	팬 · 압축기 · 엔진 · 기체류 등에 대한 방진	회전기계류의 진동 전달력 저감

※ 에너지 전환이란 자재의 점성 흐름손실이나 내부마찰에 의해 열에너지로 변환되는 것을 말한다.

4.2 소음방지를 위한 설계지침

4.2.1 방지기술의 내역 및 개요

(1) 소음방지기술 내역

소음방지를 위한 조사 · 측정 · 설계 등의 방지기술 내역은 표 4.2와 같다.

표 4.2 방지기술내역

항목	내 역	비 고
조사	대상기계, 작업의 조건 및 성질, 기상환경 등의 조사	환경조건, 거리감쇠 등 참조
측정	음원, 규제위치의 소음레벨 등 측정음원의 주파수 분석, 녹음기에 의한 측정기록	측정법 참조, 보정법 참조
해석	측정결과 및 규제치로부터 감음 목표치 설정, 기계 자체의 개수, 해석, 발생음의 감음 계산	방사면적, 제진재 재료, 지향성·공명·구조·기구·재료의 변경, 작업법의 변경, 흡음재·차음재·거리감쇠 등의 계산
설계	전항의 결과로부터 설계, 시방서, 재료의 선정, 수량계산, 적산	설계 기본계산법 참조
공사	전항 설계시방서에 의해 시공, 시공 후에 방음 확인측정	

(2) 설계시의 주의할 점

설계시의 가장 주의를 요하는 점은 규제치가 청감보정을 한 dB(A)로 물리량이 아닌 경우는 설계 계산상 모두 물리량으로 환산할 필요가 있다. 하지만 수음점에서는 각종 음원에 의한 소음이 합성된 합성음으로 되어 있기 때문에 암소음(暗騷音) 측정에 의한 보정에 의해 대상음원의 소음레벨을 환산하여 구해야 한다.

일반적으로 음원의 기계가 단일 기계라 할지라도 그 기계의 소음 발생장소에는 다수의 점, 선, 면으로부터 발생하는 소음의 합성음으로 되어 있기 때문에 이를 측정하게 된다. 종래와 같이 레벨만을 설계자료로 활용하는 것은 잘못이며, 주파수 분석을 하여 그 결과에 따라 설계를 행하는 것이 당연하고 흡음재나 차음재 등의 방음재(防音材) 선정에 있어서 필수적이다.

기술이 있는 사람이라 할지라도 성실히 조사, 측정을 행하여 그 결과에 따라 해석, 계산하고 안전 및 공사비를 고려하여 오류를 범하지 않도록 노력하여야 한다.

(3) 방지계획의 개요

소음원의 종류에 따라 계획을 세우고 그에 따라 조사, 설계 및 시공을 진행하여야 한다. 그 개요를 보면 표 4.3과 같다.

표 4.3 방지계획의 개요

음원의 종류	내역	계획의 개요
공장소음 방지계획	공장의 신설 및 증설의 경우	(1) 지역구분에 따른 부지 경계선에서의 소음레벨이 규제기준 이하가 되도록 설계한다. (2) 특정공장인 경우는 방지계획 및 설계도를 첨부한다. (3) 공장건축물·구조물에 의한 방음설계, 기계자체 및 조합에 의한 방음설계의 계획을 세운다.
	기존공장의 경우	(1) 전항(1)과 동일 (2) 전항(3)과 동일 (3) 공장 내에서 기계의 배치를 바꾸든가, 소음레벨이 큰 기계를 부지경계선에서 먼 곳으로 이전 설치한다.
도로교통소음 방지계획	기존도로의 경우	(1) 환경소음레벨을 초과하는 도로는 완전 차폐 또는 방음벽을 계획한다. (2) 노면계획을 충분히 검토하여 설계한다. (3) 특히 문제되는 주거지역의 주거 밀집지대를 통과하는 고속도로 등은 부분적으로 속도제한을 실시할 계획을 세운다.
	신설도로의 경우	(1) 전항 (1)과 동일 (2) 전항 (2) 뿐만 아니라, 특히 고가고속도로의 경우 도로구조설계를 충분히 검토한다. (3) 노선 설정계획시에 인구 밀집지대를 피하든가, 이와 같은 과밀지대의 경우는 부분적인 지하차도로 한다.
건설작업소음 방지계획	기설구조의 제거작업	(1) 충격파괴형과 같은 작업공정을 다른 공법으로 바꾼다.
	신설작업의 경우	(1) 특히 항타·강철판 등을 직접 박는 공법이 많이 상용되고 있는데 이를 어스드릴로 뚫은 후 항타 작업을 하든가, 진동해머를 사용하는 공법으로 바꾼다. (2) 건설기계에 의한 소음은 차음 box에 의해 방음계획을 하는 등의 방법을 세운다. (3) 특정공사 승인 신청시에 (1), (2)항 외에 작업시간계획을 세울 때는 환경소음도가 높은 시간대(주변 암소음이 클 때)를 택한다.

4.2.2 계획실시의 순서

기본적인 계획실시 순서를 기술하면 다음과 같다.

① 대상환경 및 음원의 조사 : 소음원의 종류, 공장의 경우는 음원기계의 종류·성능·설치조건 및 대상장소의 배치, 주변지역의 건물·구조물의 배치, 발생시간, 빈도, 지속시간 등을 조사한다.

② 소음레벨 측정 : 음원, 규제에 따른 측정위치, 시간별 레벨을 측정한다.

③ 주파수 분석 : 현장에서 주파수 분석기 및 기록계로 실시하든가 불가능할 경우에는 녹음기에 녹음한 후 분석한다.

④ 환경감쇠량의 측정 : 감쇠조건의 조사, 측정, 전파경로의 조사, 1차 고체전파음, 2차 고체전파음, 공기전파음 등을 측정한다.

⑤ 감쇠량의 설정 : 지역구분 및 규제기준치와 전항의 측정결과로부터 감음량을 설정한다.

⑥ 해석검토 : 감음시스템 안(案)에 따라 감음계산을 한다.

- 감음시스템 검토 : 특수한 도로교통, 건설작업 등의 소음방지 시스템의 경우
- 건물의 구조 및 내·외벽의 검토 : 이 경우는 공장소음의 방지대책의 경우로 음원측, 수음자측 쌍방의 조사결과를 기초로 하여 검토한다. 즉, 건물의 구조, 내·외벽, 공극(空隙) 등의 조사에 힘쓴다.
- 음원대책의 검토 : 이는 공장기계, 건설작업용 기계 등의 경우로 부품의 교환이나 기구의 개조라든가 소음기 부착, 방음커버 등의 시설하는 것을 검토한다.
- 차음구조물 대책의 검토 : 차음구조물의 설치, 방음터널 구조물의 설치 등을 검토한다.
- 기타의 검토 : 음원 근처 근로자의 귀마개(ear plug) 대책, 음을 음으로 음폐(陰蔽)하는 등의 물리적·심리적 대책을 검토한다.

⑦ 방음설계

- 설계계산 : 목표치를 달성하기 위한 감음 계산한다.
- 설계안의 비교검토 : 음원의 차음, 흡음의 감쇠조합에 기초한 몇 개의 안을 비교한다.
- 최종안의 감음기구, 재질의 선정 등에 따른 시방서 결정 : 결정된 안의 최종 감음기구 설계에 따른 재질의 선정을 결정한다.
- 수량계산 : 시방서에 따라 수량을 계산한다.

⑧ 경제성 검토 : 실시 가능성, 기술평가

⑨ 시공 : 지체 없이 설계 및 시방서에 따라 공사한다.

- 검사 : 필히 목표치가 달성되었는지의 여부를 측정 확인하는 외에 제작공사상의 검사를 행한다.

4.2.3 소음방지대책 일람(공장소음의 방지대책)

방지대책 중 가장 빈도가 많은 공장소음 방지대책에 대해 상술한다. 전항의 방지계획에 다른 조사결과로부터 불필요한 소음발생을 막든가 전파를 막는 등의 대책을 세우며 표 4.4에 이를 기술한다.

표 4.4 음원기계의 소음방지대책 일람

계획순서	작업내용	방법	비고
1. 허용치의 설정	• 소음레벨	• 여러 기준 참조	
2. 소음원 조사	• 소음레벨 및 주파수 분석	• 측정법을 참조하여 실시	• 측정조건을 명확히 한다.
3. 전파경로의 조사	• 음원과 수음점과의 모든 조합에 관한 일체의 전파경로를 탐사		• 대략적인 감음량을 상정하고, 취약한 곳에 주의를 기울여 행한다.
4. 계산을 위한 경로의 선정	• 경계선상에서 소음레벨이 최대로 되는 경로 선정	• 음원이 큰 것, 거리가 가까운 부분, 창 등 조사결과에 따라 선정	• 실시 data 및 경험에 따라 행한다.
5. 계산 패턴의 결정	• 전파경로에 대한 각종 패턴을 적용한다.	• 흡음율 및 투과손실에 관한 문헌과 각종 계산 방식 중에서 결정한다.	• 각종 가정을 할 필요가 있고 브록다이아그램을 작성하면 알기 쉽다.
6. 수치의 설정	• 거리, 면적, 투과손실, 흡음력 등 설정한다.	• 참고문헌 및 측정조사 결과로부터 설정	• 실측 data를 참고하여 일반적인 값을 가정한다.
7. 소음레벨의 산정	• 부지경계선의 소음레벨을 산출한다.	• 각종 계산식에 의해 산정	• 소수점 이하는 반올림하고 계산이 쉽고 오차가 적은 식을 사용한다.
8. 부가감음량 산출	• 각 전파경로에 대한 부가감음량을 산출한다.	• 계산한 소음레벨과 허용치와의 차를 구한다.	• 무엇이 약점으로 작용하는가도 생각해 둔다.
9. 부가감음량 할당	• 어느 부분의 감음량을 증대시킬 것인가를 생각한다.	• 차음량의 증가, 거리·흡음력의 증가, 약점의 개선	• 직렬·병렬계를 고려하고 경로변경도 한다.
10. 재점검	• 대책 후의 상태에 대해 다시 계산을 행하고 안전성을 확인한다.	• 순서 3 또는 6으로부터 다시 계산하고 허용치와 비교한다.	• 대책을 실시하지 않고 경로가 약점이 되는 때도 있기 때문에 주의한다.

기계가 작동하는 한 소음은 발생하기 때문에 전파 에너지를 음원 근처에 막든가, 건물의 내·외벽, 천장에 의해서 방지하든가 하는 등의 대책을 건물 설계 때부터 배려한다.

전술한 방지계획을 공장소음에 대해 적용하면 다음과 같다.

(1) 음원대책

정상운전이 될 수 있도록 기계를 정비하고 가능하면 이상음이 발생하지 않도록 하며, 진동을 방지하여 2차 소음 발생을 억제하고 공기기계나 그 부대설비 등에서는 산란에 의해 소음이 발생하지 않도록 노력할 필요가 있다. 소음원의 음원대책 시스템은 그림 4.2와 같다.

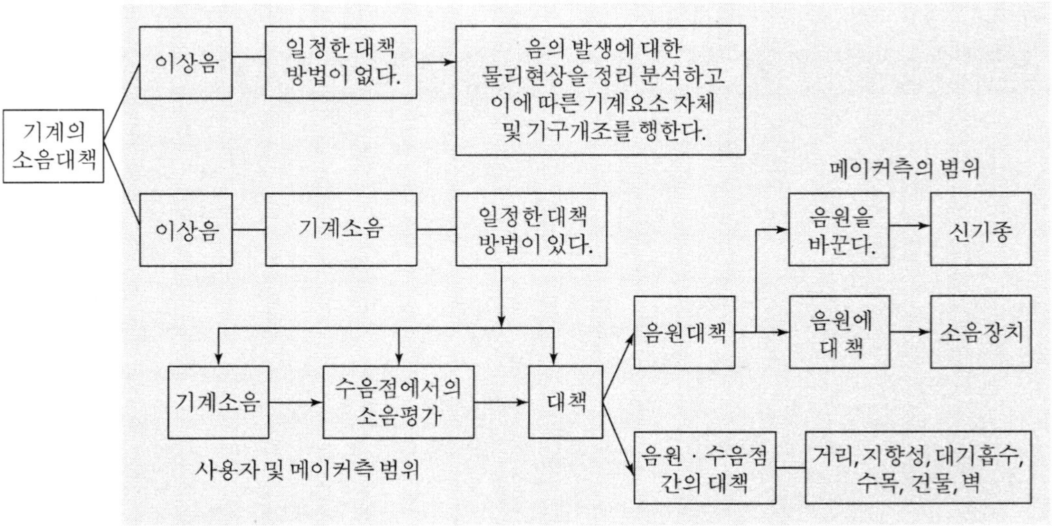

그림 4.2 소음원 대책 시스템

① 음원 기계의 밀폐, 음원 에너지의 차단 : 충격에 의한 기계적 에너지로 작동하는 shearing press 기계 등은 기계 전체를 밀폐하여 방음실에 넣고, 조작하는 사람은 밖에서 작업을 행하는 방법을 채용한다.

② 소음기 · 흡음닥트 설치 : 흡배기(吸排氣)를 필요로 하는 공조기계 · 내연기관 · 가열로 등과 같이 공기의 압축 및 팽창음을 발생하는 기계는 그 각각에 소음기나 흡음닥트를 설치한다.

③ 음원실 안의 흡음처리 : 압축기실 · 송풍기실 · 가열로실 등의 음원실을 흡음설계하여 흡음처리한다. 닥치는 대로 흡음판을 내벽에 부착하는 등의 안이한 공사는 지양하여야 한다. 주파수 분석결과로부터 흡음재의 선정을 충분히 검토할 필요가 있다. 고주파대역의 흡음효과는 제조자 측의 자료에 따라 용이하게 그 효과가 얻어지지만 저주파대역에서는 제조자 측의 자료로도 알 수 있듯이 흡음효율이 좋지 않기 때문에 설계 시에 연구가 필요하다.

④ 음원의 차음벽 시공 : 진동을 수반하지 않는 기계에 대해서는 차음벽을 설계 시공하는 것이 매우 효과적이다. 소음뿐 아니라 진동에 의한 2차 소음의 발생을 방지하기 위해서는 소음 · 진동 발생을 동시에 감소시키는 것이 사람의 심리적 효과를 증가시킨다.

(2) 공장건물의 방음대책

① 건물 내 · 외벽의 흡음관 · 차음관 시공 : 내 · 외벽의 공기 누설극간(漏洩隙間)과 내외

벽 전체에 흡음판 및 차음판의 조합에 의한 방음설계와 시공을 행한다.

② 천정에 부착된 환기팬 등의 소음기 및 흡음닥트의 시공 : 옥상 및 지하실의 대형 환기구는 실내소음 및 자체소음을 발생하기 때문에 소음기나 흡음닥트를 설비하여 방음한다.

4.3 흡음대책

4.3.1 실내 평균 흡음율을 구하는 방법

(1) 계산에 의한 방법

건물 설계도면으로부터 사용 재료별 면적 $S_i\,(\mathrm{m}^2)$와 흡음율 α_i를 구하여 다음 식으로 평균흡음율 $\overline{\alpha}$를 구한다.

$$\overline{\alpha} = \frac{\Sigma S_i \alpha_i}{\Sigma S_i} = \frac{S_1\alpha_1 + S_2\alpha_2 + \cdots}{S_1 + S_2 + \cdots} \tag{4.6}$$

한편, 흡음력(sound absorption) A는

$$A = S\,\overline{\alpha} = \sum_{i=1}^{n} S_i \alpha_i \ [\mathrm{m}^2] \tag{4.7}$$

여기서, S는 건물 내부의 전 표면적(m^2)이다.

예제문제

바닥면적이 4 m × 5 m이고 높이가 2.5 m인 방이 있다. 바닥의 흡음율은 0.2이고 벽체 및 천정은 흡음율이 0.6인 흡음재를 취부할 경우 실내의 평균 흡음율은 얼마가 되겠는가?

풀이 바닥 및 천정 면적 : $4\mathrm{m} \times 5\mathrm{m} = 20\mathrm{m}^2$

벽체 면적 : $(4\mathrm{m} \times 2.5\mathrm{m} + 5\mathrm{m} \times 2.5\mathrm{m}) \times 2 = 45\mathrm{m}^2$

$$\therefore \overline{\alpha} = \frac{\Sigma S_i \alpha_i}{\Sigma S_i} = \frac{20 \times 0.2 + 65 \times 0.6}{20 + 20 + 45} \fallingdotseq 0.5$$

(2) 잔향시간 측정에 의한 방법

실내의 잔향시간(reverberation time) T를 측정하여 Sabine식으로 평균흡음율(average absorption coefficient) $\overline{\alpha}$를 구한다.

$$A = \overline{\alpha}\, S = \frac{0.161\, V}{T} \ [\mathrm{m}^2] \tag{4.8}$$

$$\therefore \overline{\alpha} = \frac{0.161\, V}{ST} \tag{4.9}$$

여기서, V는 실(室)의 체적(m^3), T는 잔향시간(sec)이다.

잔향시간이란 실내에서 음원을 끈 순간부터 음압레벨이 60 dB(에너지밀도가 10^{-6} 감소) 감쇠되는 데에 소요되는 시간을 말하며 일반적으로 기록지의 레벨 감쇠곡선의 폭이 25 dB (최소 15dB) 이상일 때 이를 산출한다.

예제문제

$8\mathrm{m}^{L} \times 7\mathrm{m}^{W} \times 3\mathrm{m}^{H}$**인 실내의 바닥, 천정, 벽의 흡음율이 각각** 0.1, 0.3, 0.2**일 때, 실내의 흡음력과 잔향시간은?**

풀이

① $A = \overline{\alpha} S = \Sigma \alpha_i S_i = 8 \times 7 \times 0.1 + 8 \times 7 \times 0.3 + (8+7) \times 3 \times 2 \times 0.2 = 40.4(\mathrm{m}^2)$

② $T = \dfrac{0.161\, V}{A} = \dfrac{0.161 \times 8 \times 7 \times 3}{40.4} \fallingdotseq 0.7\mathrm{sec}$

한편, 큰 실내에서 공기흡음을 고려하고, $\overline{\alpha} > 0.3$ 이상의 큰 흡음율을 가질 경우 정확한 $\overline{\alpha}$를 구하기 위해서는 다음 Eyring식으로부터 $\overline{\alpha}$를 구한다.

$$T = \frac{0.161\, V}{S\,[-\ln(1-\overline{\alpha})]} \ [\mathrm{sec}] \tag{4.10}$$

$$\therefore \overline{\alpha} = 1 - \ln^{-1}\left(-\frac{0.161\, V}{ST}\right) \tag{4.11}$$

(3) 이미 알고 있는 표준음원에 의한 방법

표준음원(파워레벨을 알고 있는 음원, sound power source 등)의 음향파워레벨 PWL_0를 사용하여 이 음원에서 충분히 떨어진 거리에서 음압레벨 SPL_0를 측정한 후 다음 식으로 구한다.

$$\begin{aligned} SPL_0 &= PWL_0 + 10\log\frac{4}{R} \\ &= PWL_0 - 10\log R + 10\log 4 \\ &= PWL_0 - 10\log R + 6 \ \ [dB] \end{aligned} \tag{4.12}$$

여기서, R은 실정수(room constant)로,

$$R = \frac{\bar{\alpha} S}{1-\bar{\alpha}} \quad [m^2] \tag{4.13}$$

따라서, 식 (4.12) 및 식 (4.13)으로부터 $\bar{\alpha}$는

$$\bar{\alpha} = \frac{\log^{-1}\left(\dfrac{PWL_0 - SPL_0 + 6}{10}\right)}{S + \log^{-1}\left(\dfrac{PWL_0 - SPL_0 + 6}{10}\right)} \tag{4.14}$$

4.3.2 자재의 흡음율 측정법

(1) 관내법(정재파법)

수직입사 흡음율 측정방법으로 관의 한쪽 끝에 시료를 충진하고 다른 한쪽 끝에 부착된 스피커에 의해 순음(純音)이 발생하면 관내에 정재파(定在波)가 생겨 $\lambda/4$ 간격으로 음압의 고저가 생긴다. 이 고저의 비를 정재파비 n이라 하면,

$$n = \frac{P_{max}}{P_{min}} \tag{4.15}$$

흡음율 α_t는

$$\alpha_t = \frac{4}{n + \dfrac{1}{n} + 2} \tag{4.16}$$

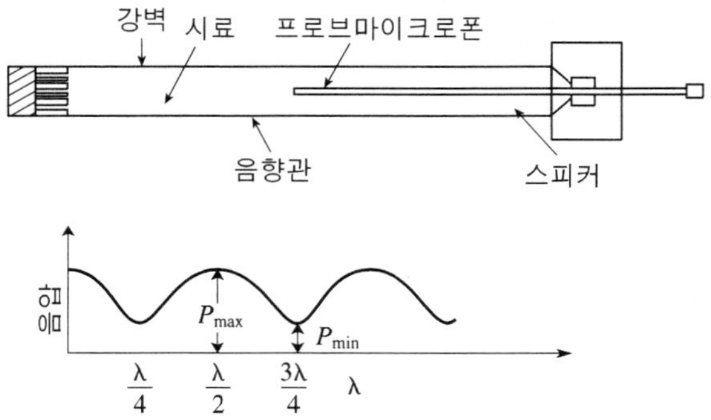

그림 4.3 관내법

(2) 잔향실법

난입사 흡음율 측정법으로 실제 이 방법에 의한 흡음율이 현장에 활용된다.

시료 부착 전의 잔향실(reverberation chamber)의 평균흡음율을 $\overline{\alpha}_0$라 하면,

$$\overline{\alpha}_0 = \frac{0.161\,V}{ST_0} \tag{4.17}$$

여기서, T_0는 시료 부착 전의 잔향시간(sec), S는 잔향실 표면적(m^2)이다. 벽면이나 바닥의 일부에 $s\,(m^2)$의 시료를 부착한 후, 측정한 잔향시간을 $T\,$(sec)라 하면 그 시료의 흡음율 α_r은

$$\alpha_r = \frac{0.161\,V}{s}\left(\frac{1}{T} - \frac{1}{T_0}\right) + \overline{\alpha}_0 \tag{4.18}$$

4.3.3 흡음기구의 종류

(1) 다공질형 흡음재

섬유, 발포재료 등의 내부의 기공이 상호연속되는 석면(asbestos), 암면(rock-wool), 유리솜(glass-wool), 세라믹 흡음재 등으로 중·고음역에서 흡음성이 좋다. 즉, 음에너지를 운동에너지로 바뀌어 열에너지로 전환된다.

시공시에는 벽면에 바로 부착하는 것보다 입자속도가 최대로 되는 1/4 파장의 홀수배, 즉 벽면으로부터 $\lambda/4$, $3\lambda/4$ 간격으로 배후 공기층을 두고 설치하면 음파의 운동에너지를 가장 효율적으로 열에너지로 전환시킬 수 있으며 저음역의 흡음율도 개선된다.

흡음재를 벽에 바로 부착시킬 때 흡음효과를 높이기 위해서는 그 두께가 최소한 입사음 파장의 1/10 이상이 되어야 하지만 이렇게 하면 비경제적이므로 벽으로부터 파장의 1/4인 곳에 비교적 얇은 흡음재를 두고 공기층을 만들어 주면 두께 1/4 파장인 흡음재를 바로 부착하였을 때와 거의 같은 효과를 얻을 수 있어 경제적이다.

(2) 판(막)진동 흡음

비닐시트, 석고보드, 석면스레트 등을 벽체와 공기층 d (m)를 두고 밀폐하면 이들 판은 소음에 의해 진동한다. 이때 흡음주파수 f는

$$f = \frac{c}{2\pi}\sqrt{\frac{\rho}{m \cdot d}} \fallingdotseq \frac{60}{\sqrt{m \cdot d}} \text{ [Hz]} \tag{4.19}$$

여기서, c는 공기 중의 음속(m/s), ρ는 공기밀도(kg/m^3), m은 판의 단위면적당 질량 (kg/m^2)인 면밀도이다.

대개 80～300 Hz 부근에서 최대흡음율 0.2～0.5를 지니며, 다른 주파수역에서는 0.1 정도이다. 판이 두껍거나 배후 공기층이 클수록 저음역으로 이동한다.

(3) 공명흡음

그림 4.4와 같이 구멍의 크기가 음의 파장에 비해 매우 작을 때는 공명주파수 f_0 부근에서 흡음한다.

$$f_0 = \frac{c}{2\pi}\sqrt{\beta/(h + 1.6a) \cdot d} \text{ [Hz]} \tag{4.20}$$

여기서, h는 판의 두께(cm), a는 구멍의 반경(cm), d는 배후 공기층의 두께(cm), c는 음속(cm/s), β는 개공율$\left(\beta = \frac{\pi a^2}{B^2}\right)$이다.

한편, 그림 4.5와 같은 슬릿(slit)형의 f_0는 (4.18)식의 $1.6a$ 대신 Δh를 넣어 구하면 된다.

$$\Delta h = \frac{b}{\pi}\left(1 + 2\log\frac{2l}{b}\right) \tag{4.21}$$

여기서, l은 판의 길이다. 공명흡음역도 일반적으로 저음역이다. 만약 배후 공기층에 다공질 흡음재를 충진하면 흡음역이 고주파측으로 이동한다.

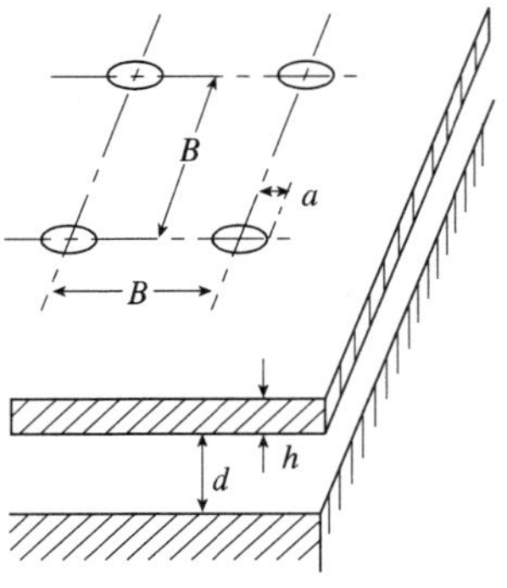

그림 4.4 다공판에 의한 공명흡음

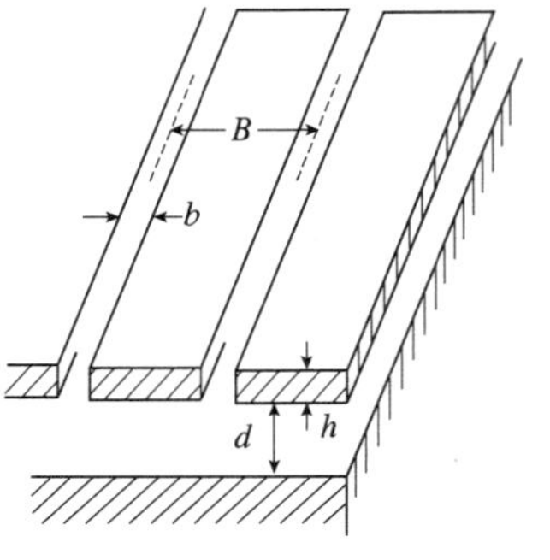

그림 4.5 슬릿에 의한 공명흡음

4.3.4 감음계수(noise reduction coefficient : NRC)

NRC는 1/3 옥타브 대역으로 측정한 중심주파수 250, 500, 1000, 2000 Hz에서의 흡음율의 산술평균치이다.

$$\mathrm{NRC} = \frac{1}{4}(\alpha_{250} + \alpha_{500} + \alpha_{1000} + \alpha_{2000}) \tag{4.22}$$

예제문제

어떤 흡음자재의 대역흡음율이 125 Hz = 0.3, 250 Hz = 0.3, 500 Hz = 0.4, 1000 Hz = 0.6, 2000 Hz = 0.8, 4000 Hz = 0.9**라면 소음저감계수**(NRC)**는?**

풀이 $\mathrm{NRC} = \frac{1}{4}(\alpha_{250} + \alpha_{500} + \alpha_{1000} + \alpha_{2000}) = \frac{1}{4}(0.3 + 0.4 + 0.6 + 0.8) = 0.525$

4.3.5 흡음재료 선택 및 사용상의 유의점

① 흡음율은 시공할 때의 배후 공기층 상황에 따라 변화되므로 시공할 때와 동일조건의 흡음율 자료를 이용해야 한다.

② 흡음재료를 벽면에 부착할 때 한 곳에 집중하는 것보다 전체 내벽에 분산하여 부착하는 것이 흡음력을 증가시키고 반사음을 확산시킨다.

③ 실(室)의 모서리나 가장자리 부분에 흡음재를 부착시키면 효과가 좋아진다.

④ 흡음 tex 등은 다공질 재료에 의한 흡음작용 뿐 아니라 판진동에 의한 흡음작용도 발생하므로 진동이 방해되지 않도록 부착시키는 것이 바람직하다. 예를 들어 전면을 접착재로 부착하는 것보다 못으로 시공하는 것이 좋다.

⑤ 다공질 재료는 산란되기 쉬우므로 표면을 얇은 직물로 피복하는 것이 바람직하며, 흡음율에 전혀 영향을 미치지 않아야 한다.

⑥ 비닐시트나 캔버스 등으로 피복할 경우에는 수백 Hz 이상의 고음역의 흡음율 저하를 각오하지 않으면 안 된다. 그러나 저음역에서는 막진동(膜振動)에 의해 흡음율이 증가할 때가 많다.

⑦ 다공질 재료의 표면을 도장하면 고음역에서 흡음율이 저하한다.

⑧ 막진동이나 판진동형의 것은 도장해도 차이가 없다.

⑨ 다공질 재료의 표면에 종이를 입히는 것은 피해야 한다.

⑩ 다공질 재료의 표면을 다공판으로 피복할 때는 개공율(開孔率)이 20% 이상(될 수 있으면 30% 이상)으로 하고, 공명흡음의 경우에는 3～20% 범위로 하는 것이 필요하다.

4.4 차음대책

4.4.1 벽의 투과손실

충분히 넓은 벽면에 음파가 입사할 때 입사음의 세기를 I_i, 투과음의 세기를 I_t라 하면 투과율(transmission coefficient) τ는

$$\tau = \frac{I_t}{I_i} \tag{4.23}$$

한편, 투과손실(transmission loss) TL은

$$\mathrm{TL} = 10 \log\left(\frac{1}{\tau}\right) \ [\mathrm{dB}] \tag{4.24}$$

로 정의된다.

(1) 단일벽의 투과손실

1) 음파가 벽면에 수직입사할 때,

$$\mathrm{TL} = 10\log\left[1+\left(\frac{\omega m}{2}\rho c\right)^2\right] \ [\mathrm{dB}] \quad (4.25)$$

$\omega m \gg 2\rho c$ 이면,

$$\mathrm{TL} = 20\log(m \cdot f) - 43 \ [\mathrm{dB}] \quad (4.26)$$

여기서, m은 벽체의 면밀도(kg/m^2), f는 입사되는 주파수(Hz)이다.

위 식에서 투과손실은 벽체의 면밀도와 주파수 곱의 대수값에 비례하는데 이를 차음의 질량법칙(mass law)이라 한다.

2) 음파가 벽면에 난입사할 때

벽의 법선(法線)에 대한 음파의 입사각을 θ라 하면,

$$\mathrm{TL}_\theta = 10\log\left[1+\left(\frac{\omega m\cos\theta}{2\rho c}\right)^2\right] \ [\mathrm{dB}] \quad (4.27)$$

$\theta = 0 \sim 90°$ 범위에서 TL의 평균치 TL_α는

$$\mathrm{TL}_\alpha = \mathrm{TL} - 10\log(0.23\,\mathrm{TL}) \ [\mathrm{dB}] \quad (4.28)$$

이를 난입사 질량법칙(random incidence mass law)라 하며, $\theta = 0 \sim 75°$일 때 TL_α는

$$\mathrm{TL}_\alpha = \mathrm{TL} - 5 \ [\mathrm{dB}] \quad (4.29)$$

이를 음장입사 질량법칙(field incidence mass law)이라 한다. 한편 실용적으로는

$$\mathrm{TL} = 18\log(m \cdot f) - 44 \ [\mathrm{dB}] \quad (4.30)$$

이를 주로 사용된다.

3) 일치(coincidence)효과

질량법칙은 벽체가 피스톤 운동한다는 가정 하에 성립하는 법칙이지만 실제 벽은 굴곡운동한다(그림 4.6 참조).

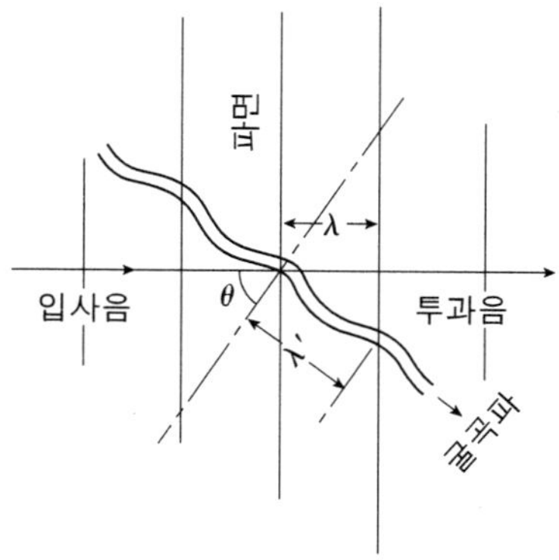

그림 4.6 일치효과

파장 λ의 음파가 벽면에 입사각 θ로 입사될 때 벽체에 전파되는 파장 λ'은

$$\lambda' = \frac{\lambda}{\sin\theta} \tag{4.31}$$

가 되며 이에 의해 음압 강약의 소밀파(疏密波)가 벽체에 발생하며 이파의 전파속도 c'는 공기 중이 음속을 c라 하면,

$$c' = \frac{c}{\sin\theta} \tag{4.32}$$

로 되어 이로 인해 벽이 굴곡운동한다. 만약 양파(兩波)의 파장이 일치하면 벽체의 굴곡파 진폭은 입사파의 진폭과 같은 크기로 진동한다. 즉, 일종의 공진상태가 되어 차음성능이 현저하게 저하되는데 이를 일치효과라 한다.

한편, 벽체의 굴곡파 전파속도 c_b는

$$c_b = \left[2\pi f h \sqrt{\frac{E}{12 \cdot \rho(1-\sigma^2)}}\right]^{1/2} \tag{4.33}$$

여기서, h는 벽의 두께, E는 영율, σ는 포아송 비, ρ는 벽의 밀도이다.

$c' = c_b$의 관계로부터,

$$\frac{c}{\sin\theta} = \left[2\pi f h \sqrt{\frac{E}{12 \cdot \rho(1-\sigma^2)}}\right]^{1/2} \tag{4.34}$$

따라서, 일치주파수 f_c는

$$f_c = \frac{c^2}{2\pi h \sin^2\theta} \cdot \sqrt{\frac{12 \cdot \rho(1-\sigma^2)}{E}} \quad [\mathrm{Hz}] \tag{4.35}$$

즉, θ가 90°에 가까워질 때(평행입사에 가까워질 때) f_c는 최저로 됨을 알 수 있으며, 입사각이 90°일 때(sin 90° = 1)의 주파수를 한계주파수(critical frequency)라 한다.

4) 차음특성

단일벽의 차음특성은 그림 4.7에서 보는 바와 같이 주파수에 따라 I~III까지의 세 영역으로 구분된다.

I영역은 사용자재의 강성에 지배되는 공진영역으로 차음성능이 저하되며, II영역은 질량법칙(mass law)영역으로 투과손실이 옥타브당 6 dB씩 증가된다.

III영역은 일치효과(coincidence effect)영역으로 투과손실이 현저히 감소한다.

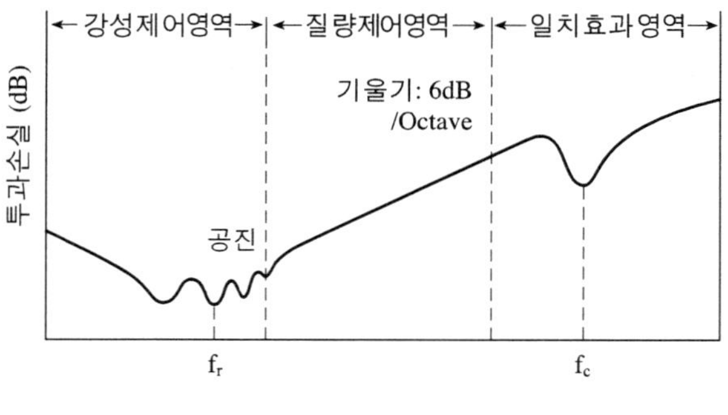

그림 4.7 단일벽의 차음특성

(2) 중공(中空) 이중벽의 투과손실

질량법칙으로 말하면 벽 두께를 2배로 하여도 투과손실은 5~6 dB 밖에 증가되지 않으며, 두께 증가에 따라 일치주파수는 저음역으로 이동하게 된다. 그러나 두 벽을 독립시킨 중공(中空 ; 空氣層) 이중벽의 구조로 하면 투과손실은 단일벽의 2배에 달하게 된다. 음파가 벽에 수직입사하고 각 벽체의 면밀도 m_1, m_2가 같으면($m_1 = m_2$) 중공 이중벽의 투과손실 TL은

$$\mathrm{TL} = 10\log\left[1 + \left(\frac{\omega m}{\rho c}\right)^2 \left(\cos kd - \frac{1}{2} \cdot \frac{\omega m}{\rho c} \cdot \sin kd\right)^2\right] \quad [\mathrm{dB}] \tag{4.36}$$

여기서, ω는 $2\pi f$, $m = m_1 = m_2$는 벽의 면밀도(kg/m²), ρ는 공기의 밀도(kg/m³), c는 공기 중의 음속(m/s), d는 공기층의 두께(m), k는 파수(波數 ; $\frac{2\pi f}{c}$)이다.

1) 저음역에서 중공 이중벽의 공명주파수(共鳴周波數)

식 (4.36)에서,

$$\cos kd - \frac{1}{2}\left(\frac{\omega m}{\rho c}\right) \cdot \sin kd = 0 \tag{4.37}$$

즉,

$$\tan kd = \frac{2\rho c}{\omega m} \tag{4.38}$$

일 때 TL은 0이 된다.

저음역에서 파장 λ는 공기층 d보다 아주 크므로,

$$kd = \frac{\omega d}{c} = \frac{2\pi d}{\lambda} \fallingdotseq 0 \tag{4.39}$$

$$\therefore \tan kd \fallingdotseq kd = \frac{\omega \cdot d}{c} \tag{4.40}$$

따라서,

$$\frac{2\rho c}{\omega m} = \frac{\omega \cdot d}{c} \tag{4.41}$$

의 관계가 성립하므로 두 벽의 면밀도가 같을 때의 저음역의 공명주파수 f_{rl}은

$$f_{rl} = \frac{c}{2\pi}\sqrt{\frac{2 \cdot \rho}{m \cdot d}} \ [\mathrm{Hz}] \tag{4.42}$$

만약 두 벽의 면밀도가 다르면($m_1 \neq m_2$) 실용적으로 f_{rl}은

$$f_{rl} \fallingdotseq 60\sqrt{\frac{m_1 + m_2}{m_1 \times m_2} \cdot \frac{1}{d}} \ [\mathrm{Hz}] \tag{4.43}$$

가 된다.

중공 이중벽은 위와 같은 공명주파수 부근에서 투과손실이 현저하게 저하되므로 이를 방지하기 위해 암면, 유리솜 등을 공기층 내에 충전시키면 3~10 dB 정도 투과손실이 개선된다.

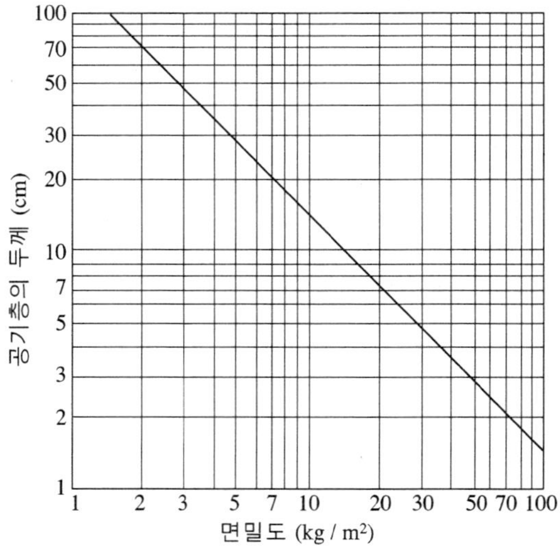

그림 4.8 이중벽(양면동일재료)의 실용적 사용 범위(100Hz 이상)

설계 시에는 차음 목적 주파수가 이 공명주파수와 일치주파수의 범위 안에 들게 하는 것이 필요하다. 중공 이중벽은 일반적으로 동일 중량의 단일벽에 비해 5∼10 dB 정도 투과손실이 증가하며, 공기층은 10 cm 이상으로 하는 것이 바람직하다.

그리고 $\sqrt{2}f_{rl}$의 주파수에서는 질량법칙과 일치하는 투과손실을 가지며 $m_1 = m_2$의 경우 $\sqrt{2}f_{rl} = 100$ Hz 이상을 얻기 위한 면밀도별 공기층의 두께는 그림 4.8과 같다.

예제문제

중공이중벽의 공기층 두께가 20 cm이고, 두 벽의 면 밀도가 각각 200 kg/m², 300 kg/m²이라 할 때, 저음역에서의 공명주파수는 약 몇 Hz 정도에서 발생되겠는가?

풀이

$$f_{rl} = 60\sqrt{\frac{m_1 + m_2}{m_1 \times m_2} \cdot \frac{1}{d}} = 60\sqrt{\frac{200+300}{200 \times 300} \cdot \frac{1}{0.2}} \fallingdotseq 12\text{ Hz}$$

2) 고음역에서 중공 이중벽의 통과주파수

① 투과손실의 최소 : 투과손실이 최소(고음역에서 중공 이중벽의 통과주파수)로 되기 위해서는 식 (4.39)의 kd가,

$$kd = n\pi \ (n\text{은 정의 정수}) \tag{4.44}$$

일 때로 식 (4.40)에 의해 투과손실은 최소로 된다.

이때 공기층의 두께 d는

$$d = \frac{n\lambda}{2}\ [\text{cm}] \tag{4.45}$$

여기서, λ는 파장(m)이다.

고음역 통과주파수 f_{rh}는

$$f_{rh} = \frac{nc}{2d}\ [\text{Hz}] \tag{4.46}$$

여기서, c는 음속(m/s)이다.

한편 투과손실의 최소치 $\text{TL}_{\min}$은

$$\text{TL}_{\min} = 10\log\left[1 + \left(\frac{\omega \cdot m}{\rho c}\right)^2\right]\ [\text{dB}] \tag{4.47}$$

② 투과손실의 최대

투과손실이 최대로 되기 위해서는

$$kd = (2n-1)\frac{\pi}{2} \tag{4.48}$$

일 때로, 이때 d는

$$d = \frac{(2n-1)\cdot\lambda}{4}\ [\text{cm}] \tag{4.49}$$

그 주파수 f는

$$f = \frac{(2n-1)}{4}\cdot\frac{c}{d}\ [\text{Hz}] \tag{4.50}$$

최대투과손실 $\text{TL}_{\max}$는

$$\text{TL}_{\max} = 10\log\left[1 + \frac{1}{4}\left(\frac{\omega \cdot m}{\rho c}\right)^4\right]\ [\text{dB}] \tag{4.51}$$

3) 차음특성

그림 4.9는 중공이중벽의 차음특성을 보인 것으로 I~IV의 영역으로 나누어진다.

I영역은 면 밀도가 $(m_1 + m_2)$인 일중벽의 질량법칙에 대한 TL값에 근사하며 II영역은 공진과 같은 현상(저음역에서의 공명투과)이 나타나 차음성능이 저하되며 III영역에서는 면밀도가 $(m_1 + m_2)$인 일중벽의 TL보다 크게 된다. IV영역에서는 중공(中空) 내에 정재파가 발생되어 TL 증가가 완만하게 되며, 이 영역에서는 각 벽체에서 일치효과도 나타나므로 TL은 더욱 감소한다.

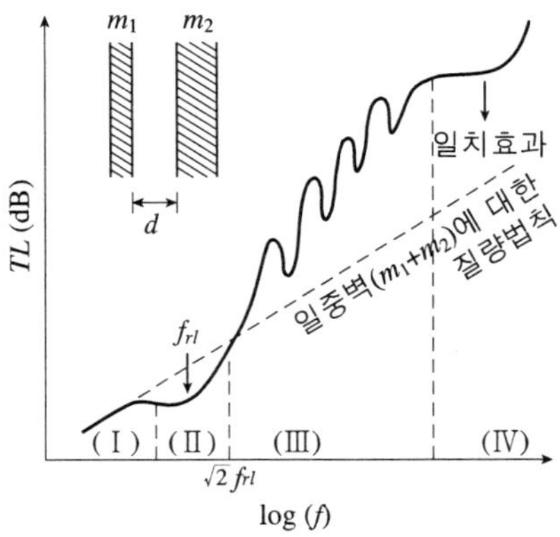

그림 4.9 중공 이중벽의 투과손실

4.4.2 벽의 틈에 의한 누음

벽의 안쪽에 일정한 음압레벨 SPL_1이 분포되어 있을 때 벽체에 틈새가 없으면 벽 외측에서의 음압레벨 SPL_2는 SPL_1에 비해 벽의 투과손실 TL만큼 감소하지만 벽 전체 면적의 $\frac{1}{n}$ 만큼 틈새가 있으면 SPL_2는

$$SPL_2 = SPL_1 - 10\log n \ [\text{dB}] \tag{4.52}$$

예제문제

0.9 m × 2.1 m 출입문의 투과손실을 25 dB 이상으로 설치하고자 한다면 출입문 주위 틈새의 면적은 몇 m² 이하로 해야 되는가? 단 틈새 이외의 차음성능은 충분히 크다고 가정한다.

풀이 $SPL_1 - SPL_2 = 10\log n$ (dB)

여기서, n은 전체면적의 $\frac{1}{n}$ 틈새 면적

$\therefore 25 = 10\log n$

$n = 10^{\frac{25}{10}} \fallingdotseq 316$

한편, 출입문의 면적$(S_1) = 0.9 \times 2.1 = 1.89(\text{m}^2)$, 틈새의 면적을 S_2라 하면

$$\frac{1}{n} = \frac{1}{316} = \frac{S_2}{S_1 + S_2} = \frac{S_2}{1.89 + S_2}$$

$316S_2 = 1.89 + S_2$

$$\therefore S_2 = \frac{1.89}{316} = 6 \times 10^{-3}(\text{m}^2)$$

4.4.3 벽의 투과손실(TL)의 측정

(1) 잔향실법

투과손실 측정은 접해있는 2개의 잔향실(殘響室) 공통벽에 있는 시료 충진부에 시료를 넣고, 한쪽을 음원실(音源室), 다른 한쪽을 수음실(受音室)로 하여 시료의 TL을 측정한다. 소음원(騷音源 ; sound power source 등)이 가동될 때의 음원 및 수음실의 평균음압레벨을 $\overline{SPL}_1$ 및 $\overline{SPL}_2$라 할 때 시료의 투과손실 TL은

$$TL = \overline{SPL_1} - \overline{SPL_2} - 10\log\left(\frac{\overline{\alpha}S}{s}\right) \ [dB] \tag{4.53}$$

여기서, $\overline{\alpha}$는 수음실의 평균흡음율, S는 수음실 전체 표면적(m^2), s는 시료의 면적(m^2)이다.

(2) TL 산출법

현장소음을 이용한 차음도 측정치로부터 산출한다.
실용적으로 많이 사용되는 방법이다.

① 벽체(벽 · 창 · 출입문 등이 개별 또는 복합적으로 구성)의 차음도(noise reduction, NR)는 공시면(供試面) 양측(한쪽은 실내, 다른 한쪽은 실외에 면한 경우) 각각의 면으로부터 1 m 정도의 거리에서 평균음압레벨 $\overline{SPL}_1$ 및 $\overline{SPL}_2$를 측정하여 그 차로부터 구하고 다음 식으로 대략적인 TL을 산출한다.

$$NR = \overline{SPL}_1 - \overline{SPL}_2 = TL + 6 \ [dB] \tag{4.54}$$

$$\therefore TL = NR - 6 \ [dB] \tag{4.55}$$

여기서, $\overline{SPL}_1$은 실내측 평균음압레벨(dB), $\overline{SPL}_2$는 실외측 평균음압레벨(dB)이다.

② 출입문 · 창문 · 환기구 등의 차음도는 수음측(受音側 : 실 외측으로 1 m 거리)에 마이크로폰을 고정하고 이들을 개폐할 시에 각각 측정한 음압레벨의 차로부터 구하며 그때 TL은

$$TL \fallingdotseq NR \ [dB] \tag{4.56}$$

이 된다.

4.4.4 총합투과손실($\overline{\mathrm{TL}}$)

벽의 전면이 동일 재료로 되어있지 않고 콘크리트 벽 · 유리창 · 출입문 등으로 복합되어 있는 경우에는 총합투과손실 $\overline{\mathrm{TL}}$을 구해야 한다.

벽 전체의 총합투과율을 $\bar{\tau}$라 하면,

$$\overline{\mathrm{TL}} = 10 \log\left(\frac{1}{\bar{\tau}}\right) \ [\mathrm{dB}] \qquad (4.57)$$

$$\bar{\tau} = \frac{\sum S_i \tau_i}{\sum S_i} = \frac{S_1 \tau_1 + S_2 \tau_2 + \cdots}{S_1 + S_2 + \cdots} \qquad (4.58)$$

여기서, S_i는 벽체 각 구성부의 면적(m^2), τ_i는 당해 벽체의 투과율이다.

따라서 $\overline{\mathrm{TL}}$는

$$\overline{\mathrm{TL}} = 10 \log\left(\frac{\sum S_i}{\sum S_i \tau_i}\right) \ [\mathrm{dB}] \qquad (4.59)$$

로 표기할 수 있다.

한편, 벽체 각 구성부의 투과손실 $\mathrm{TL_i}$을 알면 투과율 τ_i는

$$\tau_i = 10^{-\mathrm{TL_i}/10} \qquad (4.60)$$

가 된다.

벽의 구성재료를 고급품으로 설계하여도 일부에 TL이 적은 재료, 즉 창이나 틈이 있으면 $\overline{\mathrm{TL}}$은 현저하게 적어지며 차음효과(遮音效果)도 나쁘게 되므로 고가의 차음재료로서의 의의를 잃게 되므로 설계 시에 식 (4.59)의 분모 $S_i \tau_i$의 각치(各値)를 같게 하는 것이 바람직하다.

예제문제

벽체의 면적 40 m² 중 유리창 및 출입문의 면적은 각각 5 m²이다. 벽체의 투과손실은 50 dB이고 유리창 및 출입문의 투과손실은 각각 20 dB, 30 dB일 때, 전체 투과손실은 몇 dB인가?

풀이

$$\bar{\tau} = \frac{\sum S_i \tau_i}{\sum S_i} = \frac{30 \times 10^{-\frac{50}{10}} + 5 \times 10^{-\frac{20}{10}} + 5 \times 10^{-\frac{30}{10}}}{40} = 1.38 \times 10^{-3}$$

$\overline{\mathrm{TL}} = 10 \log \frac{1}{\tau}$ 에서

$\therefore \overline{\mathrm{TL}} = 10 \log \frac{1}{\tau} = 10 \log \frac{1}{1.38 \times 10^{-3}} \fallingdotseq 29$ [dB]

4.4.5 건물벽체에 의한 차음

경계벽을 사이에 두고 인접한 두 방 중의 I실에서 II실로 음이 전파한다고 할 때, 경계벽에 의한 차음도 NR(noise reduction)은

$$\mathrm{NR} = \mathrm{TL} - 10 \log \left(\frac{1}{4} + \frac{S_w}{R_2} \right) \ \text{[dB]} \tag{4.61}$$

여기서, TL은 경계벽의 투과손실(dB), S_w는 경계벽의 면적(m^2), R_2는 II실의 실정수(室定數 : m^2)이다.

(1) 경계벽 근처의 음압레벨

I실내 평균 음압레벨에서 경계벽의 NR을 빼면 II실내 경계벽 근처의 음압레벨이 얻어진다.

$$\overline{\mathrm{SPL}}_2 = \overline{\mathrm{SPL}}_1 - \mathrm{NR} = \overline{\mathrm{SPL}}_1 - \mathrm{TL} + 10 \log \left(\frac{1}{4} + \frac{S_w}{R_2} \right) \ \text{[dB]} \tag{4.62}$$

여기서, $\overline{\mathrm{SPL}}_1$ 및 $\overline{\mathrm{SPL}}_2$는 I실 및 II실 경계벽 근처의 평균음압레벨(dB)이다.

(2) 경계벽에서 멀리 떨어진 곳의 음압레벨

경계벽에서 멀리 떨어진 II실 내 한 점의 음압레벨을 $\overline{\mathrm{SPL}}_3$라 하면,

$$\overline{\mathrm{SPL}}_3 = \mathrm{SPL}_1 - \mathrm{TL} + 10 \log \left(\frac{S_w}{R_2} \right) \ \text{[dB]} \tag{4.63}$$

(3) 외부에서 실내로 들어오는 소음

외부소음이 실(室)의 창 등을 통하여 실내로 들어오면 실내에는 산란파(散亂波)가 형성되

며, 이때 창의 차음도 NR은

$$\mathrm{NR} = \mathrm{TL} + 10\log\left(\frac{A_2}{s}\right) - 6 \quad [\mathrm{dB}] \tag{4.64}$$

여기서, A_2는 실내의 흡음력(m^2), s는 차음면(遮音面)인 창 등의 면적(m^2)이다.
그림 4.10과 같은 상태에서 $\mathrm{SPL_1}$은

$$\mathrm{SPL_1} = \mathrm{PWL} - 20\log r - 8 \quad [\mathrm{dB}] \tag{4.65}$$

이므로 실내 음압레벨 $\mathrm{SPL_2}$는

$$\mathrm{SPL_2} = \mathrm{SPL_1} - \mathrm{NR} = \mathrm{PWL} - 20\log r - \mathrm{TL} - 10\log\left(\frac{A_2}{s}\right) - 2 \quad [\mathrm{dB}] \tag{4.66}$$

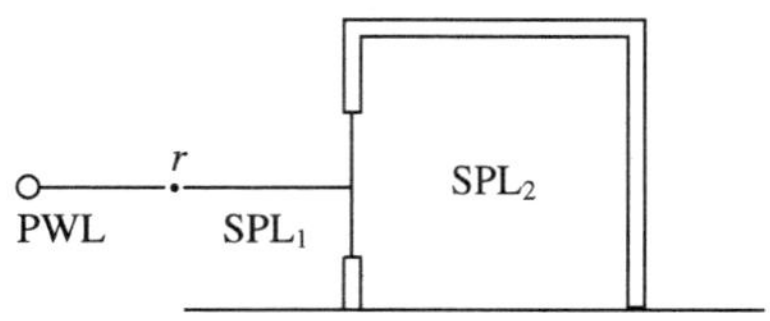

그림 4.10 창으로부터의 음의 입사

예제문제

외부로부터 면적이 20 m^{2}인 벽을 통하여 100 dB의 확산음이 실내로 입사되고 있다. 실내의 흡음력은 25 m^{2}이고, 벽의 투과 손실이 30 dB이라면 실내의 음압레벨은?

풀이

$$\mathrm{NR} = \mathrm{SPL_1} - \mathrm{SPL_2} = \mathrm{TL} + 10\log\left(\frac{A_2}{s}\right) - 6$$

$$\therefore \mathrm{SPL_2} = \mathrm{SPL_1} - \mathrm{TL} - 10\log\left(\frac{A_2}{s}\right) + 6 = 100 - 30 - 10\log\frac{25}{20} + 6 = 75\ \mathrm{dB}$$

(4) 차음재료 선정 및 사용상 유의할 점

① 차음에 가장 영향이 큰 것은 틈이므로 틈이나 파손됨이 없도록 하여야 한다.

② 서로 다른 재료로 구성된 벽의 차음효과를 효율적으로 하기 위해서는 식 (4.59)에서 설명되었듯이 $S_i\tau_i$ 치를 되도록 같게 하는 것이 좋다.

③ 차음벽에서 주의해야 할 것은 면의 진동이 있는 기진력(起振力)이 큰 기계가 있는 공

장의 차음벽은 탄성지지(彈性支持), 방진합금 이용이나 제진 처리하여야 한다.

④ 큰 차음효과를 원하는 경우에는 내부에 다공질재료를 삽입한 이중벽 구조로 하고 일치주파수와 공명주파수에 유의하여 설계하여야 한다.

⑤ 콘크리트브럭을 차음벽으로 사용하는 경우에는 표면을 몰타르로 바른다. 한쪽 면만으로 5 dB, 양면 몰타르로 10 dB 정도의 투과손실이 증가한다.

4.4.6 음향투과등급(sound transmission class : STC)

그림 4.11은 잔향실에서 1/3옥타브 대역으로 측정(ASTM E 90-70)한 자재의 투과손실을 보인 것이다.

STC란 그림에서 보는 기준곡선을 상하로 조정하여 결정되고, 기준곡선 밑의 모든 주파수 대역별 투과손실과 기준곡선값의 차의 산술평균이 2 dB 이내이어야 한다. 또 단 하나의 투과손실 값도 기준곡선 밑으로 8 dB을 초과해서는 안 된다는 원칙 하에 500 Hz를 지나는 STC곡선의 값을 말한다. 그림에서는 STC가 27이다.

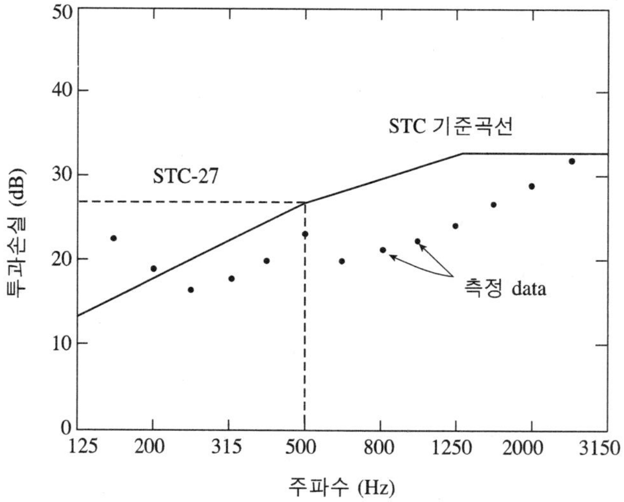

그림 4.11 STC 기준곡선과 재료의 STC 평가

4.4.7 방음벽(차음벽)

방음벽의 설계는 소음의 주파수 분석을 통하여 행하는 것이 절대적으로 필요하다.

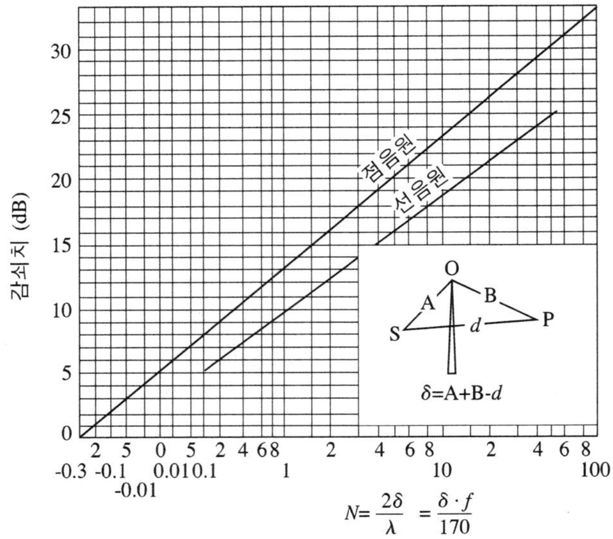

그림 4.12 벽에 의한 회절감쇠치(자유공간 반무한장벽)

(1) 음원과 수음점(受音點)이 자유공간에 있을 때의 벽의 설계

그림 4.12 중의 그림과 같이 음원, 수음점 및 벽의 정점을 연결한 삼각형이 벽의 유무에 따른 소리의 전파경로가 된다.

벽의 설치에 따른 전파경로의 차 δ에 의한 Fresnel number N은 음속 c를 340 m/s라 할 때

$$N = \frac{2\delta}{\lambda} \fallingdotseq \frac{\delta \cdot f}{170} \tag{4.67}$$

여기서, $\delta = (A+B) - d$ (m), f는 대상 회절주파수(Hz)이다.

Fresnel number N에 따른 점음원 및 선음원의 회절감쇠치는 그림 4.12와 같으며, $N > 1$인 범위에서 N이 2배로 될 때 감쇠치는 대략 3 dB씩 증가하며, N이 0일 때는 5 dB이 감쇠됨을 보여주고 있다.

이 값들은 역이승법칙(逆二乘法則)이 성립하지 않거나, 자유공간이 아닌 경우 및 면음원인 경우에는 성립하지 않는다.

(2) 음원과 수음점이 지상에 있을 경우의 벽의 설계

음원과 수음점이 지상에 있을 경우는 그림 4.12의 감쇠치에서 5를 뺀 그림 4.13의 감쇠치를 사용하여 설계하여야 한다.

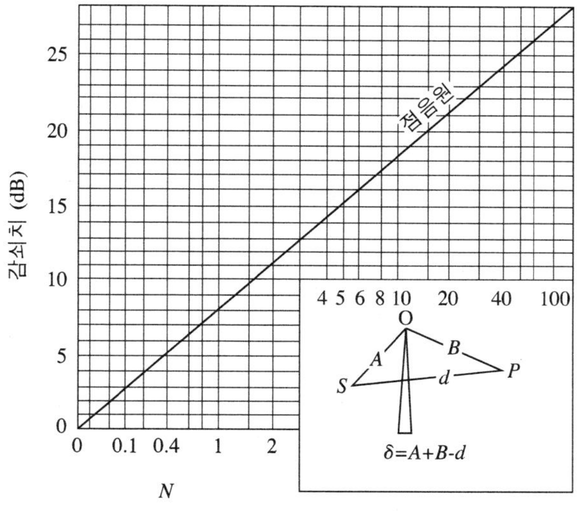

그림 4.13 음원과 수음점이 지상에 있을 때 벽에 의한 점음원의 회절감쇠치

(3) 음원과 수음점이 지상으로부터 약간 높은 위치에 있을 경우 벽의 설계

그림 4.12 및 그림 4.13의 중간치를 사용하여 설계하는 것이 바람직하다. 만약 계산에 의하고자 할 때는

- 음원 및 수음점의 위치에 따른 직접음의 회절감쇠치 L_d를 그림 4.12나 그림 4.13으로부터 구한다.
- 음원, 벽의 정점 및 수음점의 경상(鏡像)을 지나는 반사음의 회절감쇠치 L_d'를 위와 같은 방법으로 구한다.
- 방음벽에 의한 회절감쇠치 ΔL_d는 다음 식으로 구한다.

$$\Delta L_d = -10\log\left(10^{-L_d/10} + 10^{-L_d'/10}\right) \text{ [dB]} \tag{4.68}$$

위의 식은 방음벽의 투과손실이 회절감쇠치보다 10 dB 이상 큰 경우로 이때는 회절감쇠치가 방음벽 설치에 따른 삽입손실치(insertion loss)가 된다. 하지만, 투과손실치 TL이 회절감쇠치보다 10 dB 이내로 클 때나 작을 경우는 다음 식으로 삽입손실치 ΔL_I를 구한다.

$$\Delta L_I = -10\log\left(10^{-\Delta L_d/10} + 10^{-\mathrm{TL}/10}\right) \text{ [dB]} \tag{4.69}$$

(4) 방음벽 설계시에 유의할 점

- 이상의 방음벽 설계는 무지향성 음원으로 가정한 것이므로 음원의 지향성과 크기에 대한 상세한 조사가 필요하다.
- 음원의 지향성이 수음측 방향으로 클 때에는 벽에 의한 감쇠치가 계산치보다 크게 된다.
- 벽의 투과손실은 회절감쇠치보다 적어도 5 dB 이상 크게 하는 것이 바람직하다.
- 벽의 길이는 점음원일 때 벽 높이의 5배 이상, 선음원일 때 음원과 수음점 간의 직선거리의 2배 이상으로 하는 것이 바람직하다.
- 방음벽에 의한 실용적인 삽입손실치의 한계는 점음원일 때 25 dB, 선음원일 때 21 dB 정도이며, 실제로는 5～15 dB 정도이다.

4.5 실내소음에 대한 대책

4.5.1 실내의 평균음압레벨을 구하는 방법

실의 조건(반확산음장 ; 공장안, 확산음장 ; 잔향실내 등)에 따라 실내 평균음압레벨을 구하는 식은 상이하다.

실정수(室定數) R, 실내 표면적 S인 실내에 음향파워레벨 PWL인 소음원이 있을 때 이 음원으로부터 r (m) 떨어진 벽 근처에서의 평균 음압레벨 $\overline{\text{SPL}}$은

(1) 반확산음장

$$\overline{\text{SPL}} = \text{PWL} + 10\log\left(\frac{Q}{4\pi r^2} + \frac{4}{R}\right)\ [\text{dB}] \tag{4.70}$$

여기서, Q는 음원의 지향계수(무지향성 음원이 실내 중앙 공간에 있을 때 1, 바닥 중앙에 있을 때 2)이다.

위 식은 직접음 SPL_d항과 잔향음 SPL_r항으로 나누어지는데,

$$\text{SPL}_d = \text{PWL} + 10\log\left(\frac{Q}{4\pi r^2}\right) = \text{PWL} - 20\log r - 8\ [\text{dB}]\ (\text{Q} = 2) \tag{4.71}$$

이며, SPL_r은

$$SPL_r = PWL + 10\log\left(\frac{4}{R}\right) = PWL - 10\log R + 6 \ \ [dB] \tag{4.72}$$

이 된다. 여기서, SPL_d는 음원에서 2배의 거리가 되면 6 dB씩 자유음장 감쇠하며, SPL_r은 거리에 관계없이 R값에 따라 주어지는 잔향음장으로 일정하다(그림 4.14 참조).

한편, 실내에서 직접음과 잔향음의 크기가 같은 음원으로부터의 거리를 실반경(室半徑 : room radius) r_r이라 하는데 식 (4.70)으로부터, $\frac{Q}{4\pi r^2} = \frac{4}{R}$이 되어야 하므로,

$$r_r = \sqrt{QR/16\pi} \ \ [m] \tag{4.73}$$

가 된다.

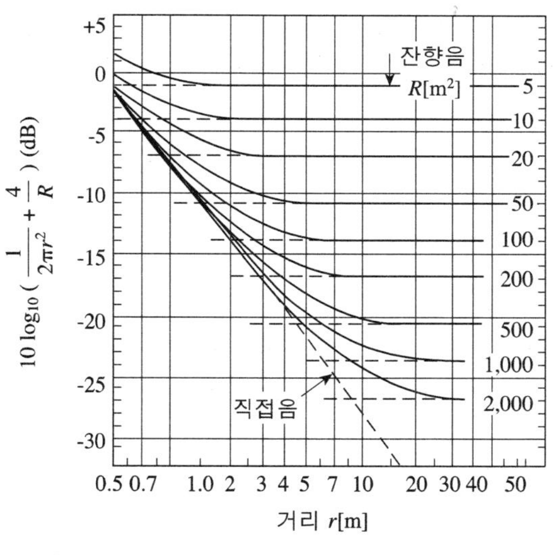

그림 4.14 음원이 실내 바닥중앙에 있을 때의 실내 음압레벨 감음량

(2) 확산음장

실내의 전체 내면의 반사율이 아주 큰 잔향실과 같은 경우로 실내 평균음압레벨 $\overline{SPL}$은 음원으로부터의 거리에 관계없이 일정하다.

$$\overline{SPL} = PWL - 10\log R + 6 \ \ [dB] \tag{4.74}$$

4.5.2 흡음에 의한 실내소음 저감

실내면에 대한 흡음대책 전후의 실정수를 각각 R_1, R_2라 하면 그 때의 실내 평균음압레벨은 $\overline{\mathrm{SPL}}_1$, $\overline{\mathrm{SPL}}_2$가 된다.

따라서 흡음대책에 따른 실내소음 저감량(감음량) ΔL은

$$\Delta L = \overline{\mathrm{SPL}}_1 - \overline{\mathrm{SPL}}_2 = 10\log\left(\frac{R_2}{R_1}\right)\ [\mathrm{dB}] \tag{4.75}$$

한편, $\overline{\alpha} < 0.3$일 때는 $R \fallingdotseq A$ 이므로 이때 실내흡음력 A에 의한 ΔL은

$$\Delta L = 10\log\left(\frac{A_2}{A_1}\right) = 10\log\left(\frac{A_1 + A_a}{A_1}\right) = 10\log\left(\frac{\overline{\alpha}_2}{\overline{\alpha}_1}\right)\ [\mathrm{dB}] \tag{4.76}$$

여기서, A_1 및 A_2는 흡음대책 전후의 흡음력(m^2), A_α는 부가된 흡음력(흡음대책부위의 흡음대책 후와 전의 흡음율 차 × 흡음대책부위의 면적), $\overline{\alpha}_1$ 및 $\overline{\alpha}_2$는 흡음대책 전후의 평균흡음율이다.

실내의 흡음대책에 의해 기대할 수 있는 경제적인 감음량의 한계는 5~10 dB 정도이다.

예제문제

바닥면적이 5 m × 4 m이고, 높이가 3 m인 방의 흡음율이 바닥 0.2, 천정 0.1, 벽 0.6이었다. 만약 천정을 흡음율 0.5인 자재로 흡음처리 한다면 실내소음의 저감량은?

풀이

$$\Delta L = 10\log\frac{R_2}{R_1} = \frac{\overline{\alpha}_2(1-\overline{\alpha}_1)}{\overline{\alpha}_1(1-\overline{\alpha}_2)}$$ 로부터,

$$\overline{\alpha}_1 = \frac{20\times0.2 + 20\times0.1 + 54\times0.6}{94} = 0.409$$

$$\overline{\alpha}_2 = \frac{20\times0.2 + 20\times0.5 + 54\times0.6}{94} = 0.494$$

$$\therefore \Delta L = 10\log\frac{0.494(1-0.409)}{0.409(1-0.494)} \fallingdotseq 1.5\ \mathrm{dB}$$

4.6 소음기

4.6.1 소음기의 성능 표시

소음기는 유체가 흘러가는 배기 경로에 설치하는 것으로 음원자체에 설치하여 소음을 감소시킨다. 일반적으로 소음기의 성능은 다음 중의 하나 이상으로 나타낸다.

① 삽입손실치(insertion loss : IL)
소음원에 소음기를 부착하기 전과 후의 공간상의 어떤 특정위치에서 측정한 음압레벨의 차와 그 측정위치로 정의된다.

② 동적 삽입손실치(dynamic IL : DIL)
정격 유속(rated flow) 조건하에서 측정하는 것을 제외하고는 (1)과 똑같이 정의된다.

③ 감쇠치(attenuation : ΔL)
소음기 내의 두 지점 사이의 음향파워의 감쇠치로 정의된다.

④ 감음량(noise reduction : NR)
소음기가 있는 그 상태에서 소음기의 입구 및 출구에서 측정된 음압레벨의 차로 정의된다.

⑤ 투과손실치(transmission loss : TL)
소음기를 투과한 음향출력에 대한 소음기에 입사된 음향출력의 비(입사된 음향출력/투과된 음향출력)를 상용대수를 취한 후 10을 곱한 값으로 정의된다.

4.6.2 흡음 닥트형 소음기

그림 4.15와 같이 닥트와 내면에 흡음재를 부착하여 흡음에 의해 감음하는 형식을 말한다.

① 감음의 특성은 중・고음역에서 좋다.

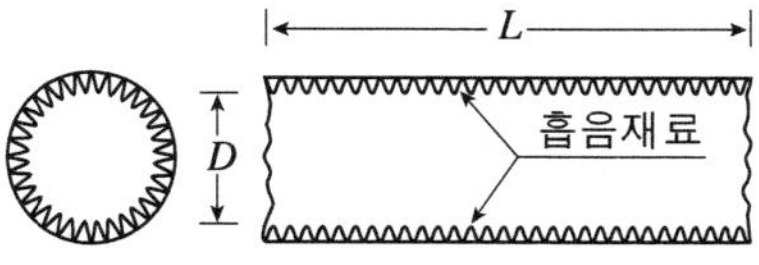

그림 4.15 직관 흡음닥트

② 최대 감음 주파수는 $\frac{\lambda}{2} < D < \lambda$ 범위에 있다.

여기서, λ는 대상음의 파장(m), D는 닥트의 내경(m)이다.

③ 닥트의 내경 D가 대상음의 파장보다 아주 작은 경우는 이를 확대하여 ②의 조건이 되게 하고 큰 경우는 닥트를 세분하여 cell형(닥트를 종과 횡으로 분할)이나 splitter형(단책형으로 분할)으로 하여 목적 주파수를 감음시켜야 한다.

④ 감쇠치 ΔL은

$$\Delta L = K \cdot \frac{P \cdot L}{S} \text{ [dB]} \tag{4.77}$$

여기서, $K = 1.05\alpha_r^{\,1.4}$ (혹은 $K = \alpha_r - 0.1$, α_r는 잔향실법에 의한 흡음율), P는 닥트의 내부 주장(周長 : m), S는 닥트의 내부 단면적(m^2), L은 닥트의 길이(m)이다. 위 식은 $f < f_c (\fallingdotseq \frac{c}{D}[\text{Hz}])$범위에서 성립하며 c는 닥트 내 음속이다.

⑤ 각 흐름통로의 길이는 그것의 가장 작은 횡단길이의 2배는 되어야 한다.

⑥ 닥트의 최단 횡단길이는 고주파 beam을 방해하는 크기여야 한다. Beam은 가장 작은 횡단길이의 7배보다 적은 파장의 주파수에서 발생한다.

⑦ 통과유속은 20 m/s 이하로 하는 것이 좋다.

⑧ 그림 4.16과 같이 직각으로 구부러진 흡음닥트의 길이 L은 D의 5~10배로 하는 것이 좋으며, 180° 구부러진 흡음닥트의 $N(= L/D)$과 흡음율에 따른 감쇠치는 그림 4.17과 같다.

⑨ 송풍기 소음을 방지하기 위한 흡음닥트 및 흡음 chamber 내의 흡음재 두께는 각각 1″ 및 2~4″ 두께로 부착하는 것이 이상적이다.

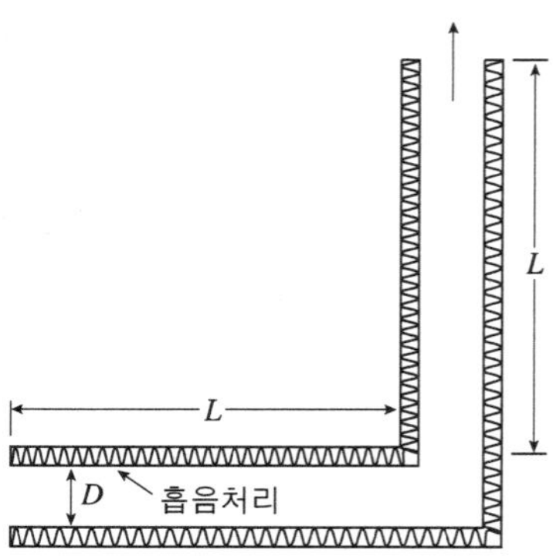

그림 4.16 직각밴드 흡음닥트

⑩ 기류의 영향 : 흡음닥트의 감쇠치가 그림 4.18의 점선과 같은 주파수 특성을 가질 경우, 음파와 같은 방향으로 기류가 흐르면 감쇠치의 정점은 고주파측으로 이동하면서 그 크기는 낮아지며, 반대방향으로 기류가 흐를 때는 감쇠치의정점은 저주파측으로 이동하면서 그 크기는 높아진다.

⑪ 용도 : 송풍기 등에 사용

⑫ 기류에 대한 흡음재의 보호

표 4.5 허용풍속에 따른 표면처리

허용풍속(m/s)	6 이하	6~10	10~20	20~30	30 이상
표면처리	불필요	천	다공판	천+다공판	각종 조합처리

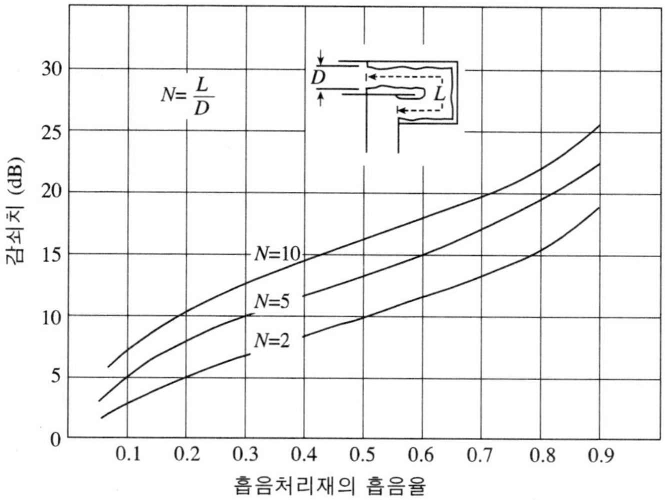

그림 4.17 180° 흡음닥트의 감쇠치

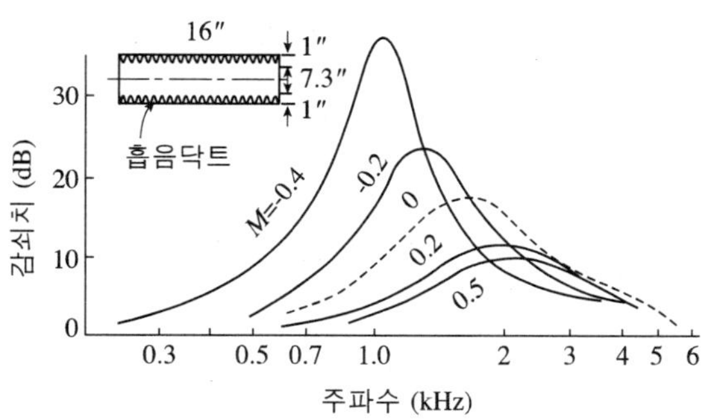

그림 4.18 기류에 의한 흡음닥트 감쇠치의 변화(M은 mach 수)

예제문제

공조기에서 발생되는 소음을 감쇠시키기 위해 그림과 같은 단면의 소음기를 2 m 길이로 설치할 경우 500 Hz에서의 감음량은 몇 dB인가? 단, 500 Hz에서 흡음재의 흡음율은 0.7이다.

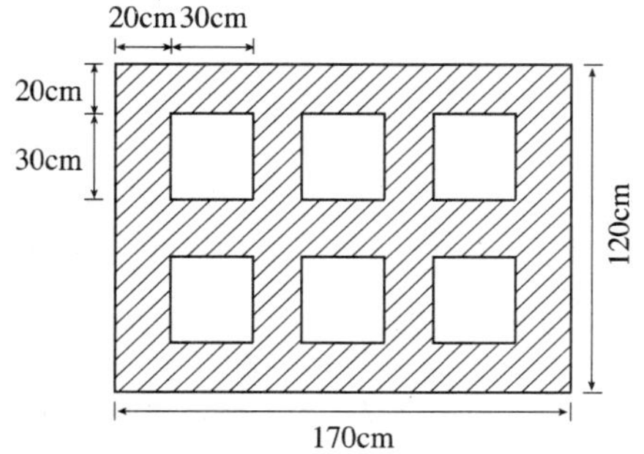

풀이 $\Delta L = K \cdot \dfrac{P \cdot L}{S}$ 로부터

$K = \alpha - 0.1 = 0.6$, $P = 1.2\text{m} \times 6 = 7.2\text{m}$, $S = 0.09\text{m}^2 \times 6 = 0.54\text{m}^2$

$L = 2\text{m}$ 이므로 $\Delta L = 0.6 \times \dfrac{7.2 \times 2}{0.54} = 16\text{dB}$

4.6.3 팽창형 소음기

팽창형 소음기는 급격한 관경확대로 유속을 낮추어 소음을 감소시키는 소음기이다. 그림 4.19와 같은 팽창형 소음기는 단면 불연속부의 음(音)에너지반사에 의해 소음하는 구조이다.

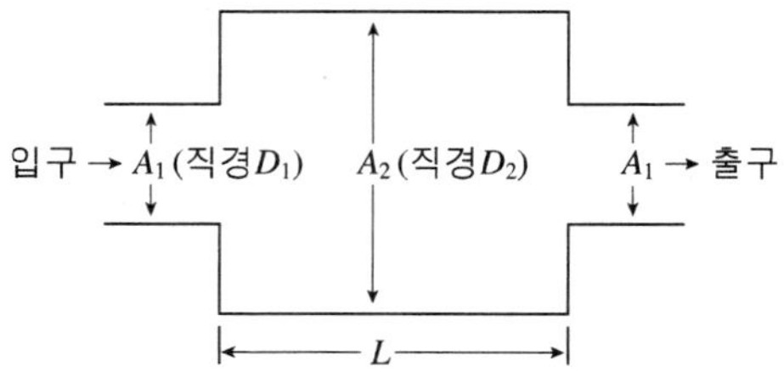

그림 4.19 팽창형 소음기

① 감음의 특성은 저·중음역에 유효하고 팽창부에 흡음재를 부착하면 고음역의 감음량도 증가한다.

② 감음주파수는 팽창부의 길이 L에 따라 결정되며 $L = \dfrac{\lambda}{4}$로 하는 것이 좋다.

③ 최대투과손실치 TL은 대략 $\dfrac{D_2}{D_1}$(직경비) x 4 dB이며, 이는 $f < f_c$ (f_c : 한계 주파수 $f_c = 1.22 \cdot \dfrac{c}{D_2}$) Hz 범위에서 성립한다.

④ 일반적으로 투과손실 TL은

$$\text{TL} = 10\log\left[1 + \frac{1}{4}\left(m - \frac{1}{m}\right)^2 \sin^2 KL\right] \ [\text{dB}] \tag{4.78}$$

여기서, $m = \dfrac{A_2}{A_1}$(단면적의 비), $K = \dfrac{2\pi f}{c}$ [f는 대상주파수(Hz), π는 180°, c는 음속(m/s)], L은 팽창부의 길이(m)이다.

TL은 $KL = \dfrac{n\pi}{2}$ $(n = 1, 3, 5 \cdots)$, 즉 $L = \dfrac{n\lambda}{4}$일 때 최대로 되며 $KL = n\pi$일 때에 최

소가 된다(그림 4.20 참조).

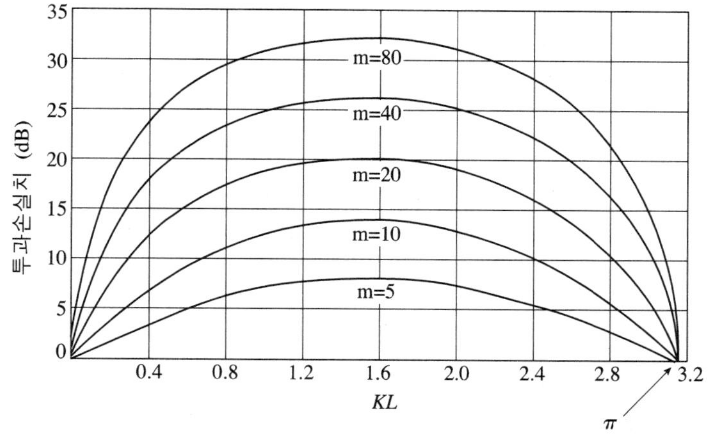

그림 4.20　KL을 함수로 한 팽창형 소음기의 투과손실치

⑤ 최대 TL이 발생되는 주파수를 f라 하면 각각 f의 홀수배($3f$, $5f$ ⋯)에서는 최대가 되나 짝수배($2f$, $4f$ ⋯)에서는 0 dB이 된다.

⑥ 팽창부에 흡음재(흡음율 α_r)를 부착할 경우 TL_α는 대략

$$\mathrm{TL}_\alpha = \mathrm{TL} + \left(\frac{A_2}{A_1} \times \alpha_r\right)\ [\mathrm{dB}] \tag{4.79}$$

⑦ m이 클수록 투과손실치는 커지며 L이 클수록 협대역 감음한다.

⑧ 용도 : 송풍기, 압축기, 디젤기관 등의 흡·배기부의 소음에 사용된다.

4.6.4 간섭형 소음기

그림 4.21과 같이 L_1을 L_2보다 대상음 파장의 1/2 정도 길게 하여 두 음의 간섭에 의해 감음하는 방식이다.

① 감음의 특성은 저·중음역의 탁월주파수 성분에 유효하다.

② 감음주파수는 $L_1 - L_2$에 따라 결정되며, $L_1 - L_2 = \dfrac{\lambda}{2}$로 하는 것이 좋다.

③ 최대 투과손실치는 f(Hz)의 홀수배 주파수에서 일어나 이론적으로 무한대가 되나 실용적으로 20 dB 내외이며, 짝수배 주파수에서는 0 dB이 된다.

④ 용도 : 압축기, 송풍기, 디젤기관 등의 흡·배기음의 소음에 사용된다.

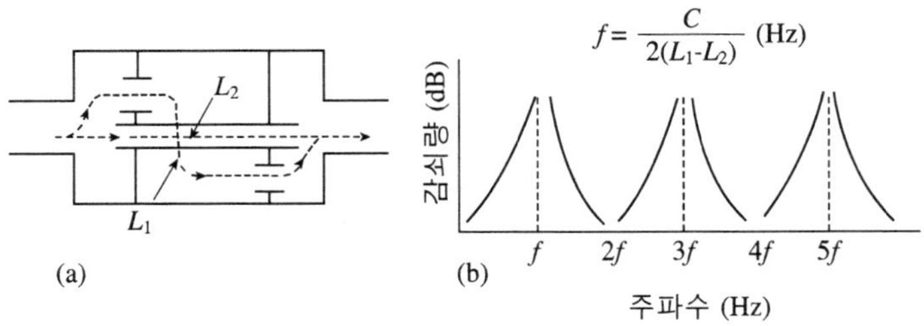

그림 4.21 간섭형 소음기와 감쇠특성

4.6.5 공명형 소음기

그림 4.22와 같이 내관의 작은 구멍과 그 배후 공기층이 공명기를 형성하여 흡음함으로써 감음한다.

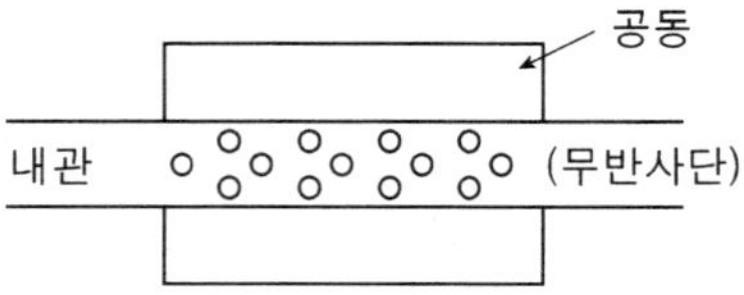

그림 4.22 다공 공명형 소음기

① 감음의 특성은 저·중음역의 탁월주파수 성분에 유효하다.

② 최대 투과손실치 TL은 공명주파수 f_r에서 일어난다.

$$f_r = \frac{c}{2\pi}\sqrt{\frac{n \cdot S_p/l_p}{V}} \ \ [\text{Hz}] \tag{4.80}$$

여기서, c는 소음기 내의 음속(m/s), n은 내관의 구멍 수, S_p는 내관구멍 한 개의 단면적(m^2), V는 공동의 용적(외관과 내관 사이의 용적, m^3), l_p=구멍(목)의 길이(내관의 두께, m)$+1.6a$ (a는 구멍의 반경, m)이다.

③ 투과손실치 TL은

$$\text{TL} = 10\log\left|1+\left\{\frac{\frac{\sqrt{n \cdot V \cdot S_p/l_p}}{2 \cdot S_0}}{\frac{f}{f_r}-\frac{f_r}{f}}\right\}^2\right| \ \text{dB} \tag{4.81}$$

여기서, S_0는 소음기 출구의 단면적(m^2), f는 감음하고자 하는 주파수(Hz)이다. 한편

그림 4.23과 같은 공동공명기(cavity resonator, 일명 Helmholtz resonator)형 소음기는 협대역 저주파 소음방지에 탁월하며 공동(空洞) 내에 흡음재를 충진하면 저주파음 소거의 탁월현상은 완화되지만 고주파까지 거의 평탄한 감음 특성을 보이며 공명주파수 f_r은

$$f_r = \frac{c}{2\pi}\sqrt{\frac{A}{l \cdot V}} \;\; [\mathrm{Hz}] \tag{4.82}$$

여기서, c는 소음기 내의 음속(m/s), A는 목(구멍)의 단면적(m^2), L은 목의 길이(m), V는 공동의 부피(m^2), l은 $L + 0.8\sqrt{A}$ (m)이다.

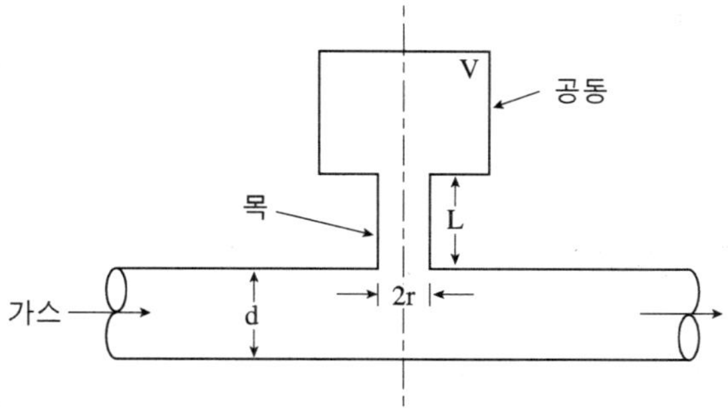

그림 4.23 공동공명기

4.6.6 취출구 소음기

① 압축공기나 보일러의 고압증기의 대기방출 등과 같이 취출유속이 대단히 큰(음속정도) 경우의 발생소음은 취출구 부근에서는 고주파음이, 좀 떨어진 곳에서는 저주파음이 발생한다. 보통 취출구 직경 D의 15배 정도까지의 하류가 소음원이 된다.

② 발생 소음의 주된 주파수 성분은

$$f \fallingdotseq 0.2\left(\frac{v}{D}\right) \;\; [\mathrm{Hz}] \tag{4.83}$$

여기서, v는 취출유속(m/s)이다.

③ 이 경우의 방지책은 음원을 취출구 부근에 집중시켜 그 음의 전파를 방해하고 가급적이면 유속을 저하시켜야 한다.

④ 통상적으로 사용되는 소음기는 그림 4.24와 같다.

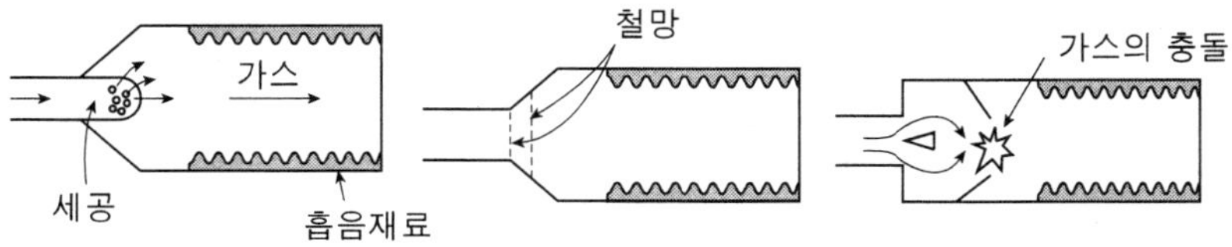

그림 4.24 취출구 소음기의 구조

그림에서 보듯이 취출구(분출구)에 다공관(diffuser) 등을 붙여 그 구멍으로 고속유체를 취출하면 소음원을 취출구 부근에 모을 수 있으며, 또 취출구에 철망을 붙여 흐름을 세분 혼합하거나 흐름을 두 개로 나누어 충돌시키는 방법 등도 있다. 이렇게 하면 흐름에 의해 발생하는 저주파 성분의 음을 감소시킬 수 있고, 고주파 성분이 약간 증가하지만 이것은 흡음닥트로 흡음하면 된다.

⑤ 소음기의 출구 구경은 유속을 저하시키기 위해 반드시 입구보다 크게 하여야 한다.

4.6.7 흡음챔버(absorbing chamber)

그림 4.25와 같은 흡음챔버에 의한 감쇠치 ΔL은

$$\Delta L = -10 \log \left[S_0 \left(\frac{\cos\theta}{2\pi d^2} + \frac{1-\overline{\alpha}}{\overline{\alpha} \cdot S_w} \right) \right] \ [\mathrm{dB}] \tag{4.84}$$

여기서, $\overline{\alpha}$는 챔버 내에 부착한 흡음재의 평균흡음율, S_0는 출구의 단면적(m^2), S_w는 챔버 내의 전체 표면적(m^2), d는 입·출구 사이의 경사 길이(m), $d^2 = (w-l) + h^2$ (m^2),

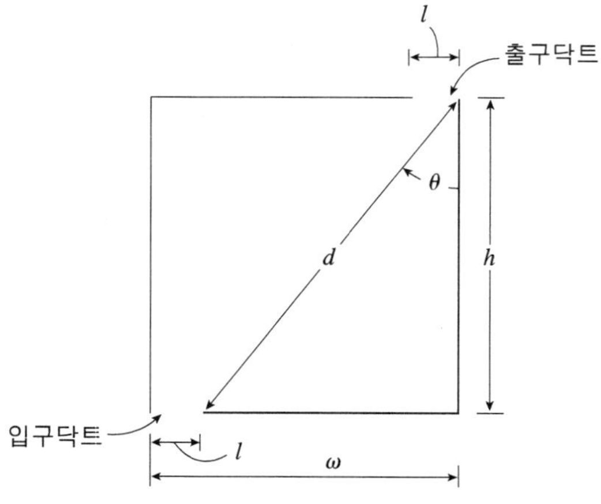

그림 4.25 흡음챔버

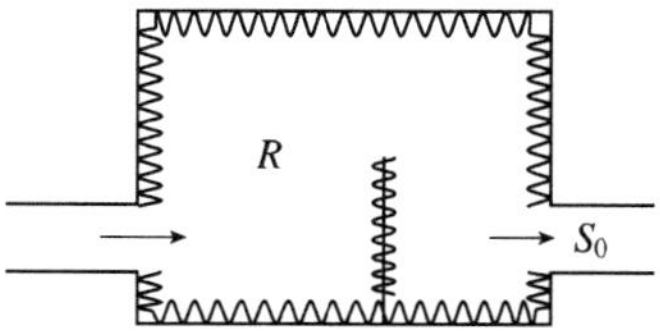

그림 4.26 흡음챔버형(산란파음장)

$\cos\theta = \dfrac{h}{d}$ 이다.

실용적으로 저주파에서 10 dB, 1 kHz에서 20 dB 정도 감음한다.

한편, 그림 4.26과 같은 형의 흡음챔버의 ΔL은

$$\Delta L = 10\log\left(\frac{\bar{\alpha}\cdot S_{\omega}}{1-\bar{\alpha}}\right) - 10\log S_0 \ \ [\mathrm{dB}] \tag{4.85}$$

4.7 음원의 밀폐상(방음상자)

음원을 밀폐할 때 유의할 점은 ① 방진, ② 차음, ③ 흡음, ④ 환기, ⑤ 개구부의 소음 등이다.

4.7.1 밀폐상 내부의 음압레벨

(1) 파장에 비해 작은 밀폐상

그림 4.27과 같이 음원을 밀폐상자로 씌우는 구조로 이 때 상자 내의 저주파 음압레벨 SPL_1은

$$\mathrm{SPL}_1 = \mathrm{PWL}_s - 40\log f - 20\log V + 81 \ \ [\mathrm{dB}] \tag{4.86}$$

여기서, PWL_s는 음원의 파워레벨(dB), f는 밀폐상자보다 파장이 큰 저주파(Hz), V는 음원과 상자 간의 공간체적(m^3)이다.

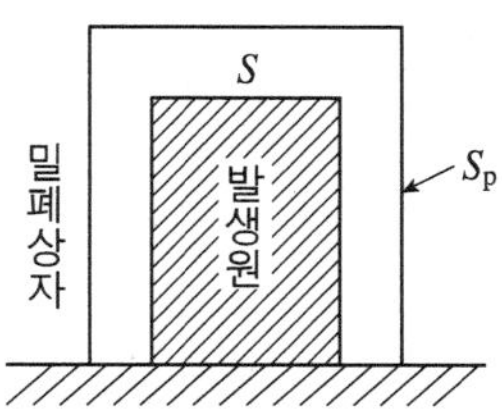

그림 4.27 밀폐상자에 의한 음원의 밀폐

(2) 파장에 비해 큰 밀폐상

밀폐상자보다 작은 고주파 음압레벨 SPL₁은

$$\mathrm{SPL_1} = \mathrm{PWL_s} - 10\log R + 6\ \ [\mathrm{dB}] = \mathrm{PWL_s} + 10\log\left(\frac{1-\bar{\alpha}}{S\bar{\alpha}}\right) + 6\ \ [\mathrm{dB}] \tag{4.87}$$

여기서, S는 밀폐상자 내의 전표면적(음원의 표면적 포함, m^2), $\bar{\alpha}$는 밀폐상 내의 평균흡음율이다.

4.7.2 밀폐상 내외부의 파워레벨 차

(1) 파장에 비해 작은 밀폐상

밀폐상자 내외부의 파워레벨 차 $\Delta\mathrm{PWL}$은

$$\Delta\mathrm{PWL} = 40\log f + 20\log V - 10\log S_p + \mathrm{TL} - 81\ \ [\mathrm{dB}] \tag{4.88}$$

여기서, S_p는 밀폐상자 음향투과부의 면적(m^2)이다.

(2) 파장에 비해 큰 밀폐상

밀폐상자 내에 산란파가 형성될 때,

$$\Delta\mathrm{PWL} = \mathrm{TL} - 10\log\left[\frac{S_p}{S}\cdot\frac{1-\bar{\alpha}}{\bar{\alpha}}\right]\ \ [\mathrm{dB}] \tag{4.89}$$

여기서, TL은 밀폐상자의 투과손실(dB)이다.

4.7.3 밀폐상자에 의한 차음도 및 삽입손실

밀폐상자에 의한 차음도 NR은

$$\mathrm{NR} = \mathrm{SPL_1} - \mathrm{SPL_2} = 10\log\left(\frac{1}{\tau}\right) = \mathrm{TL}\ \ [\mathrm{dB}] \tag{4.90}$$

여기서, SPL_1 및 SPL_2는 밀폐상자(hood)의 내부 및 외부의 음압레벨(dB)이다.
한편, 밀폐상자에 의한 삽입손실치 IL은

$$IL = SPL_0 - SPL_2 \ [dB] \tag{4.91}$$

여기서, SPL_0는 밀폐상자를 씌우기 전의 임의의 지점(밀폐상자 외부)에서의 음압레벨(dB), SPL_2는 밀폐상자를 씌운 후 같은 지점에서 음압레벨(dB)이다.
만약 $\bar{\tau} \leq \bar{\alpha} \leq 1$인 조건에서는

$$IL = 10 \log \left(\frac{\bar{\alpha}}{\bar{\tau}} \right) \ [dB] \tag{4.92}$$

여기서, $\bar{\alpha}$ 및 $\bar{\tau}$는 밀폐상자 내의 평균흡음율 및 밀폐상자의 평균투과율이다. $\bar{\alpha}=1$이면 IL = TL이 된다.

4.8 방음겉씌우개(lagging)

관이나 판에서 소음이 방사될 때 직접 흡음재를 부착하고, 차음재를 씌우는 것보다 그림 4.28과 같이 진동부에 제진(damping)대책(고무, PVC 등)을 한 후 흡음재를 부착하고 그 다음에 차음재(구속층)를 설치하는 것이 효과적이다.

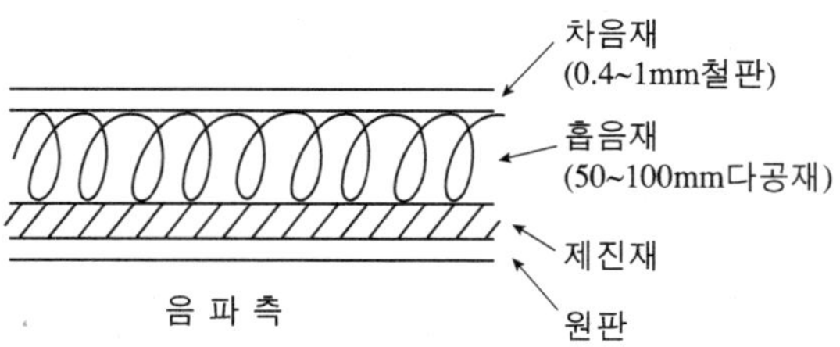

그림 4.28 방음 겉씌우개

한편, 파이프 소음은 고속기체가 파이프계를 지나갈 때 발생하는 소음으로 파이프의 굴곡부, 밸브 등에서 발생하며 팬, 송풍기, 압축기 등에서 발생한 소음도 부분적으로 파이프를 통해 투과된다. 파이프에서 발생하는 링 주파수(ring frequency) f_r은 파이프 횡단면의 최저 공명주파수로

$$f_r = \frac{c_L}{\pi d} \ [\text{Hz}] \tag{4.93}$$

여기서, c_L은 파이프벽에서의 종파의 전파속도(강철의 경우 5,100 m/s), d는 관의 직경(m)이다.

4.9 방음대책의 실예

4.9.1 기계의 방음대책 예

그림 4.29는 기계의 방음대책에 따른 감음의 실예를 보인 것으로 Ⓜ은 마이크로폰의 위치다. 그림에서 차진에 의해 저주파소음이 저감됨을 보이고 있으며, 차음벽·흡음처리 및 견고한 자재 등에 의한 밀폐상에 의해 주로 고주파음이 감음되고 있음을 보여주고 있다.

4.9.2 방음설계의 계산 예

20(m) × 20(m) × 5(m) 크기의 공장 건물이 있다. 각 벽은 그림 4.30과 같은 크기와 구조로 되어 있으며, 이 건물 바닥 중앙에 음향파워레벨이 120 dB(A)인 소음원이 있다. 이 건물의 한 벽에서 수직으로 20 m 떨어진 곳이 부지경계선이라 할 때 부지(敷地) 경계선에서의 소음도(SL)를 예측하고, 각 단계별 방음효과를 계산한다. 단, 공장 내의 평균 흡음율 $\bar{\alpha}$는 0.06이다.

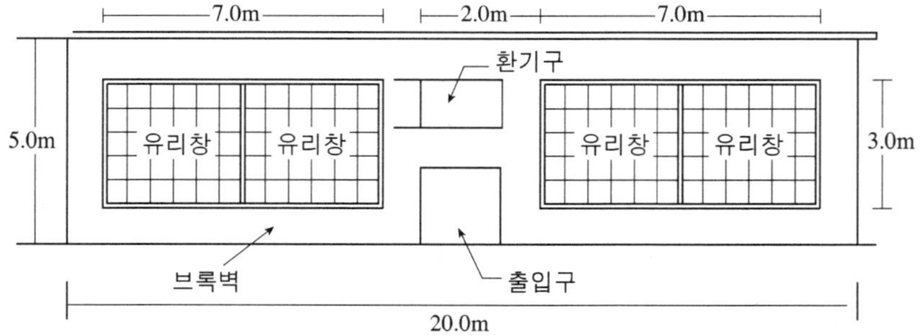

그림 4.30 공장건물벽의 구조

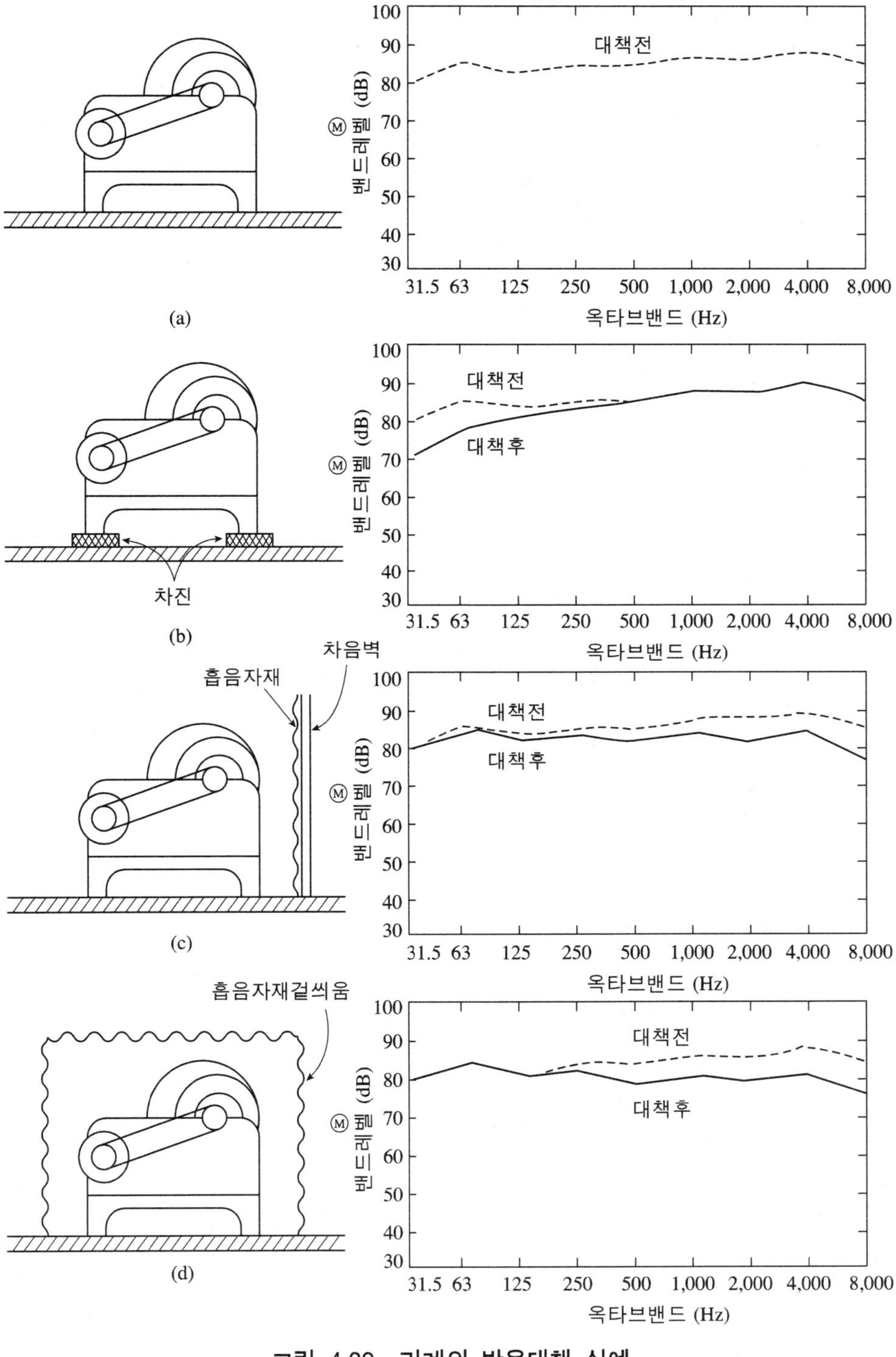

그림 4.29 기계의 방음대책 실예

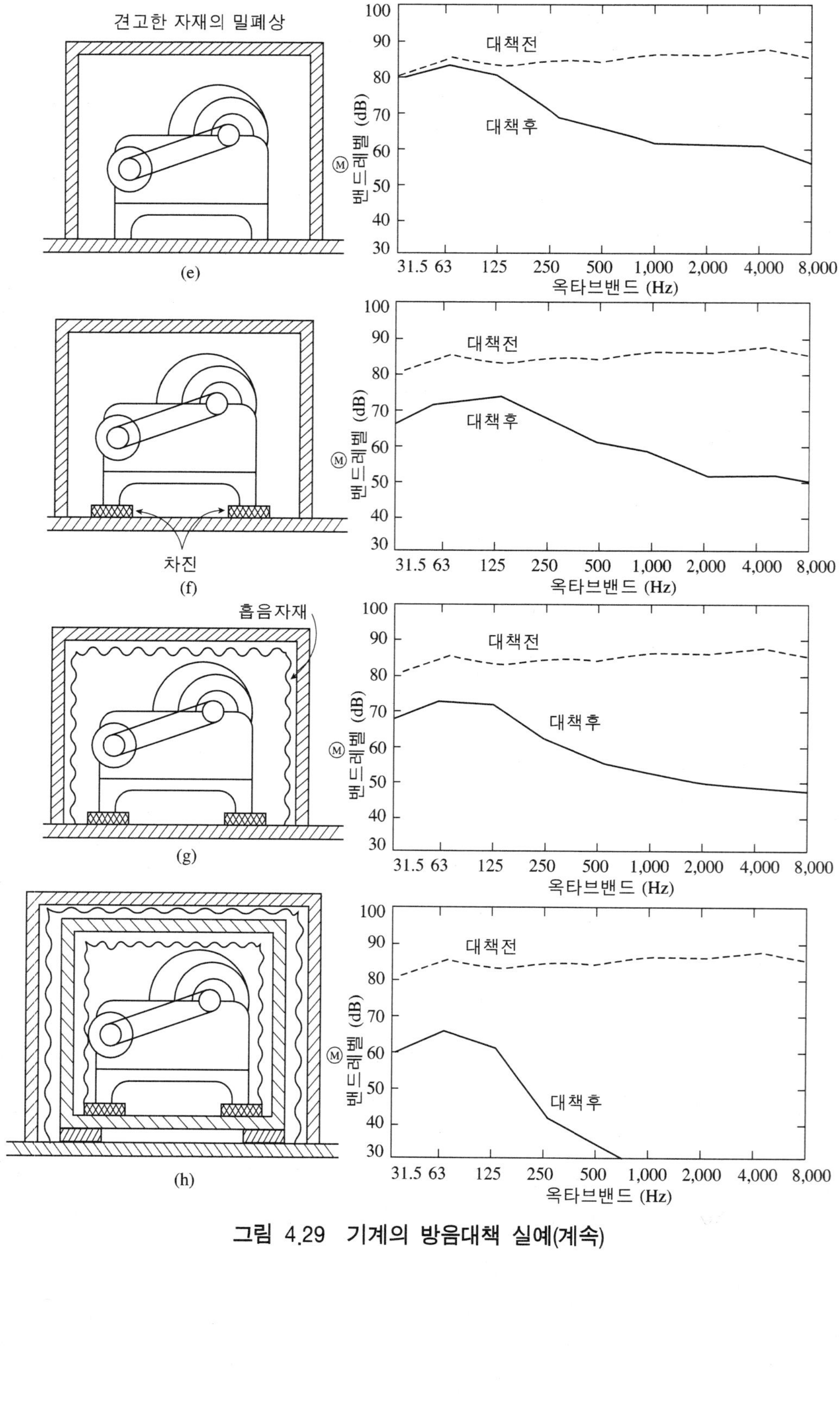

그림 4.29 기계의 방음대책 실예(계속)

계산의 순서는 다음과 같다.

(1) 음원의 음향파워레벨(PWL)

여기서, PWL이 주어져 있지만 실제 방지대책시에는 다음과 같은 방법으로 PWL을 구한다. 기존 배출시설 및 기기(機器)는 측정에 의하여 구하고, 신설될 시설 및 기기는 유사한 것을 대상으로 측정하여 구하거나 문헌을 참조하여 구한다.

(2) 공장 내 벽 근처의 평균소음도($\overline{\mathrm{SL}}$)

공장 내 벽 근처의 평균소음도는 내벽의 흡음성에 따라 변한다. 일반적으로 공장건물 내에서는 식 (4.70)에 의해, $\overline{\mathrm{SL}} = \mathrm{PWL} + 10\log\left(\frac{Q}{4\pi r^2} + \frac{4}{R}\right)$에서 $Q = 2$를 대입하면

$$\mathrm{PWL} + 10\log\left(\frac{2}{4\pi r^2} + \frac{4}{R}\right)$$

$$\overline{\mathrm{SL}} = \mathrm{PWL} + 10\log\left(\frac{1}{2\pi r^2} + \frac{4}{R}\right)\ \mathrm{dB(A)}$$

여기서, 소음원이 바닥 중앙에 있으므로 Q는 2가 되어 ( )안의 첫 항과 같이 되고, r은 음원에서 벽 근처까지의 거리로 9 m(벽으로부터 음원 쪽으로 1 m 떨어진 지점)이며, 공장내 평균흡음율은 식 (4.6), (4.9), (4.14)로부터 구하면 된다. 만약, 흡음대책 전의 공장내 평균흡음율 $\overline{\alpha}$가 0.06이라 할 때 실정수 R은 식 (4.13)으로 구한다.

$$R = \frac{\overline{\alpha} S}{1-\alpha}\ [\mathrm{m}^2]$$

여기서, S는 공장 내부의 표면적으로, $S = 2\times 20\times 20 + 20\times 5\times 4 = 1{,}200\ [\mathrm{m}^2]$

$$\therefore R = \frac{0.06\times 1{,}200}{1-0.06} \fallingdotseq 77\ [\mathrm{m}^2]$$

한편, 흡음대책 후의 평균 흡음율 $\overline{\alpha}$가 0.4로 되었다면,

$$R = \frac{0.4\times 1{,}200}{1-0.4} \fallingdotseq 800\ [\mathrm{m}^2]$$

이 R값을 대입하여 실내 평균소음도 $\overline{\mathrm{SL}}_i$를 구하면,

① $R=77$일 때, $\overline{\mathrm{SL}}=120+10\log\left(\frac{1}{2\pi 9^2}+\frac{4}{77}\right)=107.3\ \mathrm{dB(A)}=107\ \mathrm{dB(A)}$

② $R=800$일 때, $\overline{\mathrm{SL}}_i=120+10\log\left(\frac{1}{2\pi 9^2}+\frac{4}{800}\right)=98.4\ \mathrm{dB(A)}\fallingdotseq 98\ \mathrm{dB(A)}$

즉, 흡음처리에 의해 9 dB(A)의 감음을 얻을 수 있음을 볼 수 있다.

(3) 벽체의 총합투과손실($\overline{\mathrm{TL}}$)

앞의 그림 4.30에서, 벽의 각 구성부 면적 및 투과손실이 표 4.6의 ㉠과 같을 때 그 투과율은 식 (4.60)에 의해 구하면 ㉡과 같다.

표 4.6으로부터 $\overline{\mathrm{TL}}$을 식 (4.59)에 의해 구한다.

$$① \ \overline{\mathrm{TL}}=10\log\frac{\sum S_i}{\sum S_i\tau_i}\ [\mathrm{dB}]=10\log\left(\frac{100}{0.1\times 4+1\times 2+0.04\times 42+0.0001\times 52}\right)$$

$$=10\log\left(\frac{100}{4.0852}\right)=13.9\ \mathrm{dB(A)}\fallingdotseq 14\ \mathrm{dB(A)}$$

만약 환기구 대신에 브록 벽을 쌓아 막고, 유리창의 면적을 반으로 줄이면,

$$② \ \overline{\mathrm{TL}}=10\log\left(\frac{100}{0.1\times 4+0.04\times 21+0.0001\times 75}\right)=10\log\left(\frac{100}{1.2475}\right)$$

$$\fallingdotseq 19\ \mathrm{dB(A)}$$

로 약 5 dB(A)의 총합투과손실 증가를 볼 수 있다.

표 4.6 벽구성부의 음향특성

	㉠		㉡
벽 구성부	면적(S_i, m^2)	투과손실(TL_i, dB)	투과율(τ_i)
출입문	4	10	0.1
환기구	2	0	1.0
유리창	42	14	0.04
브록벽	52	40	0.0001

(4) 벽의 차음도(NR)

벽의 차음도 NR은 식 (4.54)에 의해 $\mathrm{NR} = \overline{\mathrm{TL}} + 6$ [dB]

① 원래의 NR은
$\mathrm{NR} = 13.9 + 6 = 19.9 \fallingdotseq 20$ [dB]

② 환기구 대신 브록 벽을 쌓고, 유리창의 면적을 반으로 줄일 때의 NR은
$\mathrm{NR} = 19 + 6 = 25$ [dB]

이 NR값을 (2)항의 ①, ②의 $\overline{\mathrm{SL}}_i$에서 빼면 벽 밖의 벽과 인접한 부분의 외부 평균소음도 $\overline{\mathrm{SL}}_0$를 얻을 수 있다. $\overline{\mathrm{SL}}_0 = \overline{\mathrm{SL}}_i - \mathrm{NR}$ dB(A)이므로,

① $\overline{\mathrm{SL}}_0 = 107.3 - 20 = 87.3$ dB(A) $\fallingdotseq$ 87 dB(A)

② $\overline{\mathrm{SL}}_0 = 98.4 - 25 = 73.4$ dB(A) $\fallingdotseq$ 73dB(A)

(5) 면음원(面音源)의 거리감쇠

그림 4.30에서 짧은 변 a가 5 m이고, 긴 변 b가 20 m이며, 벽으로부터 부지경계선까지의 거리가 20이므로 식 (4.77)을 사용하여 거리감쇠치 L_d를 구하면,

$$L_d = -20\log\left(\frac{3r}{b}\right) - 10\log\left(\frac{b}{a}\right) = -20\log\left(\frac{3\times 20}{20}\right) - 10\log\left(\frac{20}{5}\right)$$
$$= 15.6 \text{ dB(A)} \fallingdotseq 16 \text{ dB(A)}$$

이 값을 (4)항의 ①, ②에서 빼면 부지경계선에서의 예측소음도 SL이 얻어진다.

① $\mathrm{SL} = 87.3 - 15.6 = 71.7$ dB(A) $\fallingdotseq$ 72 dB(A) : 대책 전

② $\mathrm{SL} = 73.4 - 15.6 = 57.8$ dB(A) $\fallingdotseq$ 58 dB(A) : 대책 후

이상의 결과를 평가소음도로 환산한 규제기준치와 비교하여 적합하면 방지기술이 효과적이지만 만약 기준치를 초과하면 음원대책과 더불어 이상의 각 단계별 방음효과를 재검토하여 기준치 이하로 유지되도록 방지대책을 강구하고, 부지경계선에 방음벽이나 부대시설을 설치하여 허용기준치 이하로 되게 하여야 한다.

예제문제 〈필요감음량 계산예〉

공장의 부지경계선에서 소음을 주파수 분석한 결과가 다음 표와 같았다.

중심주파수(Hz)	63	125	250	500	1,000	2,000	4,000	8,000
음압도(dB)	81	76	74	61	55	51	47	46

규제기준치는 60 dB(A)이다. 각 주파수대역마다 기준치를 동일 소음레벨로 할 때 대역별 소음필요량을 구하라.

풀이 Overall치가 60 dB(A)이고 옥타브대역이 8개이며, 대역별 동일 소음레벨로 하기 때문에 대역당 소음레벨은 60 − 10 log8 = 51 dB(A)가 된다.
한편, 주파수 분석 결과의 dB을 dB(A)로 환산하기 위한 대역별 보정치(IEC 규격)는 다음 표와 같다.

중심주파수(Hz)	63	125	250	500	1,000	2,000	4,000	8,000
보정치(dB)	−26	−16	−9	−3	0	+1	+1	−1

따라서, 이를 주파수 분석결과에 보정하고 각 대역마다 51 dB(A)와의 차를 구하면 소음필요량을 다음 표와 같이 얻을 수 있다.
이 소음필요량에 안전을 5 dB 내외를 가한 후 방음설계에 임해야 한다.

중심주파수(Hz)	63	125	250	500	1,000	2,000	4,000	8,000
대역별 소음레벨dB(A)	55	60	65	58	55	52	48	45
대역별 규제소음레벨dB(A)	51	51	51	51	51	51	51	51
소음필요량(dB)	4	9	14	7	4	1	-3	-6

4.9.3 각종 기계류에 대한 소음대책의 예

기계류에 대한 소음대책의 예를 보면 표 4.7과 같다.

표 4.7 각종 기계의 소음대책의 예

소 음		각종 기계의 소음대책 예
송풍기	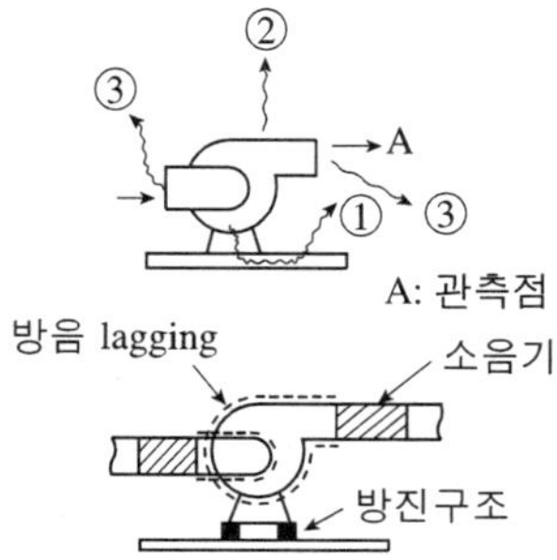	발생소음은 흡·토출구로부터의 공기음 ③, 바닥 등으로부터의 1차 고체음 ① 및 팬 케이스로부터의 2차 고체음 ② 이 주종이다(이하 1차 고체음 ①, 2차 고체음 ②, 공기음(기류음)은 ③으로 한다). 대책으로는 경우에 따라 다르지만 보통은 ③, ②, ① 순으로 행한다. ③에 대한 대책은 흡, 토출구소음기, ②의 대책은 방음 lagging, ①의 대책은 진동차진구조로 하는 것이 일반적이다.
공조장치	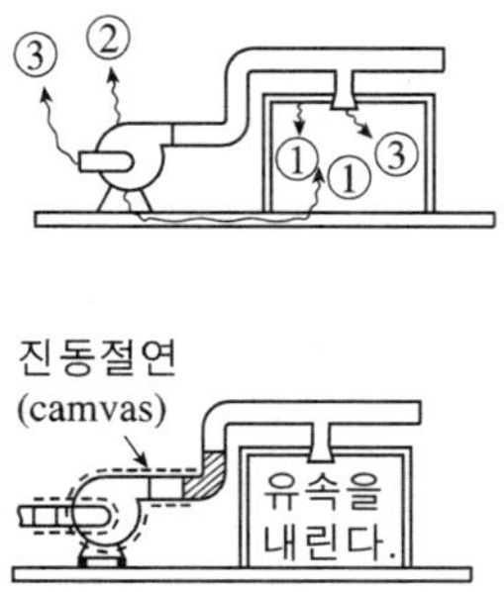	문제되는 실내소음은 송풍기의 진동이 건물의 상등에 전파되어 건물에 방사되는 것 ①, 토출 닥트 내를 전파하여 실내에 전달되는 것 ③, 토출 닥트의 건물취부부분 등으로부터 건물에 전달되는 진동이 건물 벽 등에 전파되어 방사되는 것 ①이다. 이의 대책으로는 흡입구로부터의 음이 문제되는 경우에는 흡입구에 소음기를 달고 송풍기를 방진지지하고, 토출닥트에 그 일부를 흡음처리한다. 송풍기 본체와 토출닥트는 canvas 등으로 진동절연하여 닥트벽 진동에 의한 1차 고체음을 저하시킨다. 토출구에서 실내에 방출구 하류에 음이 발생하므로 실내의 허용레벨이 낮은 경우에는 유속을 아주 낮게 할 필요가 있다.
압입 및 유인송풍기	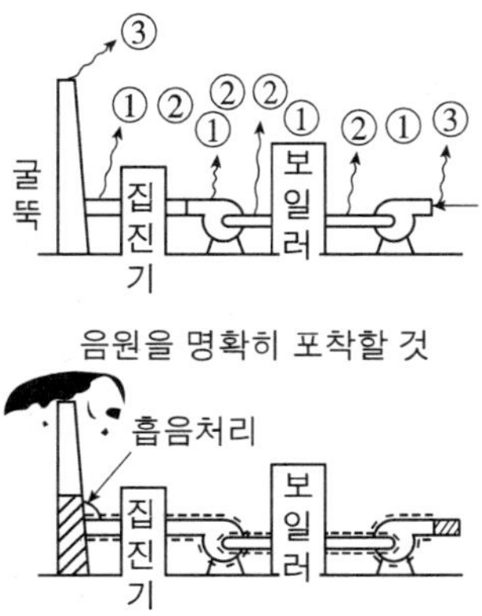	이 경우에는 송풍기 흡입구로부터 ③, 보일러와 압입송풍기간, 유인송풍기간, 혹은 집진기와 굴뚝사이의 닥트 등으로부터 ② 및 ①, 어떤 경우에는 굴뚝에서 공기중으로 방사되는 것 ③이 문제될 때가 많다. 이 대책을 위해서는 어떤 종류의 음이 어느 정도 방출되고 있는가를 명확히 알아야 한다. 닥트부분에는 lagging, 대기 중으로 개방된 송풍기의 흡입구 등에는 소음기를 굴뚝에서 나오는 음은 닥트와 굴뚝과의 접속부에 흡음처리, 또는 굴뚝 속에 흡음처리하는 경우도 있다.

<table>
<tr><th colspan="2">소 음</th><th>각종 기계의 소음대책 예</th></tr>
<tr><td>냉각탑,
공냉열
교환기</td><td>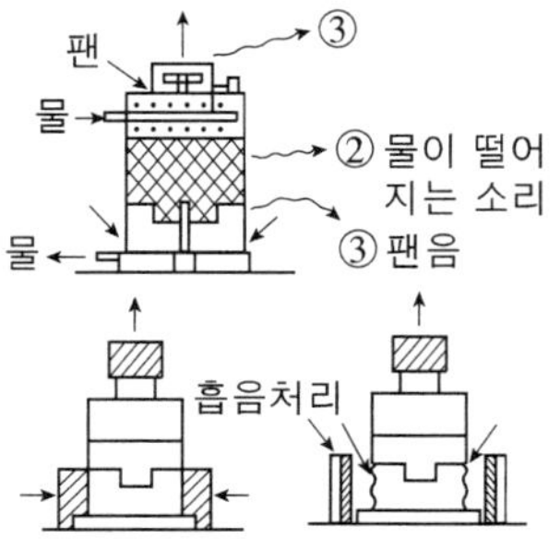
</td><td>주소음은 팬음의 산포되는 물이 충진물과 충돌로 발생하는 음이다. 이러한 음이 냉각탑의 토출구・흡입구에서 방사된다③, 대책으로는 (1)문제되는 점과 냉각탑의 위치를 될 수록 멀리하고 (2)문제되는 점과 냉각탑간에 벽을 설치하고 (3) 팬의 속도, 팬의 선단 속도 등의 변경 (4) 토출구 및 흡입구에 소음기를 달거나 토출구 및 흡입구 근처에 벽을 설치한다. 한편, 이상의 팬에 대한 대책은 공냉열교환기의 경우도 동일하다.</td></tr>
<tr><td>가열로</td><td>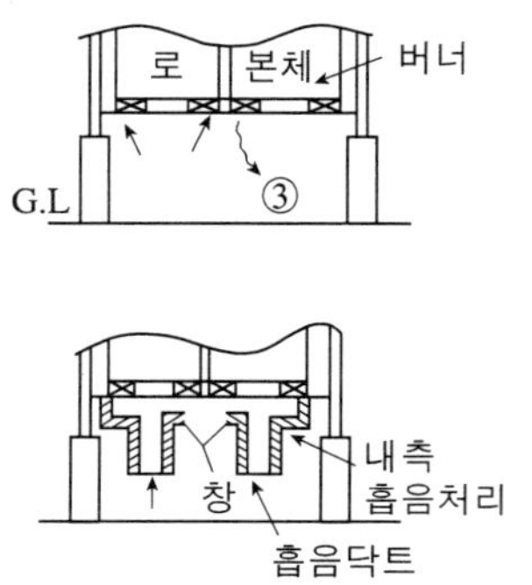
</td><td>자연통풍식의 것에는 로 밑의 공기취입구로부터 가스 또는 기름의 연소음 ③이 방사된다. 이것이 주소음원이다.
대책으로는 (1) 자연통풍식의 각 버너에 간격을 두고 몇 개를 조합하고 누유 등을 고려에 넣어 방음커버 및 흡음닥트를 시설한다. (2) 공기취입구를 밀폐하여 강제통풍방식으로 한다. (3)로 밑 버너 전체를 둘러싸는 방법도 있다.
강제통풍식의 경우에는 압입송풍기의 흡입구에서 공기음의 문제가 있으므로 송풍기 배치를 충분히 고려하고 음향적으로 바람직한 배치가 되지 않는 경우에는 흡입구에 소음기를 달 필요가 있다.</td></tr>
<tr><td>취출구</td><td>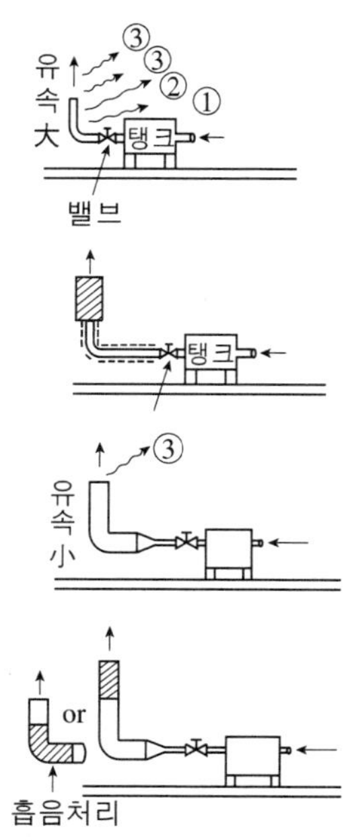
</td><td>취출구로부터 발생하는 소음은 2개로 나누어진다. 하나는 취출구 유속이 대단히 빠른 경우(음속정도)의 소음으로 압축공기의 대기방출시, 안전변, 압력조정변 등에서 대기 중에 유체가 방출 될 때 발생하는 소음이다. 이 경우 소음은 취출구보다도 하류에서 발생한다 ③, 취출구 부근에서는 고주파, 멀리 떨어진 곳에서는 저주파음이 발생하고 취출구 직경의 약 15배 정도가지의 하류가 소음원이 된다. 취출구에서 소음이 발생하지 않으므로 주의할 필요가 있다.
또 하나는 배관도중의 밸브가 닫힌 상태에서 유체가 흐를 때 일어나며 밸브의 출구에서는 유속이 대단히 빠르기 때문에 취출구에서 지연되는 경우에 발생하는 소음이다. 이 경우에는 밸브 출구보다는 하류에서 발생한 음이 배관 중을 전파하여 취출구에서 방사된다③. 그러나 소음원은 밸브 하류의 흐름이 이 난류일 때는 취출구에는 없다. 취출구까지의 도중의 배관으로부터는 이 음이 관벽을 투과하고 또 유체적으로 배관이 가진되는 결과의 음도 방사 ②, ①된다. ③의 대책으로는 취출구유속을 낮게</td></tr>
</table>

<table>
<tr><th colspan="2">소 음</th><th>각종 기계의 소음대책 예</th></tr>
<tr><td></td><td></td><td>하는 방법 이외에는 없으며, 종종 다단사출이 강구되고 있다. 밸브 등의 소음의 배관내의 전파를 방지하기 위해 관의 일부 내면을 흡음처리하여 비교적 간단히 해결한다. 실제로는 양자를 동시에 고려하여 소음기를 취출구에 설치하고, 도중의 배관외벽에 방음 lagging을 한다. 공기・증기 등이 대기로 취출될 때 나는 음도 이 방법을 적용한다.</td></tr>
<tr><td>공기압축기</td><td>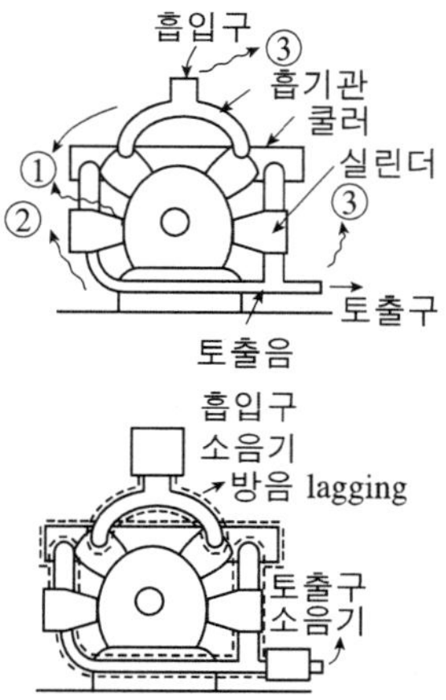
</td><td>왕복식 압출기에서의 소음은 흡입 및 토출구에서 ③, 본체 케이스로부터 ② 및 ①이 주로 발생한다. 대책으로는 소요 TL을 가진 건물중에 넣고, 흡토출구에서는 팽창형과 공명형을 조합한 소음기를 보통 사용한다. 작업자에 대한 대책으로는 이외에 흡토출관의 lagging이나 작업자를 방음실에 근무하게 하는 방법도 있다. 한편, 디젤기관의 경우도 동일하며 흡기구로부터 회전수에 기인한 초저주파음이 발생하여 가마, 로등을 진동하는 문제가 발생할 때는 공명형을 주제로 한 흡기소음기 해결한다.</td></tr>
<tr><td>진동체,
진동필터</td><td>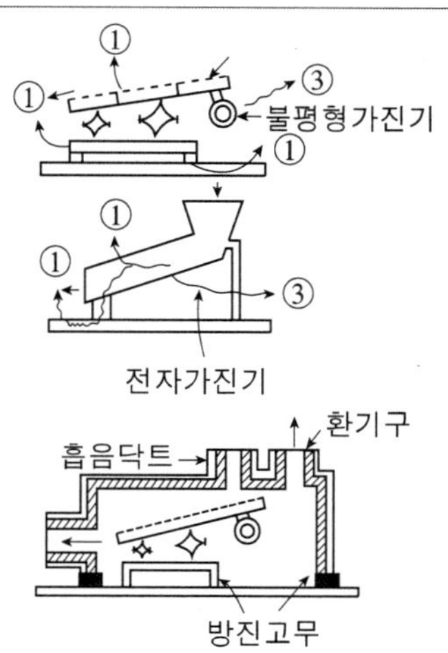
</td><td>이것에서 발생하는 소음은 전자형가진기, 불평형가진기 등의 가진기로부터 직접발생하는 것 ③도 있지만, 이러한 진동에 기초하여 장치 각부의 진도에 의해 방사되는 것 ①이 압도적으로 크다. 그러나 그 취부된 상태에 따라 장치 이외로도 진동이 전파되고 광범위한 소음원이 될 때도 있다. 대책으로는 필요한 곳 이외의 진동을 극력 피하고 최소한 부분에 방음덮게를 설치하거나 한 곳에 집합시켜 방음실을 만든다. 이 경우 덮게는 문제의 정도에 따라 탄성지지 또는 제진 처리하고 원료의 공급구, 출구 및 환기구에는 소음기가 필요하다.</td></tr>
</table>

소 음		각종 기계의 소음대책 예
Hopper	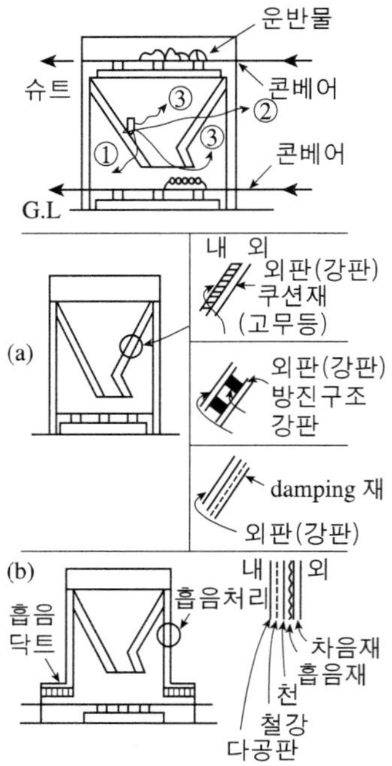	운반물을 hopper(강철제품)에 넣어 콘베어벨트로 운송하는 경우 주위에 방사되는 소음은 운반물이 낙하하여 강철판과 충돌하고 hopper 내에 직접 방사되는 것 ③, 이 음이 hopper 벽을 투과하여 나올 때 ②, 또는 운반물과 충돌시 강판이 가진되어 이 진동에 의해 방사 ①되는 음이 합성되는 경우도 있지만 대부분은 ①의 음이다. 대책의 하나는 그림 (b)처럼 hopper 전체를 공기음원으로 보고 차음벽으로 쌓고 콘베어 출입구에는 흡음닥트 또는 막 등을 설치하는 방법이며, 또 하나는 (a)와 같이 운반물과 강판의 충돌시 발생음 ③을 낮게 하고 동시에 강판의 진도을 줄여 ①을 적게 하는 방법이다. 내면에 고무·타일등의 완충물을 부착하는 방법과 damper를 부착하여 ③ 및 ①을 감소시키는 방법도 있다.
가공기계 및 작업음	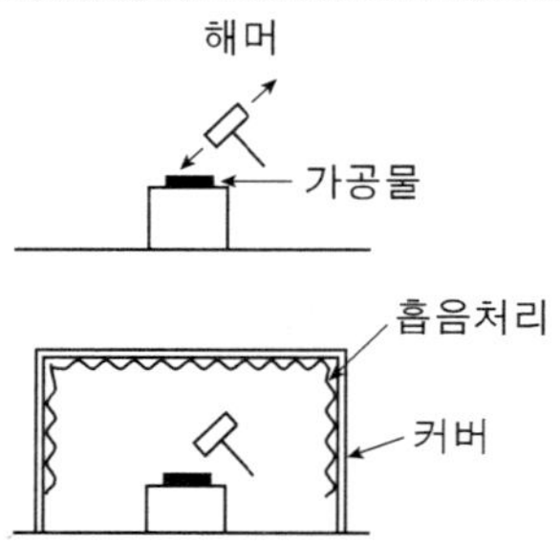	이러한 기계 및 작업은 타격력 및 충격력을 이용하는 것으로 음의 발생을 피하기 위해서는 기계 또는 작업에 큰 영향을 미칠 때가 많고 소음대책도 곤란한 경우가 많다. 일반적으로 지장이 없는 한 충돌부 등에 완충재 등을 넣고 기계는 일부 개조하고 또 작업방법의 변경이나 소음발생부의 커버나 전체를 건물 중에 넣는 등의 상식적인 대책 이외의 방법은 없다.

Q & A

1. 20℃ 공기 중의 음원 S에서 발생한 소리가 콘크리트벽(ρ=2,300 kg/ m^3, E=10^{10}N/m^{2}2.7 × 10^{10} N/ m^2)에 수직입사할 때 이 벽체의 반사율 및 투과손실을 구하라. (단, 콘크리트벽 내부에서는 소리가 흡수되지 않는다고 가정한다)

2. 가로 20 m, 세로 15 m, 높이 5 m인 방의 바닥 및 천정의 흡음율은 0.1이고 벽의 흡음율은 0.3이다. 이 방의 바닥 중앙에 음향파워레벨 90 dB인 무지향성 점음원이 놓여 있을 때 이 방의 평균 흡음율, 실정수, 직접음과 반사음의 크기가 같은 음원으로부터의 거리(실반경)와 각각의 음압도를 구하여라.

3. 어떤 벽체가 콘크리트벽(면적 100 m^2, 투과손실 35 dB)과 유리창(면적 50 m^2, 투과손실 15 dB)으로 구성되어 있을 때와, 유리창의 10%가 파손되었을 때의 총합투과손실을 각각 구하라.

4. 그림과 같이 반사율이 1인 지면 위에 500 Hz음에 대해 투과손실이 20 dB인 반무한 방음벽이 시설되어 있다. 이 주파수 음에 대한 회절감쇠치와 삽입손실치를 구하라. (단, Fresnel 수 N에 따른 회절감쇠치 L_d는 L_d =7 + 10 log$N$이다)

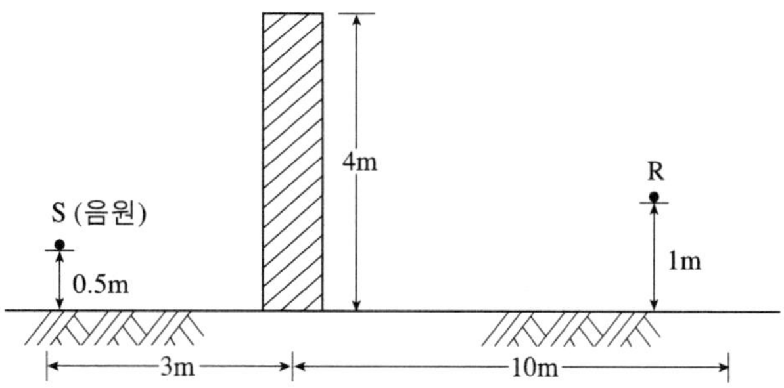

5. 가로 10 m, 세로 7 m, 높이 4 m인 방의 흡음율이 바닥 0.1, 천정 0.2, 벽 0.15이다. 이 방의 천정 및 벽을 흡음처리하여 그 흡음율을 각각 0.7 및 0.6으로 개선할 때 실내소음의 감음량을 구하여라.

6. 직경 20 cm, 길이 2 m의 원형닥트 내부에 흡음율이 0.4이고 두께가 2 cm인 흡음재를 부착하였다. 이 관로에서 일어나는 소음 감쇠치를 구하라.

7. 날개수 10개의 송풍기가 1,500 rpm으로 운전되고 있다. 이 송풍기의 출구에 단순팽창형 소음기를 부착하여 송풍기에서 발생하는 기본음에 대하여 최대투과손실 20 dB를 얻고자 한다. 기본음 주파수와 소음기의 팽창부길이 및 팽창단면비를 구하라(단, 관로 중의 기체온도는 40℃ 이다).

8. 1/3 옥타브밴드 중심주파수 1000 Hz에서 파워레벨이 100 dB과 95 dB인 2종류의 기계 a, b가 있다. a기계 10대와 b기계 10대가 공장건물 내에서 작동하고 있을 때 공장건물 밖의 1/3옥타브

밴드 중심주파수 1000 Hz의 음압레벨이 약 59 dB이었다. 공장건물 밖에서 음압레벨을 약 55 dB로 하기위한 방지방법에 관한 다음 물음에 답하라.

① 흡음처리에 의할 경우 1000 Hz의 실내평균흡음율을 어느 정도로 하면 되겠는가? (단, 측정 시에 건물 내의 평균흡음율은 1000 Hz에서 0.07 정도였다)

② 벽의 차음성능을 개선할 경우 벽의 두께를 약 몇 배로 하면 되겠는가? (단, 건물 벽은 균일한 일중벽이며, 질량법칙을 만족한다)

9. 600 Hz 소음에 대해 어떤 공장 벽체(면적 60 m^2)의 차음효과를 개선코자 한다. 다음 물음에 답하라. (단, 개선 전의 벽체구성은 다음 표와 같다)

구분	창문	출입문	콘크리트 벽
S_i (m^2)	10	2	48
TL_i (dB)	20	10	40

① 이 벽체를 개선하기 전의 총합투과손실 $\overline{TL}$는 몇 dB인가?

② 창의 $\frac{1}{2}$을 현재의 벽면구조로 할 경우 $\overline{TL}$는 얼마이겠는가?

10. 바닥면적이 5 m × 4 m이고, 높이가 6 m인 방의 흡음율이 바닥 = 0.2, 천정 = 0.1, 벽 = 0.07이었다. 만약 천정을 흡음율 0.6인 자재로 덮었을 때 소음저감치(ΔL)은?

11. 길이 18m, 폭 12m, 높이 5m의 홀에 50명의 청중이 있으며, 이 홀의 흡음율이 천정 = 0.20, 벽 = 0.15, 바닥 = 0.12일 때 잔향시간은? (단, 청중 1인당 흡음력은 0.5 m^2으로 한다)

12. 3 m × 3 m × 3m의 잔향실이 있다. 잔향시간이 3.5초일 때 이 실의 흡음율은?

13. 5 m × 5 m × 5 m의 잔향실의 잔향시간은 5.5초이다. 만약 이 실의 바닥에 5 m^2의 흡음재를 놓아 잔향시간이 3.2초로 되었을 때 이 자재의 흡음율은?

14. 길이 16 m, 폭 12 m, 높이 4 m인 방의 흡음율이 천정 0.10, 벽 0.18, 바닥 0.05일 때 소음저감(ΔL) 5 dB을 얻기 위해 요구되는 바닥의 개선될 흡음율은?

15. 공장 중앙에 음이 큰 기계가 설치되어 있다. 공장내벽의 평균흡음율이 0.1인데 이를 0.4로 개조할 계획이다. 벽의 표면적 변화는 없다고 할 때 흡음처리에 의해 벽 내측근방의 감음량은?

16. 바닥면적이 15 m × 20 m이고 높이가 3 m인 방이 있다. 이 방의 잔향시간이 2초일 때 실정수?

17. 질량법칙이 만족되는 영역에서 면밀도 7.5 kg/m^2인 벽에 500 Hz 순음이 통과할 때 투과손실은?

18. 바닥면적이 5 m × 6 m이고 높이가 3 m인 방이 있다. 바닥, 벽, 천정의 흡음율이 각각 0.1, 0.2, 0.7일 때 평균 흡음율은?

19. 벽체 외부로부터 확산음이 입사될 때 이 확산음의 음압레벨은 100 dB이다. 실내의 흡음력은 30 m^2이고 벽의 투과손실은 30 dB, 그리고 벽의 면적이 20 m^2이면 실내의 음압레벨은?

20. 길이 10 m, 폭 7 m, 높이 5 m이고 바닥의 $\alpha = 0.20$, 천정의 $\alpha = 0.07$, 벽의 $\alpha = 0.06$인 방의 흡음력과 잔향시간은?

21. 어느 공장의 콘크리트벽체 면적 및 투과손실이 60 m^2, 55 dB이다. 그 중 창문의 면적 및 투과손실이 10 m^2, 25 dB이며, 창문이 $\frac{1}{5}$ 정도 열려 있을 때 벽체 전체의 투과손실은 몇 dB인가?

22. 비중이 2.5인 20 cm 두께의 벽체에 500 Hz 순음이 수직입사할 경우 벽체의 투과손실은 몇 dB인가?

23. 공조기에서 발생되는 소음을 감쇠시키기 위해 그림과 같은 단면의 소음기를 3 m 길이로 설치할 경우 1 kHz에서의 감음량은 몇 dB인가? (단, 1 kHz에서 흡음재의 흡음율은 0.75이다)

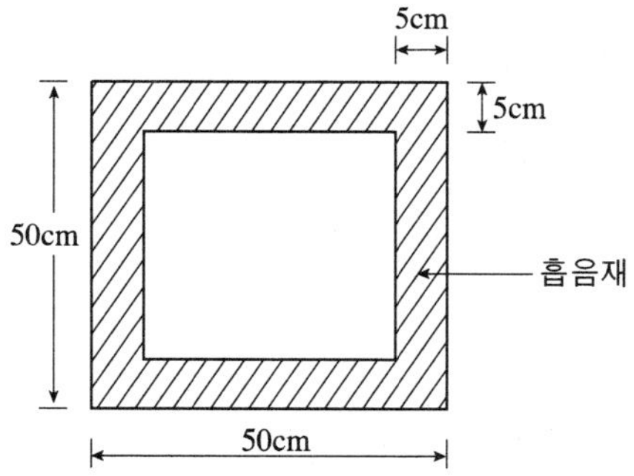

24. 0.9 m × 2.0 m 출입문의 투과손실을 20 dB 이상으로 하고자 한다면 문 주위 틈새의 평균 폭을 약 몇 mm 이하로 해야 되는가? (단, 틈새 이외는 차음성능이 충분히 크다고 가정한다)

25. 표면적 200 m^2, 실내 평균 흡음율이 0.04인 방으로 외부로부터의 소음이 5 m^2인 문을 통하여 들어오고 있다. 만일, 실내의 흡음율을 0.1로 개선할 경우, 대책 전후의 실내음의 감음 효과는 몇 dB이 되겠는가?

26. 두 개의 방이 면적 30 m^2, 투과손실 30 dB인 칸막이를 경계로 구성되어 있으며, 음원실에서 100 dB의 소음이 발생되고 있다. 만일, 수음실의 실정수가 30 m^2이라 할 때 칸막이를 통하여 전달되는 수음실에서의 음압레벨은 몇 dB인가? (단, 수음실에서의 음압레벨은 직접음 및 반사

음에 의한 영향을 모두 고려한다)

27. 공장 내 일부에 면적 30 m^2의 칸막이를 설치하였다. 칸막이의 투과 손실은 35 dB이며, 음원실의 음압레벨이 100 dB이라 할 때, 칸막이를 통하여 전달되는 수음실에서의 음압레벨은? (단, 수음실의 실정수는 5 m^2이고 확산음장으로 가정한다)

28. 송풍기에서 발생되는 배기 소음을 감쇠시키기 위하여 다음 그림과 같은 단면의 소음기를 2.5 m 길이로 설치할 경우 1000 Hz에서의 감음량은 몇 dB인가? (단, 흡음재의 흡음율은 0.4이다)

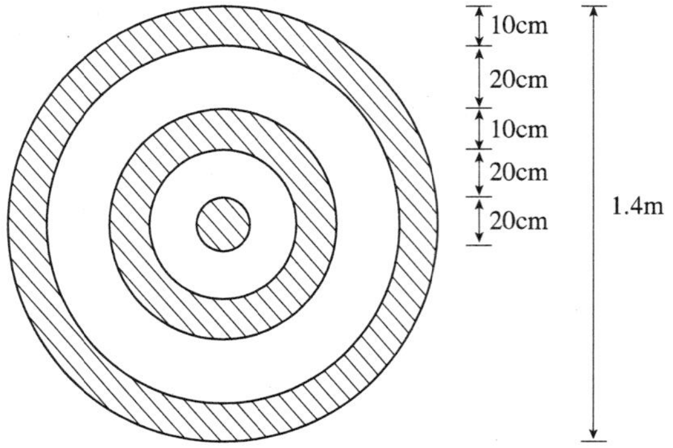

29. 1000 Hz의 음을 흡음닥트로 감음시키고자 한다. 길이가 2 m, 직경 50 cm인 원형닥트로서 10 dB을 감음시키려면 흡음율은 최소한 얼마 이상이 되어야 하는가?

30. 면밀도가 각각 100 kg/m^2, 150 kg/m^2인 중공이중벽과 면 밀도가 250 kg/m^2인 단일벽의 투과손실이 30 Hz에서 일치한다고 할 때 이중벽의 공기층 두께는 몇 cm가 되겠는가?

31. 동일한 재료(면밀도 200 kg/m^2)로 구성된 공기층의 두께가 10 cm인 중공이중벽이 있다. 500 Hz에서 단일벽체의 투과손실이 46 dB일 때, 이 중공이중벽의 저음역에서의 공명 주파수는 몇 Hz에서 발생되겠는가? (단, 음의 전파속도는 343 m/s, 공기의 밀도는 1.2 kg/m^3이다)

32. 용적 125 m^3, 표면적 150 m^2인 잔향실의 잔향시간은 5.5초이다. 만약, 이 잔향실의 바닥에 10 m^2의 흡음재를 놓아 측정한 잔향시간이 3.2초로 되었을 때 흡음재의 흡음율은 얼마인가?

33. 구멍 직경 8 mm, 구멍간의 상하좌우간격 20 mm, 두께 10 mm인 다공판을 50 mm의 공기층을 두고 설치할 경우 공명주파수는? (단, 음속은 340m/s이다)

34. 밀도가 150 kg/m^3이고 두께가 5 mm인 합판을 벽체로부터 50 mm의 공기층을 두고 설치할 경우 판진동에 의한 흡음 주파수는? (단, 기온은 20℃이다)

35. 소음기의 입구 및 팽창부의 직경이 각각 50 cm, 120 cm일 경우, 팽창형 소음기에 의해 기대할 수 있는 최대 투과손실은?

36. 무지향성 점음원으로부터 30 m 이격된 수음점 근처에 7 m 높이의 방음벽을 그림과 같이 설치한다면 수음점 P에서의 음압레벨은 500 Hz에서 몇 dB인가? (단, 음원으로부터 1 m 이격 지점에서의 음압레벨은 100 dB (500 Hz)이며, 지면 반사음에 의한 영향을 무시하고 방음벽에 의한 회절 감쇠치 $L = 10\log(N) + 5$이다)

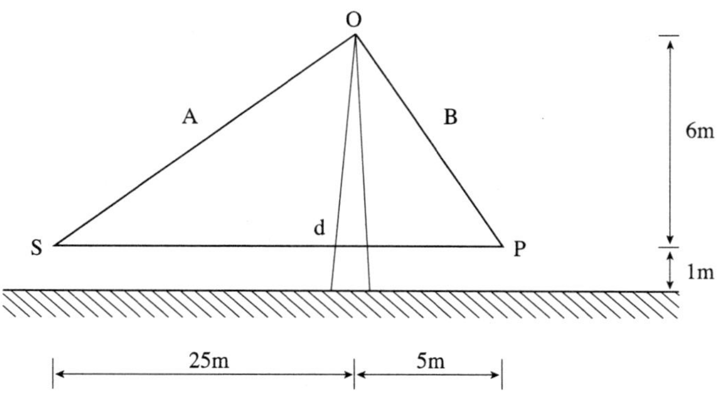

37. 음압 레벨이 100 dB(음원으로부터 1 m 이격지점)인 점음원으로부터의 30 m 이격된 지점에서 소음으로 인한 문제가 발생되어 방음벽을 설치하였다. 방음벽에 의한 회절 감쇠치가 10 dB이고 방음벽의 투과손실이 16 dB이라면 수음점에서의 음압레벨은?

1. 20℃ 공기 중에서 음속 $c_1 = 20.06\sqrt{T} = 20.06\sqrt{273+20} \fallingdotseq 343\text{m/s}$

공기밀도 $\rho_1 = \rho_0 \times \dfrac{273}{T} = 1.293 \times \dfrac{273}{293} \fallingdotseq 1.2\text{kg/m}^3$

콘크리트벽에서의 음속 $c_2 = \sqrt{E/\rho} = \sqrt{\dfrac{2.7\times 10^{10}}{2{,}300}} \fallingdotseq 3{,}426\text{m/s}$

① 반사율 $\alpha_r = \dfrac{I_r}{I_i} = \left(\dfrac{\rho_2 c_2 - \rho_1 c_1}{\rho_2 c_2 + \rho_2 c_1}\right)^2 = \left(\dfrac{2{,}300\times 3{,}426 - 1.2\times 343}{2{,}300\times 3{,}426 + 1.2\times 343}\right)^2 \fallingdotseq 0.999791$

② 투과손실 $\text{TL} = 10\log\left(\dfrac{1}{\tau}\right) = 10\log\left(\dfrac{1}{1-\alpha_r}\right) = 10\log\left(\dfrac{1}{1-0.999791}\right) \fallingdotseq 37\text{dB}$

2. 바닥 및 천정면적 $S_1 = 20\times 15\times 2 = 600\text{m}^2$

벽의 면적 $S_2 = 20\times 5\times 2 + 15\times 5\times 2 = 350\text{m}^2$

총면적 $S_t = 950\text{m}^2$

① 평균흡음율 $\overline{\alpha} = \dfrac{\sum S_i \alpha_i}{\sum S_t} = \dfrac{(600\times 0.1) + (350\times 0.3)}{950} \fallingdotseq 0.174$

② 실정수 $R = \dfrac{\overline{\alpha} S}{1-\overline{\alpha}} = \dfrac{0.174\times 950}{1-0.174} \fallingdotseq 200\,\text{m}^2$

③ 실반경 $r = \sqrt{Q\cdot R/16\pi}$, $Q=2$이므로 $r = \sqrt{2\times 200/16\pi} \fallingdotseq 2.83\,\text{m}$

④ r점에서 직접음 음압도 SPL_1

$$\text{SPL}_1 = \text{PWL} + 10\log\left(\frac{Q}{4\pi r^2}\right) = 90 + 10\log\left(\frac{2}{4\pi\times 2.83^2}\right) = 73\text{dB}$$

r점에서 반사음 음압도 SPL_2

$$\text{SPL}_2 = \text{PWL} + 10\log\left(\frac{4}{R}\right) = 90 + 10\log\left(\frac{4}{200}\right) \fallingdotseq 73\text{ dB}$$

한편, r점의 음압도 SPL은 $\text{SPL} = 10\log(10^{73/10} + 10^{73/10}) \fallingdotseq 76\text{ dB}$

또는 $\text{SPL} = 90 + 10\log\left(\dfrac{2}{4\pi\times 2.83^2} + \dfrac{4}{200}\right) = 76\text{ dB}$

3. ① 유리창 파손 전

총합투과손실 $\overline{\text{TL}} = 10\log\dfrac{\sum S_i}{\sum S_i\tau_i}\text{dB}$에서 투과율 $\tau_i = 10^{-\text{TL}_i/10}$이므로

콘크리트벽의 $\tau_1 = 10^{-35/10} \fallingdotseq 3.162\times 10^{-4}$

유리창의 $\tau_2 = 10^{-15/10} \fallingdotseq 3.162\times 10^{-2}$

$$\overline{\text{TL}} = 10\log\left(\frac{150}{100\times 3.162\times 10^{-4} + 50\times 3.162\times 10^{-2}}\right) = 19.7\text{dB} \fallingdotseq 20\text{ dB}$$

② 유리창 파손 후

$$\overline{\text{TL}} = 10\log\left(\frac{150}{100\times 3.162\times 10^{-4} + 45\times 3.162\times 10^{-2} + 5\times 1}\right) = 13.7\text{ dB} \fallingdotseq 14\text{ dB}$$

4. ① 직접음회절시 $N_1 \fallingdotseq \dfrac{\delta_1 \cdot f}{170}$

$\delta_1 = A + B - d = \sqrt{3^2 + 3.5^2} + \sqrt{10^2 + 3^2} - \sqrt{0.5^2 + 13^2} \fallingdotseq 2.04$

$N_1 = \dfrac{2.04 \times 500}{170} \fallingdotseq 6$

직접음회절감쇠치 $L_d = 7 + 10\log 6 = 14.78\,\text{dB}$

② 반사음 회절시 $N_2 \fallingdotseq \dfrac{\delta_2 \cdot f}{170}$

$\delta_2 = \sqrt{3^2 + 3.5^2} + \sqrt{10^2 + 5^2} - \sqrt{1.5^2 + 13^2} \fallingdotseq 2.7$

$N_2 = \dfrac{2.7 \times 500}{170} = 7.94$

반사음회절감쇠치(수음점 경상) $L'_d = 7 + 10\log 7.94 \fallingdotseq 16\,\text{dB}$

- 회절감쇠치 $\Delta L_d = -10\log\left(10^{-L_d/10} + 10^{-L'_d/10}\right) \fallingdotseq -10\log\left(10^{-1.478} + 10^{-1.6}\right)$
  $\fallingdotseq 2.34\,\text{dB}$
- 삽입손실치 $\Delta L_I = -10\log(10^{-\Delta L_d/10} + 10^{-TL/10}) = -10\log(10^{-1.234} + 10^{-2})$
  $= 11.65\,\text{dB} \fallingdotseq 12\,\text{dB}$

5. 바닥 및 천정면적 $= 10 \times 7 \times 2 = 140\,\text{m}^2$

벽의 면적 $= 10 \times 4 \times 2 + 7 \times 4 \times 2 = 136\,\text{m}^2$

흡음처리 전의 평균흡음율 $\bar{\alpha} = \dfrac{\Sigma S_i \cdot \alpha_i}{\Sigma S_i} = \dfrac{70 \times 0.1 + 70 \times 0.2 + 136 \times 0.15}{140 + 136} = 0.15$

- 실정수 $R_1 = \dfrac{\bar{\alpha} \cdot S}{1 - \bar{\alpha}} = \dfrac{0.15 \times 276}{1 - 0.15} \fallingdotseq 48.7\,\text{m}^2$

흡음처리 후의 평균흡음율 $\bar{\alpha} = \dfrac{70 \times 0.1 + 70 \times 0.7 + 136 \times 0.6}{276} \fallingdotseq 0.499$

- 실정수 $R_2 = \dfrac{0.499 \times 276}{1 - 0.499} = 274.9\,\text{m}^2$

$\therefore$ 감음량 $\Delta L = 10\log\dfrac{R_2}{R_1} = 10\log\dfrac{274.9}{48.7} = 7.5\text{dB} \fallingdotseq 8\,\text{dB}$

6. 감쇠치 $\Delta = K\dfrac{P \cdot L}{S}$ dB 에서

상수 $K \fallingdotseq a - 0.1 = 0.4 - 0.1 = 0.3$

주장 $P = \pi d = \pi \times 0.16 = 0.16\pi\ (\text{m})$

길이 $L = 2\ (\text{m})$

단면적 $S = \pi r^2 = (0.08)^2\pi\ (\text{m}^2)$

$\therefore \Delta = 0.3\dfrac{0.16\pi \times 2}{6.4 \times 10^{-3} \cdot \pi} = 15\,\text{dB}$

7. ① 기본음주파수 $f=$ 날개수$\times \dfrac{\text{rpm}}{60} = 10\times \dfrac{1{,}500}{60} = 250\text{Hz}$

② 팽창부의 길이 L

단순팽창형 소음기의 투과손실 TL은 $\text{TL} = 10\log\left[1+\dfrac{1}{4}\left(m-\dfrac{1}{m}\right)^2\sin^2 KL\right]$ dB에서

최대 TL은 $\sin^2 KL = 1$이 되려면 $KL = \dfrac{\pi}{2}$가 되어야 한다.

$L = \dfrac{\pi}{2K}$, $K = \dfrac{2\pi f}{C}$에서 $L = \dfrac{c\pi}{4\pi f} = \dfrac{c}{4f} = \dfrac{c}{4\times 250}(\text{m})$

한편 음속 c는 $c = 20.06\sqrt{273+40} = 355\text{m}$

$\therefore L = \dfrac{355}{4\times 250} = 0.355\text{m}$

③ 팽창형 단면율 m

$\sin^2 KL = 1$일 때 TL_m이 되므로

$\text{TL}_\text{m} = 10\log\left[1+\dfrac{1}{4}\left(m-\dfrac{1}{m}\right)^2\right]$dB에서 $1 \ll m$이면

$\text{TL}_\text{m} = -10\log\left(\dfrac{m^2}{4}\right)$

$\therefore m = \left[\log^{-1}\left(\dfrac{\text{TL}_\text{m}+6}{10}\right)\right]^{1/2} = \left[\log^{-1}\left(\dfrac{20+6}{10}\right)\right]^{1/2} \fallingdotseq 20$ 배

8. ① $\Delta L = 10\log\dfrac{R_2}{R_1} = 10\log\dfrac{\overline{\alpha_2}}{\overline{\alpha_1}}$

$(59-55)\text{dB} = 10\log\left(\dfrac{\overline{\alpha_2}}{0.07}\right)$

$\overline{\alpha_2} \fallingdotseq 0.18$

② 대책 전 $\text{TL}_1 = 20\log(m_1\cdot f) - 43$

대책 후 $\text{TL}_2 = 20\log(m_2\cdot f) - 43$

$\Delta\text{TL} = \text{TL}_1 - \text{TL}_2 = 20\log\left(\dfrac{m_1}{m_2}\right) = 4\text{ dB}$

$\therefore \dfrac{m_1}{m_2} = 1.58$ 배

9. ① $\overline{\text{TL}} = 10\log\dfrac{\Sigma S_i}{\Sigma S_i\tau_i} = 10\log\left(\dfrac{60}{10\times 10^{-2}+2\times 10^{-1}+48\times 10^{-4}}\right)$

$= 22.94 \fallingdotseq 23\text{dB}$

② $\overline{\text{TL}} = 10\log\left(\dfrac{60}{5\times 10^{-2}+2\times 10^{-1}+53\times 10^{-4}}\right)$

$= 23.71\text{ dB} \fallingdotseq 24\text{ dB}$

10. $\Delta L = 10\log\left(\dfrac{A_2}{A_1}\right)$로부터

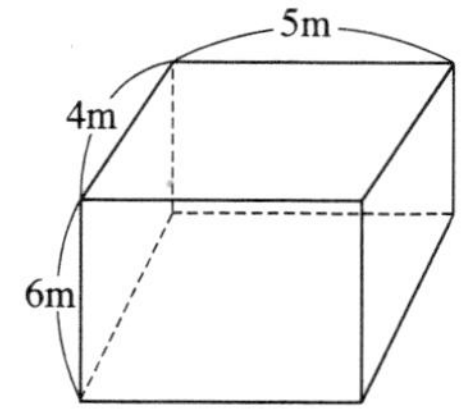

여기서, A_1, A_2는 흡음대책 전후의 흡음력

$A_1 = 5\times4\times0.2+5\times4\times0.1+(6\times4\times2+6\times5\times2)0.07 = 13.56(\text{m}^2)$

$A_2 = 5\times4\times0.2+5\times4\times0.6+(6\times4\times2+6\times5\times2)0.07 = 23.56(\text{m}^2)$

$\therefore \Delta L = 10\log\left(\dfrac{23.56}{13.56}\right) \fallingdotseq 2.4\text{dB}$

11. $A = 12\times18\times0.20+12\times18\times0.12+(12\times5\times2+18\times5\times2)\times0.15$
$+50\times0.5 = 139.12(\text{m}^2)$

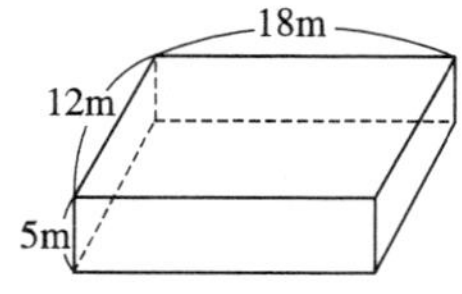

$V = 12\times18\times5 = 1080(\text{m}^3)$

$\therefore T = \dfrac{0.161V}{A} = \dfrac{0.161\times1080}{139.12} = 1.25(\text{sec})$

12. $V = 3\times3\times3 = 27(\text{m}^3)$

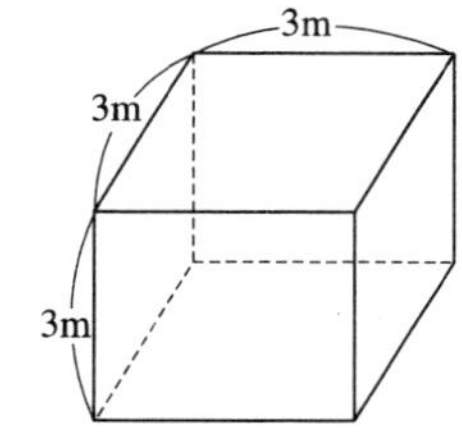

$S = 3\times3\times6 = 54(\text{m}^2)$

$T = 3.5(\text{sec})$

$\therefore \bar{\alpha} = \dfrac{0.161V}{ST} = \dfrac{0.161\times27}{54\times3.5} = 0.023$

13. $S = 5\times5\times6 = 150(\text{m}^2)$

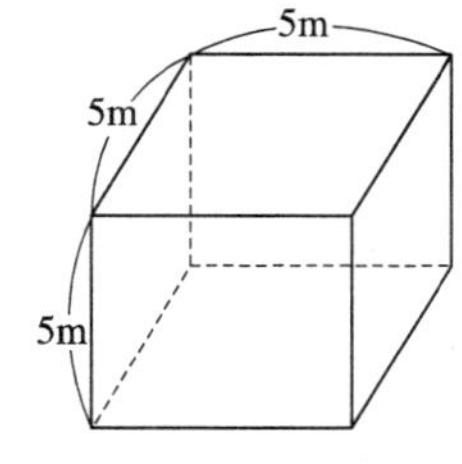

$V = 5\times5\times5 = 125(\text{m}^3)$

$T = 3.2\ (\text{sec}),\ T_o = 5.5\ (\text{sec}),\ s = 5\ (\text{m}^2)$

$\therefore \alpha_r = \dfrac{0.161V}{s}\left(\dfrac{1}{T}-\dfrac{1}{T_o}\right)+\dfrac{0.161V}{ST_o}$

$= \dfrac{0.161\times125}{5}\left(\dfrac{1}{3.2}-\dfrac{1}{5.5}\right)+\dfrac{0.161\times125}{150\times5.5} = 0.55$

14. $\Delta L = 10\log\left(\dfrac{A_2}{A_1}\right)$dB에서

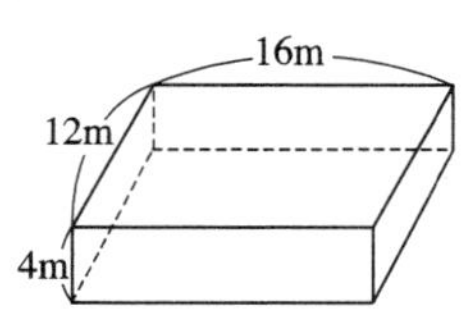

$A_1 = 12\times16\times0.1+(4\times12\times2+4\times16\times2)\times0.18+12\times16\times0.05$
$= 69.12(\text{m}^2)$

$A_2 = 12\times16\times0.1+(4\times12\times2+4\times16\times2)\times0.18+12\times16x = 59.52+192x(\text{m}^2)$

$\Delta L = 10\log\left(\dfrac{59.52+192x}{69.12}\right) = 5\text{dB}$ $\log\dfrac{59.52+192x}{69.12} = 0.5$

$\log^{-1}0.5 = \dfrac{59.52+192x}{69.12} = 3.16228$

$59.52+192x = 218.577$

$\therefore x = 0.828$

15. $\Delta L = 10\log\dfrac{R_2}{R_1} = 10\log\dfrac{\overline{\alpha_2}S(1-\overline{\alpha_1})}{(1-\overline{\alpha_2})\overline{\alpha_1}S} = 10\log\dfrac{\overline{\alpha_2}(1-\overline{\alpha_1})}{\overline{\alpha_1}(1-\overline{\alpha_2})}$ 에서

$\Delta L = 10\log\dfrac{0.4(1-0.1)}{0.1(1-0.4)} = 7.78(\text{dB})$

16. $R = \dfrac{\bar{\alpha}S}{1-\bar{\alpha}}$, $\bar{\alpha} = \dfrac{0.161V}{ST}$ 에서 $V = 15\times20\times3 = 900(\text{m}^3)$

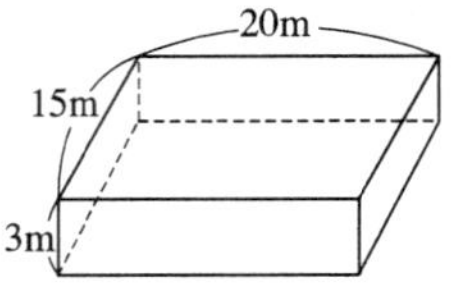

$S = 15\times20\times2 + 15\times3\times2 + 20\times3\times2 = 810(\text{m}^2)$

$\bar{\alpha} = \dfrac{0.161V}{ST} = \dfrac{0.161\times900}{810\times2} = 0.089$

$\therefore R = \dfrac{0.089\times810}{1-0.089} = 79.5(\text{m}^2)$

17. $\text{TL} = 20\log(7.5\times500) - 43 = 28.48\text{dB}$

18. $\bar{\alpha} = \dfrac{\sum S_i\alpha_i}{\sum S_i}$

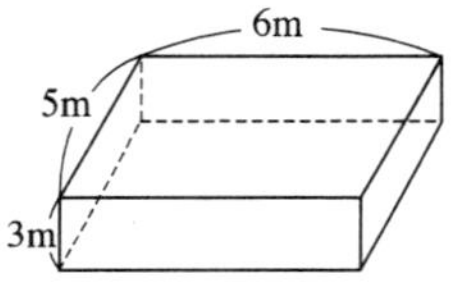

$= \dfrac{5\times6\times0.1 + 5\times6\times0.7 + 2\times3\times5\times0.2 + 2\times3\times6\times0.2}{5\times6 + 5\times6 + 2\times3\times5 + 2\times3\times6}$

$= \dfrac{37.2}{126} = 0.295$

19. $\text{NR} = \text{SPL}_1 - \text{SPL}_2 = \text{TL} + 10\log\dfrac{A_2}{S} - 6\,\text{dB}$ 에서

$\text{SPL}_2 = \text{SPL}_1 - \text{TL} - 10\log\dfrac{A_2}{S} + 6 = 100 - 30 - 10\log\dfrac{30}{20} + 6 = 74.24(\text{dB})$

20. ① $A = \bar{\alpha}S = \sum_{i=1}^{n}\alpha_i S_i$

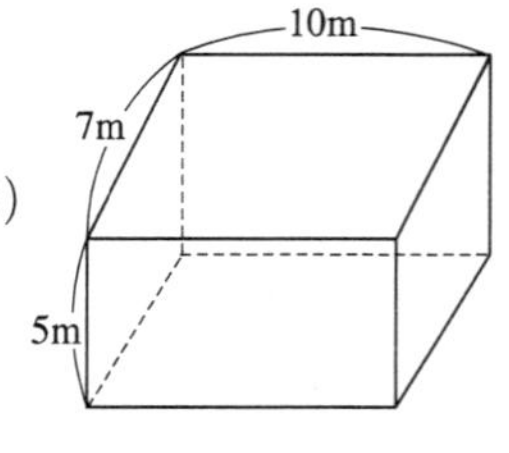

$= (0.20\times7\times10 + 0.07\times7\times10 + 5\times7\times2\times0.06 + 5\times10\times2\times0.06)$

$= 29.1(\text{m}^2)$

② $T = \dfrac{0.161V}{A} = \dfrac{0.161\times5\times7\times10}{29.1} = 1.94(\text{sec})$

21. $\overline{\text{TL}} = 10\log\dfrac{1}{\bar{\tau}}$ 로부터

$\bar{\tau} = \dfrac{\sum S_i\tau_i}{\sum S_i} = \dfrac{50\times10^{-\frac{55}{10}} + 8\times10^{-\frac{25}{10}} + 2\times1}{60} \fallingdotseq 0.0338$

$\therefore \overline{\text{TL}} = 10\log\dfrac{1}{0.0338} \fallingdotseq 15(\text{dB})$

22. 벽체의 밀도$(\rho) = 2500\,\text{kg/m}^3$

벽체의 면밀도$(m) = 2500\,\text{kg/m}^3 \times 0.2\,\text{m} = 500\,\text{kg/m}^2$

$\therefore \text{TL} = 20\log(m \cdot f) - 43 = 20\log(500 \times 500) - 43 \fallingdotseq 65(\text{dB})$

23. $\Delta L = K \cdot \dfrac{PL}{S}$ 로부터

$K = \alpha_r - 0.1 = 0.75 - 0.1 = 0.65$

$P = 0.4 \times 4 = 1.6(\text{m})$

$S = 0.4 \times 0.4 = 0.16(\text{m}^2)$

$L = 3(\text{m})$

$\therefore \Delta L = 0.65 \times \dfrac{1.6 \times 3}{0.16} = 19.5(\text{dB})$

24. $\text{SPL}_1 - \text{SPL}_2 = 10\log n$ (여기서 n은 전체면적의 $\dfrac{1}{n}$의 틈새면적)

$\therefore 20 = 10\log n,\ n = \dfrac{1}{100}$

문의 전체면적$(S_1) = 1.8\text{m}^2 = 1{,}800{,}000\,\text{mm}^2$

틈새면적을 S_2 라 하면 $\dfrac{1}{n} = \dfrac{1}{100} = \dfrac{S_2}{S_1 + S_2} = \dfrac{S_2}{1{,}800{,}000 + S_2}$ 로부터

$S_2 = 18{,}181.8\text{mm}^2$

문틈의 평균폭을 Y라 하면, $(900 + 2{,}000) \times 2 \times Y = 18{,}181.8$

$\therefore Y = 3.1\text{mm}$

25. $\Delta L = 10\log\dfrac{\overline{\alpha_2}(1-\overline{\alpha_1})}{\overline{\alpha_1}(1-\overline{\alpha_2})} = 10\log\dfrac{0.1(1-0.04)}{0.04(1-0.1)} \fallingdotseq 4\text{dB}$

26. $\text{NR} = \text{SPL}_1 - \text{SPL}_2 = \text{TL} - 10\log\left(\dfrac{1}{4} + \dfrac{S_w}{R_2}\right)$ 로부터

$\text{SPL}_2 = \text{SPL}_1 - \text{TL} + 10\log\left(\dfrac{1}{4} + \dfrac{S_w}{R_2}\right) = 100 - 30 + 10\log\left(\dfrac{1}{4} + \dfrac{30}{30}\right) \fallingdotseq 71\text{dB}$

27. $\text{NR} = \text{SPL}_1 - \text{SPL}_2 = \text{TL} - 10\log\left(\dfrac{S_w}{R_2}\right)$ 로부터

$\text{SPL}_2 = \text{SPL}_1 - \text{TL} + 10\log\left(\dfrac{S_w}{R_2}\right) = 100 - 35 + 10\log\left(\dfrac{30}{5}\right) \fallingdotseq 63\text{dB}$

28. $P = \pi(1.2 + 0.8 + 0.6 + 0.2) = 2.8\pi\ (\text{m})$

$S = \dfrac{\pi}{4}\left[(1.2 - 0.8)^2 + (0.6 - 0.2)^2\right] = 0.28\pi\ (\text{m}^2)$

$\therefore \Delta L = K \cdot \dfrac{P \cdot L}{S} = (0.4 - 0.1) \times \dfrac{2.8\pi \times 2.5}{0.28\pi} = 7.5\ \text{dB}$

29. $\Delta L = K \cdot \dfrac{P \cdot L}{S}$ 로부터

$$K = \frac{\Delta L \cdot S}{P \cdot L} = \frac{\Delta L \cdot \frac{\pi}{4} D^2}{\pi \cdot D \times L} = \frac{\Delta L \cdot D}{4L} = \frac{10 \times 0.5}{4 \times 2} = 0.625$$

$\therefore K = \alpha - 0.1$로부터 $\alpha = 0.725$

30. 저음역의 공명주파수를 f_{rl} 라 할 때 $\sqrt{2} f_{rl}$ 의 주파수에서 질량법칙과 일치하는 투과손실을 갖는다.

$$\therefore f_{rl} = \frac{30}{\sqrt{2}} = 21.2(\text{Hz})$$

$$f_{rl} = 60\sqrt{\frac{m_1 + m_2}{m_1 \times m_2} \cdot \frac{1}{d}}$$

$21.2 = 60\sqrt{\dfrac{100+150}{100 \times 150} \cdot \dfrac{1}{d}}$ 로부터 $d \fallingdotseq 13(\text{cm})$

31. $f_{rl} = \dfrac{c}{2\pi}\sqrt{2\rho/md} = \dfrac{343}{2\pi}\sqrt{\dfrac{2 \times 1.2}{200 \times 0.1}} \fallingdotseq 19\text{Hz}$

32. $\alpha_r = \dfrac{0.161V}{s}\left(\dfrac{1}{T} - \dfrac{1}{T_0}\right) + \dfrac{0.161V}{ST_o} = \dfrac{0.161 \times 125}{10}\left(\dfrac{1}{3.2} - \dfrac{1}{5.5}\right) + \dfrac{0.161 \times 125}{150 \times 5.5} = 0.3$

33. $f_o = \dfrac{c}{2\pi}\sqrt{\beta/(h+1.6\alpha) \cdot d}$

여기서 $\beta = \dfrac{\pi a^2}{B^2}$ 으로부터

$$f_o = \frac{340 \times 10^3}{2\pi}\sqrt{\frac{\pi \times 4^2}{20^2}/(10+1.6 \times 4) \times 50} \fallingdotseq 670(\text{Hz})$$

34. $f = \dfrac{c}{2\pi}\sqrt{\dfrac{\rho}{m \cdot d}}$ 로부터

$$c = 331.42 + 0.6t = 331.42 + 0.6 \times 20 = 343.42\ \text{m/s}$$

$$\rho = 1.293 \times \frac{273}{273+t} = 1.293 \times \frac{273}{(273+20)} = 1.20(\text{kg/m}^3)$$

$$\therefore f = \frac{343.42}{2\pi}\sqrt{\frac{1.20}{150 \times 5 \times 10^{-3} \times 50 \times 10^{-3}}} \fallingdotseq 309(\text{Hz})$$

35. 최대 투과 손실 $\text{TL} = 10\log\left[1 + \dfrac{1}{4}\left(m - \dfrac{1}{m}\right)^2\right]$

여기서, $m = \left(\dfrac{D_2}{D_1}\right)^2 = \left(\dfrac{120}{50}\right)^2 = 5.76$

$$\therefore \text{TL} = 10\log\left[1 + \frac{1}{4}\left(5.76 - \frac{1}{5.76}\right)^2\right] \fallingdotseq 9.4\text{dB}$$

36. ① 방음벽에 의한 감쇠치

$$\delta = (A+B) - d = (\sqrt{25^2+6^2} + \sqrt{5^2+6^2}) - 30 ≒ 3.5(\text{m})$$

$$N = \frac{\delta \cdot f}{170} = \frac{3.5 \times 500}{170} = 10.3$$

$$\therefore L = 10\log(10.3) + 5 ≒ 15\,\text{dB}$$

② 거리감쇠치 $L_d = 20\log\frac{r_2}{r_1} = 20\log\frac{30}{1} ≒ 29.5\,\text{dB}$

③ 수음점에서의 소음도 $= 100 - 15 - 29.5 = 55.5(\text{dB})$

37. 방음벽설치시 소음감쇠효과 = 거리감쇠 + 삽입손실치

$$\therefore \text{SPL}_2 = \text{SPL}_1 - 20\log\frac{r_2}{r_1} + 10\log\left(10^{\frac{-\Delta L}{10}} + 10^{\frac{-\text{TL}}{10}}\right)$$

$$= 100 - 20\log\frac{30}{1} + 10\log\left(10^{\frac{-10}{10}} + 10^{\frac{-16}{10}}\right)$$

$$≒ 61.4\,\text{dB}$$

Chapter 5

소음측정기술

소음 측정방법은 크게 두 가지로 대별할 수 있다.

첫째 방법은 주관적 방법으로 우리 인간의 귀(耳)를 이용하여 소음의 크기를 감지하는 것이다. 우리의 청각기관은 우수한 측정기라고 할 수 있으므로 귀로서 그 목표를 정한다.

둘째 방법은 객관적인 방법으로 측정기기를 사용하는 것이다. 이는 일반적으로 소음원, 전파경로, 수음점 등 여러 곳에서 측정하며, 소음원을 측정 조사할 때는 그 소음의 파워레벨, 스펙트럼, 지향성 등을, 그리고 전파경로로서 공장 내 음향효과, 벽면 등의 차음성, 주변 암소음의 시간 및 공간분포를 조사한다.

5.1 소음측정의 목적과 계획

5.1.1 측정목적

소음을 측정할 때는 반드시 어떤 동기가 있어야 한다. 측정할 때 우선 문제가 제기된 배경 및 이유를 검토하여 목적을 명확히 할 필요가 있다.

측정하는 목적에 따라 측정방법, 측정지점의 선정, 측정기의 종류 그리고 측정시간 등이 달라진다. 일반적으로 행하는 소음을 측정하는 목적이나 필요성은 다음과 같이 대별된다.

(1) 대외적 문제 처리상 측정을 필요로 하는 경우

① 규제기준치 내에 들어가는지의 여부를 측정 확인할 필요가 있는 경우
② 발생 소음레벨이 높고, 방지설계상 필요한 데이터를 준비할 필요가 있는 경우

(2) 대내적 문제처리상(음원대책상) 측정을 필요로 하는 경우

① 기계의 이상음을 측정 조사하고 기계자체의 재료・부품의 피로 정도 파악이 필요한 경우
② 작업자의 작업환경상의 관점에서 필요한 경우, 종래에 이러한 측정은 소음계만으로 측정되어 왔으나 최근에는 주파수 분석 및 기록 등의 필요성을 강조하고 있다.

5.1.2 측정계획

(1) 소음측정계획

배출시설별 소음 발생상태에 따라 다소 차이가 있을 수 있으나 원칙적으로 그 측정계획은 소음·진동공정시험법에 준하여 입안한다. 소음측정 조사의 일반적인 순서와 조사계획을 할 때 결정할 사항, 내용 및 안을 만드는 순서는 표 5.1과 같다.

표 5.1의 검토항목 전반에 관한 특기할 사항을 각 항목별로 기술하면 다음과 같다.

① 대개의 측정목적은 방음대책상의 필요에 의해 측정하는 것이 대부분이다. 따라서, 소음도 및 주파수 분석이 절대로 필요하다. 충격소음 측정이나 위험한 장소에서의 순간 측정이 필요한 경우에는 녹음기에 녹음한 후 재생시켜 소음도나 주파수 밴드레벨을 분석하는 것이 필요하다.

② 어디서 측정할 것인가는 소음의 종류에 따라 구별되는데 배출시설이 설치된 사업장의 공장소음이나 환경소음은 소음·진동공정시험법(고시 93-43호)을, 생활소음은 생활소

표 5.1 계획의 검토사항

검토사항	결정사항	유의사항
① 무엇 때문에 하는가?	목적·목표의 설정	평가기준 : 소음레벨인가, 음질인가를 확인한다.
② 어디서 하는가?	측정장소의 선정과 확인	측정환경조건의 용이성, 기재, 인원이동성 등을 확인한다.
③ 무엇에 대하여 어떤 측정을 하는가?	측정대상·측정항목의 선정, 정도의 결정	대상·항목의 종별에 따라 규제기준 및 KS에 준하여 선정한다.
④ 어떻게 하는가?	측정방법의 선정, 측정지점의 위치 및 수	소음원과 수음점 위치와의 배치관계, 측정지점에 표적을 박아 계속 측정의 필요시에는 그 측정점을 명확히 한다. ①의 목적 및 음원의 질에 따라 선정
	측정기, 보조기구, 측정 정도	데이터의 판독수는 규제기준에 따라 결정
	측정순서	측정조건의 조합, 기록계, 주파수 분석계
	측정지휘계통	연락방법(무전기 등의 준비)
⑤ 언제하는가?	측정일시·측정기간	
⑥ 누가 하는가?	측정인원·관계자	측정기술, 경험의 정도를 검토 배치
⑦ 계획서 작성	측정에 대한 전반적인 내용 작성	

음규제기준(고시 83-12호), 자동차소음은 자동차소음 허용기준 및 검사에 관한 규정(고시 82-11호), 건설소음은 규제지역 내의 특정 공사용장비에 대한 규제기준에 따라 측정한다.

③ 대상음원과 (가)하의 목적에서 측정항목 · 정도 · 회수 및 분석방법도 계획에 넣는다.

④ 앞의 각항의 검토결과로부터 나타낸 내역이 검토된다. 특히 후술할 측정기기를 선정하고 보조기기에 관하여는 입체적 측정을 위한 고가사다리차의 이용에 의한 소음의 공간 분포상태 측정도 필요한가를 고려하여 제반 준비를 갖추며 이에 따라 인원계획도 세운다.

⑤ ①의 목적에 따라 시간대의 설정이 필요하게 된다. 특히, 낮 · 저녁 · 밤의 어떤 시간이 필요한가 혹은 시간대로 볼 것인가에 따라 인원계획 등에 영향을 미친다.

⑥ 규모에 따라 인원계획이 정하여지지만 측정기의 종류에 따라서도 인원선정이 변한다. 제일 중요한 사항은 그 구성원의 지휘자 선정으로 야외의 광범위한 측정시에 분산된 인원은 지휘체계 운용에 따라 영향을 받게 된다.

⑦ 각 항의 검토가 가능할 수 있도록 계획표를 세우고 이것에 따라 시간표도 아울러 작성한다.

(2) 공장소음 조사

공장의 소음을 조사할 때는 조사의 목적과 대상을 명확하게 하고 도면이나 공장에 관계되는 자료에 따라 그 공장에 대한 예비지식을 얻고 가능하면 현지의 예비조사를 실시한다. 이때 공장측에서 준비하여야 할 자료를 보면 다음과 같다.

① 공장주변도
② 공장배치도
③ 공장평면도
④ 기계배치도
⑤ 공장건물 설치도
⑥ 작업공정도
⑦ 기계장치의 성능, 출력, 회전수 등의 일람표

예비조사를 한 후 도면상에 측정방법, 측정항목 등을 검토하여 필요한 측정기, 측정인원, 측정시간 등을 결정한다.

5.2 소음측정기기

KS규격에 의거 각 규제기준에 지정된 소음계로 그 레벨의 측정은 가능하지만 전술한 바와 같이 측정목적이 다양하여 소음계만으로 측정목적을 달성하기가 어려울 때가 많다. 측정계획에 따라 각각에 필요한 측정기기가 보급되어 있기 때문에 계획에 적합한 장비를 갖출 필요가 있다. 주로 사용되고 있는 측정기기를 들면 소음계, 기록계, 주파수분석기, 녹음기 등이다.

5.2.1 소음계

일반적으로 소음의 공간분포는 불균일하다. 따라서 이러한 종류의 소음측정을 위해서는 휴대용 소음계를 들고 위치를 옮겨 가면서 각 위치의 소음도를 조사한다. 이 방법은 소음이 시간에 따라서 크게 변하지 않는 경우에는 대단히 편리하고 비교적 정확한 값을 얻을 수 있으나 현저하게 변하는 경우에는 각각 위치에서 일정시간 동안 소음의 시간적 변화를 측정해서 이 데이터를 공식에 의해 환산하여 등가소음도(L_{eq})를 산정하여야 한다. 그러나 이 방법은 상당히 복잡하고 시간이 걸리므로 이 방법은 하나 이상의 여러 위치에서 측정한 소음에 적용하는 것은 대단히 힘들다. 최신 microprocessor 기술이 보편화되면서 등가소음을 직접 측정할 수 있는 휴대용 소음계가 상품화되고 있어 이 같은 장비를 사용하면 시간에 따라서 변화하는 소음에 대한 객관적인 평가데이터를 쉽게 구할 수 있다. 소음계 몸체에 의한 영향은 대체로 1,000 Hz 이하에서는 무시할 수 있으며, 측정자 몸에 의한 반사음 영향을 줄이기 위해서는 가능한 한 소음계를 측정자 몸으로부터 멀리하도록 손을 뻗쳐서 잡는다. 이와 같은 휴대용 소음계의 큰 장점은 소음의 공간분포를 측정할 수 있다는 점이다.

소음이 장기적으로 현저하게 변화하는 경우에는 소음계를 들고 순회 측정하는 방법은 상당한 오차를 초래할 수 있다. 이러한 경우에 사용할 수 있는 적절한 장비가 정밀소음분석기와 기록장비이다. 이 시스템은 소음의 공간분포 측정에는 부적합하지만 장기적인 변동소음의 측정분석이나 공간소음의 장기측정은 물론 교통, 공장 등의 소음측정에 널리 사용되고 있다.

(1) 소음의 측정

음압레벨은 물리량이지만 인간의 청감에 대한 보정을 하여 소리의 크기레벨에 근사한 값으로 측정할 수 있도록 한 측정기를 소음계라 한다. "원하지 않는 소리"를 소음으로 규정하고 있지만 소음계로 듣기 좋은 소리, 예를 들면 오케스트라 음악을 소음계로 측정하면 높은 레벨을 나타낸다. 따라서 소위 말하는 소음의 정의에 따른 범주의 음원에 관하여만 국한한다.

따라서 소음이라 판단되는 음의 물리량에 청감보정을 등청감곡선에 따라 보정된 수량으로 측정하는 것을 일반적인 소음측정이기 때문에 다음과 같은 조건이 따른다.

① 시끄러움, 불쾌함 등의 주관량과 결부된 것으로서 가청주파수 범위에 한한다.
② 귀의 감각특성을 고려해도 거의 정확도를 요하지 않는 경우, 귀의 판단능력 이상, 예를 들면 1 dB 이하의 세기의 변화나 주파수의 미세 변화를 조사해도 의미가 없다.
③ 음의 물리적 세기보다는 되도록이면 근사적으로 귀로 느끼는 크기레벨 혹은 시끄러움에 결부된 양을 구한다.

소음측정은 KS C-1502에 정한 보통소음계급 이상으로 측정하여 소음계의 A, B, C 등의 청감보정회로를 통하여 측정한 값을 소음레벨이라 하고 그 단위는 dB(A), dB(B), dB(C)로 표기한다. 한편, 이들 보정회로별 보정특성은 표 5.2와 같다.

표 5.2 보통소음계의 Response (dB)

옥타브밴드 중심주파수(Hz)	KS 보통소음계			
	A	B	C	허용오차
31.5	−39.2	−17.2	−3.0	± 5.0
63	−26.1	−9.4	−0.8	± 3.5
125	−16.1	−4.3	−0.2	± 2.0
259	−8.6	−1.4	0	± 2.0
500	−3.2	−0.3	0	± 1.0
1,000	0	0	0	± 2.0
2,000	+1.2	−0.2	−0.2	+3.0 −2.5
4,000	+1.0	−0.8	−0.8	+4.5 −4.0
8,000	−1.1	−3.0	−3.0	+6.0 −5.5
16,000	−6.5	−8.3	−8.4	+6.0 −∞

일반적으로 소음레벨의 측정에 의해 법에 정한 각종 기준 이내인가 또는 초과하는가를 판정하고 있지만 방음설계를 위해서는 주파수 분석기에 의한 측정이 필수적이다.

(2) 소음계의 취급

소음계로 측정시에 주의를 요하는 사항은 다음과 같다.

① 암소음 영향에 대한 지시치의 보정치를 표 5.3에 나타낸다.

② 반사음 영향에 대한 대책 : 일차적으로 음원의 소음레벨을 측정할 것인가 환경소음레벨로 된 합성음의 레벨을 측정할 것인가에 따라 대책을 세워야 하는데 기본적으로 측정 microphone 주위에 가능한 한 장애물이 없어야 한다.

③ 기타의 환경조건에 대해 주의한다.

④ 청감보청회로의 사용 : B 및 C 회로 보정레벨 측정결과와 A회로레벨 측정결과와의 대비에 의해 대략적인 주파수역의 판정 평가의 실마리를 풀 수 있다.

예) dB(A)≈dB(C) : 고주파 성분이 많다.

dB(A)≪dB(C) : 저주파 성분이 많다.

⑤ 지시계기의 동특성 사용법 : 변동이 적은 소음은 slow에, 변동이 심한 소음은 fast에 놓고 측정한다.

⑥ 불규칙하고 대폭적으로 변동하는 경우의 사용방법

표 5.3 암소음 보정표

대상음이 있을 때와 없을 때의 지시치의 차	1	2	3	4	5	6	7	8	9	10
보정치	−		−3	−2		−1				−
계산치	−6.9	−4.4	−3.0	−2.3	−1.7	−1.25	−0.95	−0.75	−0.60	−0.45

(3) 소음계의 구분

보통소음계의 규격은 KS C-1502에 정하고 있다. 원래 소음계는 귀로 느끼는 음의 크기레벨을 측정하여 아는 것을 목적으로 하며 다음 2종류를 생각할 수 있다.

① 청취식 : 표준 발음기로부터 발생한 어떤 음과 알고자 하는 음의 크기를 귀로 비교하여 그 음의 크기의 정도를 아는 것으로 정도가 나빠 사용되지 않는다.

② 지시식 : 지침 및 디지털 방식으로 대부분의 소음계가 여기에 해당한다. 이러한 지시식 소음계는 통상 정밀소음계, 보통소음계, 간이소음계의 3형식으로 구분되며 각각의 허용오차폭이나 지향특성, 주파수 범위 등은 상이하다.

표 5.4와 그림 5.1은 이들 소음계의 주파수 범위와 허용오차를 보인 것이다.

여기서 알 수 있듯이 정밀소음계 쪽이 저주파수에서 고주파수까지의 범위가 크며 통상 측정하는 소음은 50～6,000 Hz 사이이므로 보통소음계로 충분하다. 즉, 실용적인 소음측정에는 충분한 특성을 가지고 있다 하겠다.

정밀소음계는 고주파나 저주파 성분인 측정, 특히 정밀도를 요하는 측정에 적합하며, 간이소음계는 일반적인 소음측정에는 충분하지만 중요한 정도를 필요로 하는 경우에는 피하는 것이 좋다.

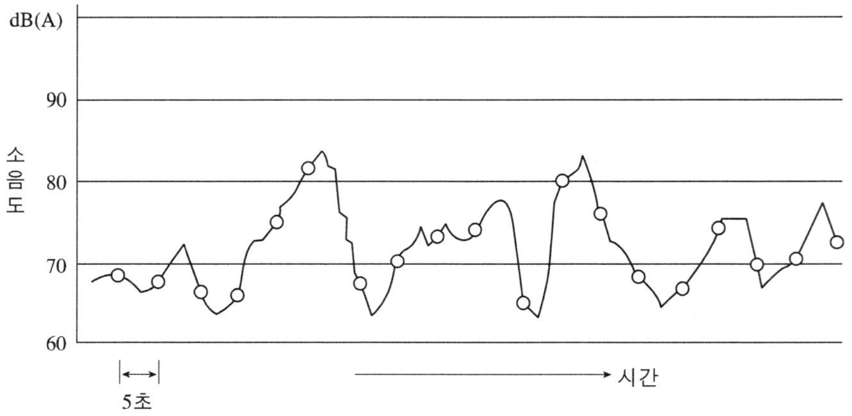

그림 5.1 소음계별 C 특성 허용오차

표 5.4 주파수 범위(Hz)

정밀소음계	보통소음계	간이소음계
20～12,500	31.5～8,000	70～6,000

(4) 마이크로폰

1) 마이크로폰의 기본적인 사용법

원칙적으로 마이크로폰은 소음계 본체에서 분리하여 연장코드를 사용하여 삼각대에 장치하는 것으로 한다. 마이크로폰이 소음계 본체에 부착된 것은 측정자 등의 인체로부터의 반사음에 의해 지시치에 오차가 발생하기 쉽다.

2) 소음계에 마이크로폰을 부착한 채 삼각대에 장치하는 방법

일반적으로 소음계 본체에는 삼각대용 나사가 있으므로 이것을 사용한다. 이 경우에 지시치를 판독하기 위해 너무 가까이 접근하면 지시에 오차가 일어나기 때문에 주의를 요한다. 이러한 측정 예를 보인 것이 그림 5.2와 같다.

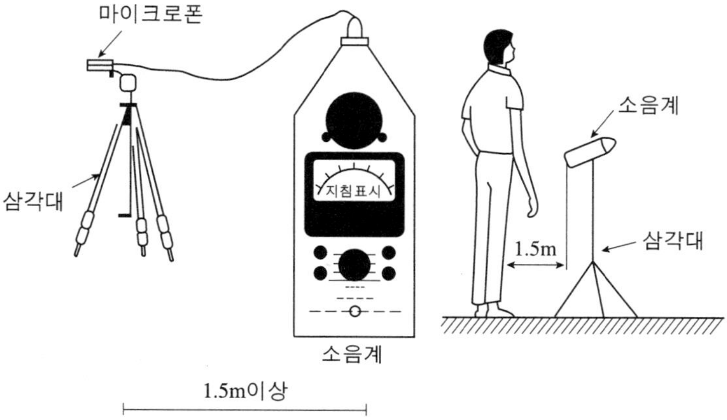

그림 5.2 소음측정방법

(5) 소음계를 손으로 잡고 측정할 때

마이크로폰이 부착된 소음계를 그대로 잡고 측정할 경우에는 몸의 앞뒤좌우 방향으로 소음계를 이동시키면서 반사음의 영향을 신중히 확인한다.

5.2.2 주파수분석기

소음의 특성을 결정하는 또 하나의 중요한 요소는 주파수특성이다. 소음의 주파수 분석은 옥타브밴드(octave band) 혹은 1/3 옥타브밴드에 의해 이루어지며, 이외에도 정밀분석이 필요한 경우에는 협대역분석기(narrow band analyzer)를 사용하기도 한다. 대부분의 소음계와 정밀소음분석기에 내장되어 있는 청감보정회로는 옥타브밴드 filter에 의해서 측정된 소음도를 총 소음도(over-all noise level)라 하며 소음의 모든 주파수 성분을 대수 합산한 값이다.

소음의 주파수 분석은 소음방지대책 강구에 필수적이며, 소음방지에 쓰이는 차음재나 흡음재 등의 효과는 소음의 주파수에 따라 다르다. 즉, 모든 주파수에 효과적인 방지대책을 강구하기는 대단히 어렵기 때문에 차선의 방법으로 소음의 주파수 분석에 의해서 가장 문제가 되는 주파수 밴드를 찾아 이 밴드에 특히 효과적인 방지대책을 강구하는 것이다.

소음의 주파수 분석을 위한 장비의 선택을 위해서는 우선 소음의 시간변화 특성을 알아야 한다. 시간에 따라서 거의 변하지 않는 정상소음에 대해서는 필터분석기를 사용할 수 있다. 필터분석기는 근본적으로 직렬로 연결된 band pass filter로 구성되어 있어 소음신호를 각 주파수밴드에 대응하는 필터에 차례로 통과시켜 분석한다. 이 같은 분석방법에는 일정시간이 필요하기 때문에 교통소음과 같이 빨리 변하는 소음의 주파수 분석에는 적절하지 않다. 이러한 변동소음의 주파수 분석을 위해서는 실시간(real-time) 주파수 분석기를 사용한다. 이는 band pass filter를 병렬로 연결하여 모든 주파수 밴드의 분석을 동시에 수행하므로 분석에 걸리는 시간이 극히 짧다.

일반적으로 사용되는 주파수 분할방식은 IEC-225 규격에 의해 정해진다. 1/3 옥타브 분석기는 옥타브 분석기의 한 밴드를 3개로 다시 분할하여 분석하므로 정밀분석이 가능하며 이들 분석 예는 그림 5.3의 (a), (b)와 같다.

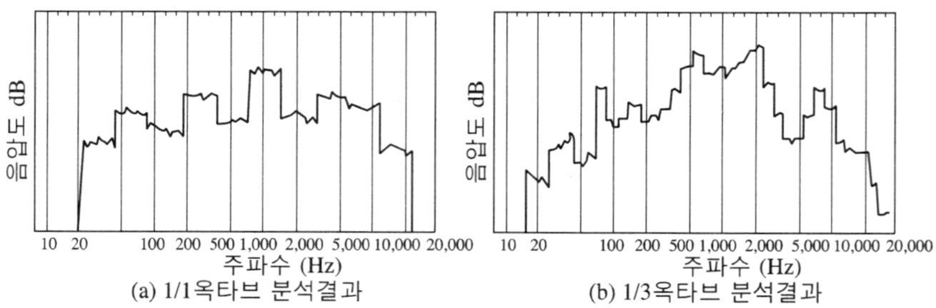

그림 5.3 옥타브 및 1/3 옥타브 분석결과

5.2.3 기록계

소음계, 옥타브 분석기 등에 의한 측정 시에 지시치가 항상 일정하지 않기 때문에 기록계가 필요하며, 시시각각의 변화를 기록할 수 있다. 기록계를 소음계 및 주파수 분석기와 조합하여 소음레벨 및 band레벨의 기록측정이 가능하다.

소음계에서는 지시계기의 지시치를 판독하여야 하지만 레벨기록계는 자동 기록 측정되므로 판독 및 장시간 측정에 편리하다.

5.2.4 교정기(calibrator)

현장에서 소음 측정시 측정시스템 전반의 교정이 필요하다. 이러한 시스템 교정은 장비

상호간의 적절한 연결을 확인하기 위해서도 꼭 필요하다. 이 목적을 위해 상품화된 몇 가지 종류의 음압교정기를 사용하기도 하고 계기 자체에 내장된 신호를 이용하기도 하지만, 여기서는 음압교정기(calibrator)에 대해서만 기술하기로 한다.

교정기는 일정한 주파수(예를 들어 250 Hz, 1,000 Hz)에서 일정한 레벨의 음압을 발생한다. 이들 교정기를 완성된 측정시스템의 마이크로폰에 부착시켜 가동시키면서 소음계의 지시미터나 기록계의 기록값이 교정기의 음압레벨과 같게 조정자(adjuster)를 조절하여 교정을 마친다.

5.3 측정절차

측정하고자 하는 소음이 자유 진행되거나 몇 개의 지배적인 주파수를 갖고 구성되어 진행될 때는 반사음의 영향에 특히 유의해야 하지만 환경소음과 같이 확산음장에 가깝거나 넓은 주파수 분포를 가지고 있으면 측정자에 기인하는 반사음의 영향은 무시될 수 있다.

소음측정 시 부수적으로 권장되는 사항은 다음과 같다. 옥외측정은 각 규제기준에 따르며, 옥내측정은 바닥으로부터 1.2~1.5 m 높이, 벽으로부터 1 m, 창으로부터 1.5 m 이상 떨어져 측정해야 하며, 측정은 정상적으로 창이 아주 열려진 상태가 아니면 닫힌 상태에서 행한다.

5.3.1 옥외측정시 고려해야 할 사항

① 측정장비가 국내 및 국제규격에 만족하는가?

② 어떤 교정절차가 필요한가?

③ 측정기록과 청감보정회로 설정은 어떻게 할 것인가?

④ 측정은 어디서 할 것인가? (귀의 높이, 부지경계선, 고속도로변 등)

⑤ 주소음은 무엇이 발생하는가?

⑥ 소음의 특성은? (충격, 정상상태, 변동성, 순음성 등)

⑦ 이러한 소음은 언제 발생하는가? (낮, 밤, 주말 등)

⑧ 소음원의 물리적 크기는?

⑨ 그곳의 환경조건은? (온도, 습도, 바람 등)

⑩ 측정은 근음장에서 할 것인가, 원음장에서 할 것인가, 또 원음장의 자유부나 잔향부에서 할 것인가? 만약 원음장의 자유부에서 측정할 때 사용되는 마이크로폰의 종류에 따른 방위는?

5.3.2 옥외측정시 주의사항

① 바람에 의한 마이크로폰 소음의 방지
② 비로부터 마이크로폰 보호
③ 전자장의 영향 배제

바람은 마이크로폰 다이아프램에 변형을 가함으로서 측정 대상소음과 관계없는 소음을 발생시킬 수 있다. 바람의 영향을 방지하기 위해 방풍망(anti wind screen)을 마이크로폰에 부착하는데, 옥외측정시에는 가급적 이를 부착하여 측정하는 것이 좋으며 풍속이 5.5 m/sec 이상이 되면 방풍망에 의한 방지효과도 크지 않으므로 측정을 중지하는 것이 좋다. 방풍망은 다공성의 가벼운 합성수지로 되어 있다.

한편, 마이크로폰 종류에 따른 전자장의 영향을 보면, 동전형(moving coil)은 저렴한 장점이 있으나 전동기, 변압기, 변전설비 부근에서 측정 시에는 자장의 영향을 받기 쉽다. 따라서 마이크로폰을 사용하여 측정하고자 할 때에는 어떤 거리를 두어 측정하여 규정거리의 레벨로 계산에 의하여 구해야 한다. 압전형을 사용하면 자장의 영향은 받지 않으나 온도의 영향을 받기 때문에, 가격은 비싸지만 이러한 영향이 거의 없는 콘덴서형 마이크로폰의 사용이 권장된다.

5.3.3 등가소음도 계산의 예

5분 동안 측정 기록한 기록지는 그림 5.4와 같고, 5초 간격(paper speed가 1 mm/sec이면 5 mm간격)으로 소음도를 판독한 결과와 백분율은 표 5.5와 같다.

표 5.5의 백분율을 표 5.6 (2)란에 기입하고 (1)란과 곱한 값을 (3)란에 기입하여 합을 구한다.

$$\therefore L_{eq} = 10\log(\Sigma) = 10\log(130.582 \times 10^6) \fallingdotseq 81\ \mathrm{dB(A)}$$

소음계만으로 측정한 결과도 위와 같은 방법으로 등가소음도를 구한다.

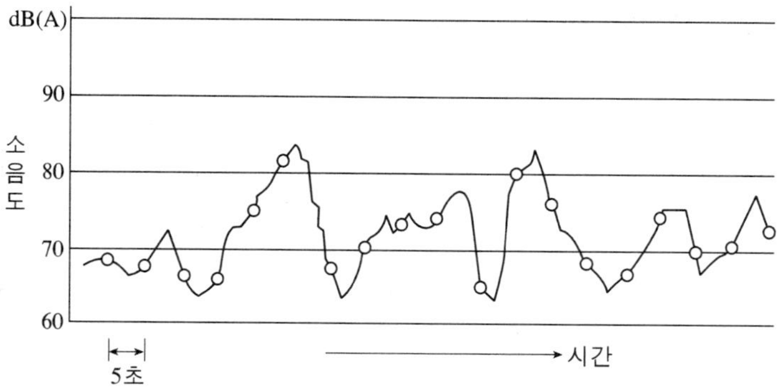

그림 5.4 소음측정기록지

표 5.5 소음도 판독결과 및 백분율

소음도[dB(A)]	기록란	백분율(%)
65~70	∨∨∨∨∨	10
70~75	∨∨∨∨∨∨∨∨∨∨	20
75~80	∨∨∨∨∨∨∨∨∨∨∨∨∨∨∨	30
80~85	∨∨∨∨∨∨∨∨∨∨∨∨∨∨∨	30
85~90	∨∨∨∨∨	10

표 5.6 등가소음 계산예

소음도[dB(A)]	L_i dB (A)	(1) $\frac{1}{100}10^{L_i/10}$	(2) f_i (%)	(1) × (2) = (3)
65~70	67.5	0.562×10^5	10	0.562×10^6
70~75	72.5	0.178×10^6	20	3.56×10^6
75~80	77.5	0.562×10^6	30	16.86×10^6
80~85	82.5	0.178×10^7	30	53.4×10^6
85~90	87.5	0.562×10^7	10	56.2×10^6
				$\Sigma 130.582 \times 10^6$

5.3.4 관련시간대 보정의 예

어떤 공장이 15 : 00시에서 22 : 00시까지 가동하였다고 하면 가동시간은 낮이 3시간, 저녁이 4시간이므로 관련시간대에 따른 보정치는 백분율이 낮 37.5%(3/8), 저녁 100%(4/4)이므로 −5 및 0 dB(A)이다. 이중, 저녁 보정치 0을 보정한다.

측정소음도는 당해 시간별에 따라 측정 보정함을 원칙으로 하나 배출시설이 변동 없이 24시간 가동한 경우에는 낮 시간대 측정소음도를 저녁, 밤 시간대의 측정소음도로 사용할 수 있다.

Chapter 6

소음공정시험방법

1장 총칙

1. 목적

이 시험방법은 소음·진동규제법 제7조의 규정에 의거 소음을 측정함에 있어서 측정의 정확 및 통일을 유지하기 위하여 필요한 제반사항에 대하여 규정함을 목적으로 한다.

2. 적용범위

이 시험방법은 환경정책기본법 제10조 제2항에서 정하는 환경소음과 소음·진동규제법에서 정하는 공장배출허용기준, 규제기준 및 한도 등과 관련된 소음을 측정하기 위한 시험(측정)방법에 대하여 규정한다.

3. 용어의 정의

(1) 소음원 : 소음을 발생하는 기계·기구, 시설 및 기타 물체를 말한다.

(2) 반사음 : 한 매질중의 음파가 다른 매질의 경계면에 입사한 후 진행방향을 변경하여 본래의 매질 중으로 되돌아오는 음을 말한다.

(3) 배경소음 : 한 장소에 있어서의 특정의 음을 대상으로 생각할 경우 대상소음이 없을 때 그 장소의 소음을 대상소음에 대한 배경소음이라 한다.

(4) 대상소음 : 배경소음 외에 측정하고자 하는 특정의 소음을 말한다.

(5) 정상소음 : 시간적으로 변동하지 아니하거나 또는 변동폭이 작은 소음을 말한다.

(6) 변동소음 : 시간에 따라 소음도 변화폭이 큰 소음을 말한다.

(7) 충격음 : 폭발음, 타격음과 같이 극히 짧은 시간동안에 발생하는 높은 세기의 음을 말한다.

(8) 지시치 : 계기나 기록지 상에서 판독한 소음도로서 실효치(rms값)를 말다.

(9) 소음도 : 소음계의 청감보정회로를 통하여 측정한 지시치를 말한다.

(10) 등가소음도 : 임의의 측정시간동안 발생한 변동소음의 총 에너지를 같은 시간 내의 정상소음의 에너지로 등가하여 얻어진 소음도를 말한다.

(11) 측정소음도 : 이 시험방법에서 정한 측정방법으로 측정한 소음도 및 등가소음도 등을 말한다.

(12) 배경소음도 : 측정소음도의 측정위치에서 대상소음이 없을 때 이 시험방법에서 정한 측정방법으로 측정한 소음도 및 등가소음도 등을 말한다.

(13) 대상소음도 : 측정소음도에 배경소음을 보정한 후 얻어진 소음도를 말한다.

(14) 평가소음도 : 대상소음도에 충격음, 관련시간대에 대한 측정소음 발생시간의 백분율, 시간별, 지역별 등의 보정치를 보정한 후 얻어진 소음도를 말한다.

(15) KS 규격 : 한국산업규격 중 소음계에 관한 규격을 말한다.

(16) IEC 규격 : 국제전기표준회의에서 제정된 소음측정기기에 관한 규격을 말한다.

(17) 지발발파 : 수초 내에 시간차를 두고 발파하는 것을 말한다.

4. 측정기기 및 사용기준

4.1 측정기기

4.1.1 소음계

(1) 기본구조

소음을 측정하는데 사용되는 소음계는 간이소음계, 보통소음계, 정밀소음계 등이 있으며, 최소한 그림 6.1과 같은 구성이 필요하다.

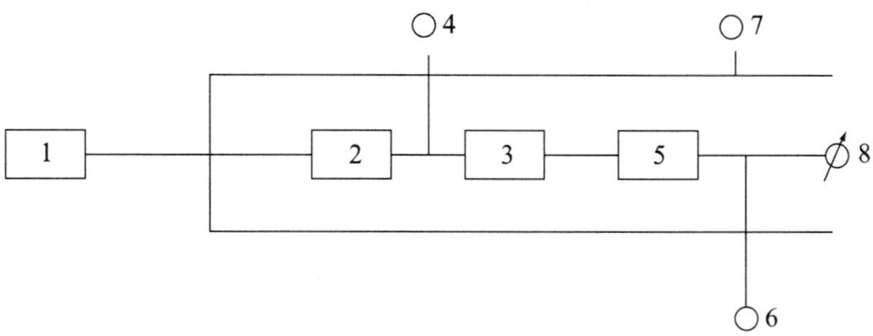

1. 마이크로폰　2. 레벨렌지 변환기　3. 증폭기　4. 교정장치
5. 청감보정회로　6. 동특성 조절기　7. 출력단자(간이소음계 제외)　8. 지시계기

그림 6.1 소음계의 구성도

(2) 구조별 성능

① 마이크로폰(Microphone) : 마이크로폰은 지향성이 작은 압력형으로 하며, 기기의 본체와 분리가 가능하여야 한다.

② 증폭기(Amplifier) : 마이크로폰에 의하여 음향에너지를 전기에너지로 변환시킨 양을 증폭시키는 것을 말한다.

③ 레벨렌지 변환기 : 측정하고자 하는 소음도가 지시계기의 범위 내에 있도록 하기 위한 감쇠기로서 유효눈금범위가 30 dB 이하가 되는 구조의 것은 변환기에 의한 레벨의 간격이 10 dB 간격으로 표시되어야 한다. 다만, 레벨 변환 없이 측정이 가

능한 경우 레벨레인지 변환기가 없어도 무방하다.

레벨레인지 변환기가 있는 기기에 있어서 레벨레인지 변환기의 전환오차가 0.5 dB 이내이어야 한다(개정안－도입).

④ 교정장치(Calibration Network Calibrator) : 소음측정기의 감도를 점검 및 교정하는 장치로서 자체에 내장되어 있거나 분리되어 있어야 하며, 80 dB(A) 이상이 되는 환경에서도 교정이 가능하여야 한다.

⑤ 청감보정회로(Weighting Networks) : 인체의 청감각을 주파수 보정특성에 따라 나타내는 것으로 A특성을 갖춘 것이어야 한다. 다만, 자동차 소음측정에 사용되는 C특성도 함께 갖추어야 한다.

⑥ 동특성 조절기(Fast-Slow Switch) : 지시계기의 반응속도를 빠름 및 느림의 특성으로 조절할 수 있는 조절기를 가져야 한다.

⑦ 출력단자(Monitor Out) : 소음신호를 기록기 등에 전송할 수 있는 교류단자를 갖춘 것이어야 한다.

⑧ 지시계기(Meter) : 지시계기는 지침형 또는 디지털형이어야 한다. 지침형에서는 유효지시범위가 15 dB이상이고 각각의 눈금은 1 dB 이하를 판독할 수 있어야 하며, 1 dB 눈금간격이 1 mm 이상으로 표시되어야 한다. 다만, 디지털형에서는 숫자가 소수점 한 자리까지 표시한다. 지시계기의 눈금오차는 0.5 dB 이내이어야 한다(개정안－도입).

4.1.2 기록지

자동 혹은 수동으로 연속하여 시간별 소음도, 주파수밴드별 소음도 및 기타 측정결과를 그래프, 점, 숫자 등으로 기록하는 기기를 말한다.

4.1.3 주파수 분석기

소음의 주파수 성분을 분석하는 데 사용하는 기기로 1/1 옥타브밴드 분석기, 1/3 옥타브밴드 분석기 등을 말한다.

4.1.4 데이터 녹음기

소음계 등의 아날로그 또는 디지털 출력신호를 녹음·재생시키는 장비를 말한다.

4.2 부속장치

(1) 방풍망(anti-Wind Screen)

소음을 측정할 때 바람으로 인한 영향을 방지하기 위한 장치로서 소음계의 마이크로폰에 부착하여 사용하는 것을 말한다.

(2) 삼각대(tripod)

마이크로폰을 소음계와 분리시켜 소음을 측정할 때 마이크로폰의 지지장치로 사용하거나 소음계를 고정할 때 사용하는 장치를 말한다.

(3) 표준음 발생기(pistonphone, calibrator)

소음계의 측정감도를 교정하는 기기로서 발생음의 주파수와 음압도가 표시되어 있어야 하며, 발생음의 오차는 ±1 dB 이내이어야 한다.

4.3 사용기준

(1) 간이소음계는 예비조사 등 소음도의 대략치를 파악하는데 사용되며, 소음을 규제, 인증하기 위한 목적으로 사용되는 기계로서는 KSC-1502에 정한 보통소음계 또는 이와 동등 이상의 성능을 가진 것으로서 dB단위로 지시하는 것을 사용하여야 한다.

(2) 소음측정기는 견고하고 빈번한 사용에 견딜 수 있어야 하며, 항상 정도를 유지할 수 있어야 한다.

(3) 성능

① 측정가능 주파수 범위는 31.5～8 kHz 이상이어야 한다.

② 측정가능 소음도 범위는 35～130 dB 이상이어야 한다. 다만, 자동차 소음측정에 사용되는 것은 45～130 dB 이상으로 한다.

③ 특성별(A특성 및 C특성)표준 입사각의 응답과 그 편차는 KSC-1502의 부표 1을 만족하여야 한다.

④ 레벨렌지 변환기가 있는 기기에 있어서 레벨렌지 변환기의 전환오차가 0.5 dB 이내이어야 한다.

⑤ 지시계기의 눈금오차는 0.5 dB 이내이어야 한다.

2장 환경기준 측정방법

1. 측정점

(1) 옥외측정을 원칙으로 하며, "일반지역"은 당해지역의 소음을 대표할 수 있는 장소로 하고, "도로변지역(주 1)"에서는 소음으로 인하여 문제를 일으킬 우려가 있는 장소를 택하여야 한다. 측정점 선정 시에는 당해지역 소음평가에 현저한 영향을 미칠 것으로 예상되는 공장 및 사업장, 건설사업장, 비행장, 철도 등의 부지 내는 피해야 한다.

주 (1) 도로변지역의 범위는 도로단으로부터 차선수×10 m로 하고, 고속도로 또는 자동차 전용도로의 경우에는 도로단으로부터 150 m 이내의 지역을 말한다.

(2) 일반지역의 경우에는 가능한 한 측정점 반경 3.5 m 이내에, 장애물(담, 건물, 기타 반사성 구조물 등)이 없는 지점의 지면위 1.2～1.5 m로 한다.

(3) 도로변 지역의 경우에는 장애물이나 주거, 학교, 병원, 상업 등에 활용되는 건물이 있을 때에는 이들 건축물로부터 도로방향으로 1 m 떨어진 지점의 지면위 1.2～1.5 m 위치로 하며, 건축물이 보도가 없는 도로에 접해 있는 경우에는 도로단에서 측정한다. 다만, 상시측정용의 경우의 측정높이는 주변환경, 통행, 촉수 등을 고려하여 지면위 1.2～5 m 높이로 할 수 있다.

2. 측정조건

2.1 일반사항

(1) 소음계의 마이크로폰은 측정위치에 받침장치(삼각대 등)를 설치하여 측정하는 것을 원칙으로 한다.

(2) 손으로 소음계를 잡고 측정할 경우에는 소음계는 측정자의 몸으로부터 50 cm 이상 떨어져야 한다.

(3) 소음계의 마이크로폰은 주소음원 방향으로 향하도록 하여야 한다.

(4) 풍속이 2 m/sec 이상일 때에는 반드시 마이크로폰에 방풍망을 부착하여야 하며, 풍속이 5 m/sec를 초과할 때에는 측정하여서는 안 된다.

(5) 진동이 많은 장소 또는 전자장(대형 전기기계, 고압선 근처 등)의 영향을 받는 곳에서는 적절한 방지책(방진, 차폐 등)을 강구하여야 한다.

2.2 측정사항

요일별로 소음변동이 적은 평일(월요일부터 금요일사이)에 당해지역의 환경소음을 측정하여야 한다.

3. 측정기기의 사용 및 조작

3.1 사용 소음계

KSC-1502에 정한 보통소음계 또는 동등 이상의 성능을 가진 것이어야 한다.

3.2 일반사항

(1) 소음계와 소음도기록기를 연결하여 측정 기록하는 것을 원칙으로 한다. 소음도 기록

기가 없는 경우에는 소음계만으로 측정할 수 있다.

(2) 소음계 및 소음도기록기의 전원과 기기의 동작을 점검하고 매회 교정을 실시하여야 한다(소음계의 출력단자와 소음도기록기의 입력단자 연결).

(3) 소음계의 레벨렌지 변환기는 측정지점의 소음도를 예비조사한 후 적절하게 고정시켜야 한다.

(4) 소음계와 소음도기록기를 연결하여 사용할 경우에는 소음계의 과부하 출력이 소음기록치에 미치는 영향에 주의하여야 한다.

3.3 청감보정회로 및 동특성

(1) 소음계의 청감보정회로는 A특성에 고정하여 측정하여야 한다.

(2) 소음계의 동특성은 원칙적으로 빠름(fast)을 사용하여 측정하여야 한다.

4. 측정시간 및 측정지점수

(1) 낮 시간대(06：00～22：00)에는 당해지역 소음을 대표할 수 있도록 측정지점수를 충분히 결정하고, 각 측정지점에서 2시간이상 간격으로 4회 이상 측정하여 산술평균한 값을 측정소음도로 한다.

(2) 밤 시간대(22：00～06：00)에는 낮 시간대에 측정한 측정지점에서 2시간 간격으로 2회 이상 측정하여 산술평균한 값을 측정소음도로 한다.

5. 측정자료 분석

측정자료는 다음 경우에 따라 분석·정리하며, 소수점 첫째자리에서 반올림한다.

5.1 디지털 소음자동분석계를 사용할 경우

샘플주기를 1초 이내에서 결정하고 5분 이상 측정하여 자동 연산·기록한 등가소음도를 그 지점의 측정소음도로 한다.

5.2 소음도 기록기 또는 소음계만을 사용하여 측정할 경우

계기조정을 위하여 먼저 선정된 측정위치에서 대략적인 소음의 변화양상을 파악한 후 소음계 지시치의 변화를 목측으로 5초 간격 60회 판독·기록하여 다음의 방법으로 그 지점의 측정소음도를 정한다(2015년 12월 31일까지 적용－개정안).

등가소음도의 계산은 10.1 등가소음도 계산방법 중 10.1.1의 방법에 의한다(2015년 12월 31일까지 적용－개정안).

6. 평가 및 측정자료의 기록

6.1 평가

5항에서 구한 측정소음도를 환경정책기본법시행령 별표1의 소음환경기준과 비교한다.

6.2 측정자료의 기록

소음평가를 위한 자료는 [서식 1]에 의하여 기록한다.

3장 배출허용기준 측정방법

1. 측정점

(1) 공장의 부지경계선(아파트형 공장의 경우에는 공장건물의 부지경계선) 중 피해가 우려되는 장소로서 소음도가 높을 것으로 예상되는 지점의 지면위 1.2～1.5 m 높이로 한다.

(2) 공장의 부지경계선이 불명확하거나 공장의 부지경계선에 비하여 피해가 예상되는 자의 부지경계선에서의 소음도가 더 큰 경우에는 피해가 예상되는 자의 부지경계선으로 한다.

(3) 측정지점에 담, 건물 등 높이가 1.5 m를 초과하는 장애물이 있는 경우에는 장애물로부터 소음원 방향으로 1～3.5 m 떨어진 지점으로 한다. 다만, 그 장애물이 방음벽이거나 충분한 차음이 예상되는 경우에는 장애물 밖의 1～3.5 m 떨어진 지점 중 암영대(暗影帶)의 영향이 적은 지점으로 한다.

2. 측정조건

2.1 일반사항

(1) 소음계의 마이크로폰은 측정위치에 받침장치(삼각대 등)를 설치하여 측정하는 것을 원칙으로 한다.

(2) 손으로 소음계를 잡고 측정할 경우 소음계는 측정자의 몸으로부터 0.5 m 이상 떨어져야 한다.

(3) 소음계의 마이크로폰은 주소음원 방향으로 향하도록 하여야 한다.
(4) 풍속이 2 m/sec 이상일 때에는 반드시 마이크로폰에 방풍망을 부착하여야 하며, 풍속이 5 m/sec를 초과할 때에는 측정하여서는 아니 된다.
(5) 진동이 많은 장소 또는 전자장(대형 전기기계, 고압선 근처 등)의 영향을 받는 곳에서는 적절한 방지책(방진, 차폐 등)을 강구하여 측정하여야 한다.

2.2 측정사항

(1) 측정소음도의 측정은 대상 배출시설의 소음발생기기를 가능한 한 최대출력으로 가동시킨 정상상태에서 측정하여야 한다.
(2) 배경소음도는 대상 배출시설의 가동을 중지한 상태에서 측정하여야 한다.

3. 측정기기의 사용 및 조작

3.1 사용소음계

KSC-1502에 정한 보통소음계 또는 동등이상의 성능을 가진 것이어야 한다.

3.2 일반사항

(1) 소음계와 소음도기록기를 연결하여 측정 · 기록하는 것을 원칙으로 한다. 소음도기록기가 없는 경우에는 소음계만으로 측정할 수 있다.
(2) 소음계 및 소음도기록기의 전원과 기기의 동작을 점검하고 매회 교정을 실시하여야 한다(소음계의 출력단자와 소음도기록기의 입력단자 연결).
(3) 소음계의 레벨렌지 변환기는 측정지점의 소음도를 예비조사한 후 적절하게 고정시켜야 한다.
(4) 소음계와 소음도기록기를 연결하여 사용할 경우에는 소음계의 과부하 출력이 소음기록치에 미치는 영향에 주의하여야 한다.

3.3 청감보정회로

(1) 소음계의 청감보정회로는 A특성에 고정하여 측정하여야 한다.
(2) 소음계의 동특성은 원칙적으로 빠름(fast)을 사용하여 측정하여야 한다.

4. 측정시각 및 측정지점수

적절한 측정시각에 3지점 이상의 측정지점수를 선정 · 측정하여 그중 가장 높은 소음도를 측정소음도로 한다.

5. 측정자료 분석 및 배경소음 보정

5.1 자료분석방법

측정자료는 다음 경우에 따라 분석·정리하며, 소수점 첫째자리에서 반올림한다.

5.1.1 디지털 소음자동분석계를 사용할 경우

샘플주기를 1초 이내에서 결정하고 5분 이상 측정하여 자동 연산·기록한 등가소음도를 그 지점의 측정소음도 또는 배경소음도로 한다.

5.1.2 소음도 기록기 또는 소음계만을 사용하여 측정할 경우

계기조정을 위하여 먼저 선정된 측정위치에서 대략적인 소음의 변화양상을 파악한 후 소음계 지시치의 변화를 목측으로 5초 간격 60회 판독·기록하여 다음의 방법으로 그 지점의 측정소음도 또는 배경소음도를 정한다(2015년 12월 31일까지 적용). 지시치의 변화를 목측으로 5초 간격 50회 판독, 기록하여 다음의 방법으로 그 지점의 측정소음도 또는 배경소음도를 측정한다.

(1) 등가소음도의 계산은 10.1 등가소음도 계산방법 중 10.1.1의 방법에 의한다(2015년 12월 31일까지 적용).

(2) 다만, 2회 이상의 재측정에서도 측정소음도가 배경소음도보다 3 dB 미만으로 크면 [서식 2]의 공장소음 측정자료(개정) 평가표에 그 상황을 상세히 명기한다.

5.2 배경소음 보정

측정소음도에 다음과 같이 배경소음을 보정하여 대상소음도로 한다.

(1) 측정소음도가 배경소음보다 10 dB 이상 크면 배경소음의 영향이 극히 작기 때문에 배경소음의 보정없이 측정소음도를 대상소음도로 한다.

(2) 측정소음도가 배경소음보다 3~9 dB 차이로 크면 배경소음의 영향이 있기 때문에 측정소음도에 표 6.1의 보정표에 의한 보정치를 보정한 후 대상소음도를 구한다. 다만, 배경소음도 측정 시 해당 공장의 공정상 일부 배출시설의 가동중지가 어렵다고 인정되고, 해당 배출시설에서 발생한 소음이 배경소음에 영향을 미친다고 판단될 경우에는 배경소음도 측정 없이 측정소음도를 대상소음도로 할 수 있다.

표 6.1 배경소음의 영향에 대한 보정표[단위 : dB(A)]

측정소음도와 배경소음도의 차	3	4	5	6	7	8	9
보정치	−3	−2		−1			

(3) 측정소음도가 배경소음도보다 2 dB 이하로 크면 배경소음이 대상소음보다 크므로 (1) 또는 (2)항이 만족되는 조건에서 재측정하여 대상소음도를 구하여야 한다.

6. 평가 및 측정자료의 기록

6.1 평가

6.1.1 소음평가를 위한 보정

대상소음도에 소음·진동규제법시행규칙 별표 4의 보정표에 정한 보정치를 보정하여 평가소음도를 구하여야 한다. 다만, 피해가 예상되는 자의 부지경계선에서 측정할 때 측정지점의 지역구분 적용시 공장이 위치한 지역과 피해가 예상되는 자의 지역이 서로 다를 경우에는 지역별 보정치의 적용을 대상 공장이 위치한 지역을 기준으로 적용한다.

6.1.2 소음·진동규제법시행규칙 별표 4 보정표에 대한 보정 원칙

(1) 관련 시간대에 대한 측정소음 발생시간의 백분율은 별표 4 제1호의 비고 1에 따른 낮, 저녁 및 밤의 각각의 정상가동시간(휴식, 기계수리 등의 시간을 제외한 실질적인 기계작동시간)을 구하고 시간구분에 따른 해당 관련 시간대에 대한 백분율을 계산하여, 당해 시간구분에 따라 적용하여야 한다.

이때 시간의 구분은 보정표의 시간별 항목의 기준에 따라야 하며, 가동시간은 측정 당일 전 30일간의 정상가동시간을 산술평균하여 정하여야 한다. 다만, 신규배출업소의 경우에는 30일간의 예상 가동시간으로 갈음한다.

(2) 측정소음도 및 배경소음도는 당해 시간별로 측정·보정함을 원칙으로 하나 배출시설이 변동 없이 낮 및 저녁시간, 밤 및 낮 시간 또는 24시간 가동한 경우에는 낮 시간대의 대상소음도를 저녁, 밤 시간의 대상소음도로 적용하여 각각 평가하여야 한다.

6.2 측정자료 기록

측정자료는 [서식 2]에 의하여 기록한다.

4장 규제기준의 측정방법

제1절 생활소음

1. 측정점

(1) 측정점은 피해가 예상되는 자의 부지경계선 중 소음도가 높을 것으로 예상되는 지점의 지면 위 1.2～1.5 m 높이로 한다.

(2) 측정점에 담, 건물 등 높이가 1.5 m를 초과하는 장애물이 있는 경우에는 장애물로부터 소음원 방향으로 1～3.5 m 떨어진 지점으로 한다. 다만, 그 장애물이 방음벽이거나 충분한 차음이 예상되는 경우에는 장애물 밖의 1～3.5 m 떨어진 지점 중 암영대(暗影帶)의 영향이 적은 지점으로 한다.

(3) 위(1) 및 (2)의 규정에도 불구하고 피해가 우려되는 곳이 2층 이상의 건물인 경우 등으로서 피해가 우려되는 자의 부지경계선에 비하여 소음도가 더 큰 장소가 있는 경우에는 소음도가 높은 곳에서 소음원 방향으로 창문・출입문 또는 건물벽 밖의 0.5～1 m 떨어진 지점으로 한다.

2. 측정조건

2.1 일반사항

(1) 소음계의 마이크로폰은 측정위치에 받침장치(삼각대 등)를 설치하여 측정하는 것을 원칙으로 한다.

(2) 손으로 소음계를 잡고 측정할 경우 소음계는 측정자의 몸으로부터 0.5 m 이상 떨어져야 한다.

(3) 소음계의 마이크로폰은 주소음원 방향으로 향하도록 하여야 한다.

(4) 풍속이 2 m/sec 이상일 때에는 반드시 마이크로폰에 방풍망을 부착하여야 하며, 풍속이 5 m/sec를 초과할 때에는 측정하여서는 아니된다.

(5) 진동이 많은 장소 또는 전자장(대형 전기기계, 고압선 근처 등)의 영향을 받는 곳에서는 적절한 방지책(방진, 차폐 등)을 강구하여 측정하여야 한다.

2.2 측정사항

(1) 측정소음도의 측정은 대상소음원을 정상적으로 가동시킨 상태에서 측정하여야 한다.

(2) 배경소음도는 대상소음원의 가동을 중지한 상태에서 측정하여야 한다.

3. 측정기기의 조작

3.1 사용 소음계

KSC-1502에 정한 보통소음계 또는 동등 이상의 성능을 가진 것이어야 한다.

3.2 일반사항

(1) 소음계와 소음도기록기를 연결하여 측정・기록하는 것을 원칙으로 한다. 소음도 기록기가 없을 경우에는 소음계만으로 측정할 수 있다.

(2) 소음계 및 소음도기록기의 전원과 기기의 동작을 점검하고 매회 교정을 실시하여야 한다(소음계의 출력단자와 소음도기록기의 입력단자 연결).

(3) 소음계의 레벨렌지 변환기는 측정지점의 소음도를 예비조사한 후 적절하게 고정시켜야 한다.

(4) 소음계와 소음도기록기를 연결하여 사용할 경우에는 소음계의 과부하 출력이 소음기록치에 미치는 영향에 주의하여야 한다.

3.3 청감보정회로 및 동특성

(1) 소음계의 청감보정회로는 A특성에 고정하여 측정하여야 한다.

(2) 소음계의 동특성은 원칙적으로 빠름(fast)을 사용하여 측정하여야 한다.

4. 측정시각 및 측정지점수

적절한 측정시각에 2지점 이상의 측정지점수를 선정・측정하여 그중 가장 높은 소음도를 측정소음도로 한다.

5. 측정자료 분석 및 배경소음 보정

5.1 자료분석방법

측정자료는 다음 경우에 따라 분석・정리하며, 소음도의 계산과정에서는 소숫점 첫째자리를 유효숫자로 하고, 대상소음도(최종값)는 소수점 첫째자리에서 반올림한다. 다만, 측정소음도 측정 시 대상소음이 공사장 소음에 한하여 발생시간이 5분 이내인 경우에는 그 발생시간 동안 측정・기록하되, 최소 2분 이상 측정하여야 한다(개정안).

5.1.1 디지털 소음자동분석계를 사용할 경우

샘플주기를 1초 이내에서 결정하고 5분 이상 측정하여 자동 연산・기록한 등가소음도를 그 지점의 측정소음도 또는 배경소음도로 한다.

5.1.2 소음도 기록기 또는 소음계만을 사용하여 측정할 경우

계기조정을 위하여 먼저 선정된 측정위치에서 대략적인 소음의 변화양상을 파악한 후 소음계 지시치의 변화를 목측으로 5초 간격 60회 판독 · 기록하여 다음의 방법으로 그 지점의 측정소음도 또는 배경소음도를 정한다(2015년 12월 31일까지 적용-개정안).

5.2 배경소음 보정

측정소음도에 다음과 같이 배경소음을 보정하여 대상소음도로 한다.

(1) 측정소음도가 배경소음보다 10 dB 이상 크면 배경소음의 영향이 극히 작기 때문에 배경소음의 보정없이 측정소음도를 대상소음도로 한다.

(2) 측정소음도가 배경소음보다 3∼9 dB 차이로 크면 배경소음의 영향이 있기 때문에 측정소음도에 표 1의 보정표에 의한 보정치를 보정한 후 대상소음도를 구한다.

(3) 측정소음도가 배경소음도보다 2 dB 이하로 크면 배경소음이 대상소음보다 크므로 (1) 또는 (2)항이 만족되는 조건에서 재측정하여 대상소음도를 구하여야 한다.

6. 평가 및 측정자료 기록

6.1 평가

5.2항으로부터 구한 대상소음도를 생활소음 규제기준과 비교하여 판정한다.

6.2 측정자료 기록

측정자료는 [서식 3]에 의하여 기록한다.

제2절 발파소음 측정방법

1. 측정점

(1) 측정점은 피해가 예상되는 자의 부지경계선 중 소음도가 높을 것으로 예상되는 지점에서 지면 위 1.2∼1.5 m 높이로 한다.

(2) 측정점에 담, 건물 등 높이가 1.5 m를 초과하는 장애물이 있는 경우에는 장애물로부터 소음원 방향으로 1∼3.5 m 떨어진 지점으로 한다. 다만, 그 장애물이 방음벽이거나 충분한 차음이 예상되는 경우에는 장애물 밖의 1∼3.5 m 떨어진 지점 중 암영대(暗影帶)의 영향이 적은 지점으로 한다.

2. 측정조건

2.1 일반사항

제4장 제1절 2.1항에 의한다.

2.2 측정사항

(1) 측정소음도는 발파소음이 지속되는 기간 동안에 측정하여야 한다.

(2) 배경소음도는 대상소음(발파소음)이 없을 때 측정하여야 한다.

3. 측정기기의 사용 및 조작

3.1 사용 소음계

제4장 제1절 3.1항에 의한다.

3.2 일반사항

(1) 소음계와 소음도기록기를 연결하여 측정 기록하는 것을 원칙으로 한다. 다만, 소음계만으로 측정할 경우에는 최고소음도가 고정(hold)되는 것에 한한다.

(2) 소음계 및 소음도기록기의 전원과 기기의 동작을 점검하고 매회 교정을 실시하여야 한다.

(3) 소음계의 레벨렌지 변환기는 측정소음도의 크기에 부응할 수 있도록 고정시켜야 한다.

(4) 소음계와 소음도기록기를 연결하여 사용할 경우에는 소음계의 과부하 출력이 소음 기록치에 미치는 영향에 주의하여야 한다.

(5) 소음도기록기의 기록속도 등은 소음계의 동특성에 부응하게 조작한다.

3.3 청감보정회로 및 동특성

제4장 제1절 3.3항에 의한다.

4. 측정시각 및 측정지점수

조석(05 : 00～08 : 00, 18 : 00～22 : 00), 낮 시간(08 : 00～18 : 00) 및 밤 시간(22 : 00～05 : 00)의 각 시간대 중에서 최대발파소음이 예상되는 시각에 1지점 이상의 측정지점수를 택하여야 한다.

5. 측정자료 분석 및 배경소음 보정

5.1 자료분석방법

측정소음도 및 배경소음도는 소수점 첫째자리에서 반올림한다.

5.1.1 측정소음도

(1) 디지털 소음자동분석계를 사용할 때에는 샘플주기를 0.1초 이하로 놓고 발파소음의 발생시간(수초 이내) 동안 측정하여 자동 연산·기록한 최고치(L_{max} 등)를 측정소음도로 한다.

(2) 소음도 기록기를 사용할 때에는 기록지상의 지시치의 최고치를 측정소음도로 한다.

(3) 최고소음 고정(hold)용 소음계를 사용할 때에는 당해 지시치를 측정소음도로 한다.

5.1.2 배경소음도

(1) 디지털 소음자동분석계를 사용할 경우
샘플주기를 1초 이내에서 결정하고 5분 이상 측정하여 자동 연산·기록한 등가소음도를 그 지점의 배경소음도로 한다.

(2) 소음기록기를 사용하여 측정할 경우
5분 이상 측정·기록하여 다음 방법으로 그 지점의 배경소음도를 정한다.

① 기록지상의 지시치에 변동이 없을 때에는 그 지시치

② 기록지상의 지시치의 변동폭이 5 dB 이내일 때에는 구간내 최대치부터 소음도의 크기순으로 10개를 산술평균한 소음도

③ 기록지상의 지시치가 불규칙하고 대폭적으로 변하는 경우에는 [부록] 등가소음도 계산방법 중 1의 방법에 의한 등가소음도

(3) 소음계만으로 측정할 경우
계기조정을 위하여 먼저 선정된 측정위치에서 대략적인 소음의 변화양상을 파악한 후, 소음계 지시치의 변화를 목측으로 5초 간격 50회 판독·기록하여 다음의 방법으로 그 지점의 배경소음도를 정한다.

① 소음계의 지시치에 변동이 없을 때에는 그 지시치

② 소음계의 지시치의 변화폭이 5 dB 이내일 때에는 구간내 최대치부터 소음도의 크기순으로 10개를 산술평균한 소음도

③ 소음계의 지시치의 변화폭이 5 dB을 초과할 때에는 [부록] 등가소음도 계산방법 중 2의 방법에 의한 등가소음도. 다만, 등가소음을 측정할 수 있는 소음계를 사용할 때에는 5분동안 측정하여 소음계에 나타난 등가 소음도로 한다.

5.2 배경소음 보정

제4장 제1절 5.2항에 의한다.

6. 평가 및 측정자료의 기록

6.1 평가

5.2항에서 구한 대상소음도에 시간대별 평균발파횟수(N)에 따른 보정량($+10\log N$; $n>1$)을 보정한다. 이 경우, 지발발파는 발파횟수를 1회로 간주한다.

시간대별 발파횟수는 작업일지 또는 폭약사용신고서 등을 참조하여 7일간의 평균값을 계산한 각 시간대별 평균 발파횟수로 갈음한다.

6.2 측정자료 기록

측정자료는 [서식 4]에 의하여 기록한다.

제3절 동일건물 내 사업장소음

1. 측정점

(1) 피해가 예상되는 실에서 소음도가 높을 것으로 예상되는 지점의 바닥 위 1.2 m~1.5 m 높이로 한다.

(2) 측정점에 높이가 1.5 m를 초과하는 장애물이 있는 경우에 장애물로부터 1.0 m 이상 떨어진 지점으로 한다.

2. 측정조건

2.1 일반사항

(1) 소음계의 마이크로폰은 측정위치에 받침장치(삼각대 등)를 설치하여 측정하는 것을 원칙으로 한다.

(2) 손으로 소음계를 잡고 측정할 경우 소음계는 측정자의 몸으로부터 0.5 m 이상 떨어져야 한다.

(3) 소음계의 마이크로폰은 주 소음원 방향으로 향하도록 하여야 한다.

2.2 측정사항

(1) 측정 소음도는 대상 소음원이 정상적으로 가동되는 상태에서 측정하여야 한다.
(2) 측정은 대상 소음 이외의 소음이나 외부소음에 의한 영향을 배제하기 위하여 옥외 및 복도 등으로 통하는 창문과 문을 닫은 상태에서 측정하여야 한다.
(3) 배경소음도는 대상 소음원을 가동하지 않은 상태에서 측정하여야 한다.

3. 측정기기의 조작

3.1 사용 소음계

KS C IEC 61672-1에서 정한 클래스 2 소음계 또는 동등 이상의 성능을 가진 것이어야 한다.

3.2 일반사항

(1) 소음계와 소음도 기록기를 연결하여 측정·기록하는 것을 원칙으로 한다. 소음도 기록기가 없을 경우에는 소음계만으로 측정할 수 있다.
(2) 소음계 및 소음도 기록기의 전원과 기기의 동작을 점검하고 매회 교정을 실시하여야 한다.
(3) 소음계의 레벨 레인지 변환기는 측정점의 소음도를 예비 조사한 후 적절하게 조정하여야 한다.
(4) 소음계와 소음도 기록기를 연결하여 사용할 경우에는 소음계의 과부하 출력이 소음 기록치에 미치는 영향에 주의하여야 한다.
(5) 소음도 기록기의 기록속도 등은 소음계의 동특성에 부응하게 조작한다.

3.3 청감보정회로 및 동특성

(1) 소음계의 청감보정회로는 A특성에 고정하여 측정하여야 한다.
(2) 소음계의 동특성은 원칙적으로 빠름(fast)을 사용하여 측정하여야 한다.

4. 측정 시각 및 측정 지점수

적절한 측정 시각에 2지점 이상의 측정지점수를 선정하고 각각 2회 이상 측정하여 각 지점에서 산술 평균한 소음도 중 가장 높은 소음도를 측정 소음도로 한다. 단, 환경이 여의치 않은 경우에는 측정 지점수를 줄일 수 있다.

5. 측정자료 분석 및 배경소음 보정

5.1 자료 분석 방법

측정자료는 다음 경우에 따라 분석 · 정리하며, 소수점 첫째자리에서 반올림한다. 다만, 측정소음도 측정 시 대상 소음의 발생시간이 5분 이내인 경우에는 그 발생시간 동안 측정 기록한다.

5.1.1 디지털 소음자동분석계를 사용할 경우

5분 이상 측정하여 자동 연산 · 기록한 등가소음도를 각 지점의 측정소음도 또는 배경소음도로 한다.

5.1.2 소음도 기록기를 사용하여 측정할 경우

5분 이상 측정 · 기록하여 다음 방법으로 각 지점의 측정소음도 또는 배경소음도를 정한다.

(1) 기록지상의 지시치의 변동 폭이 5 dB 이내일 때에는 변화폭의 중간소음도

(2) 기록지상의 지시치가 불규칙하고 대폭적으로 변하는 경우에는 최대치부터 소음도의 크기순으로 10개를 택하여 산술평균한 소음도

5.1.3 소음계만으로 측정할 경우

계기조정을 위하여 먼저 선정된 측정위치에서 대략적인 소음의 변화양상을 파악한 후, 소음계 지시치의 변화를 목측으로 5초 간격 50회 판독 · 기록하여 다음의 방법으로 각 지점의 측정소음도 또는 배경소음도를 정한다.

(1) 소음계의 지시치의 변화폭이 5 dB 이내일 때에는 변화폭의 중간소음도

(2) 소음계의 지시치의 변화폭이 5 dB를 초과할 때에는 [부록] 등가소음도 계산방법 중 2의 방법에 의한 등가소음도. 다만, 등가소음을 측정할 수 있는 소음계를 사용할 때에는 5분 동안 측정하여 소음계에 나타난 등가소음도로 한다.

5.2 배경소음 보정

측정소음도에 다음과 같이 배경소음을 보정하여 대상소음도로 한다.

(1) 측정소음도가 배경소음보다 10 dB 이상 크면 배경소음의 영향이 극히 작기 때문에 배경소음의 보정 없이 측정소음도를 대상 소음도로 한다.

(2) 측정소음도가 배경소음보다 3～9 dB 차이로 크면 배경소음의 영향이 있기 때문에 측정소음도에 표 1의 보정표에 의한 보정치를 보정한 후 대상 소음도를 구한다.

(3) 측정소음도가 배경소음보다 2 dB 이하로 크면 배경소음이 대상소음보다 크므로 (1) 또는 (2)항이 만족되는 조건에서 재측정하여 대상소음도를 구하여야 한다.

6. 평가 및 측정자료 기록

6.1 평가

5.2항으로부터 구한 대상 소음도를 동일 건물 내 사업장의 실내소음 규제기준과 비교하여 판정한다.

6.2 측정자료 기록

측정자료는 [서식 8]에 의하여 기록한다.

5장 소음한도의 측정방법

제1절 도로교통소음

1. 측정점

(1) 측정점은 피해가 예상되는 자의 부지경계선 중 소음도가 높을 것으로 예상되는 지점에서 지면 위 1.2～1.5 m 높이로 한다.

(2) 측정점에 담, 건물 등 높이가 1.5 m를 초과하는 장애물이 있는 경우에는 장애물로부터 도로방향으로 1～3.5 m 떨어진 지점으로 한다. 다만, 그 장애물이 방음벽이거나 충분한 차음이 예상되는 경우에는 장애물 밖의 1～3.5 m 떨어진 지점 중 암영대(暗影帶)의 영향이 적은 지점으로 한다.

(3) 위 (1) 및 (2)의 규정에도 불구하고 피해가 우려되는 곳이 2층 이상의 건물인 경우 등으로서 피해가 예상되는 자의 부지경계선에 비하여 소음도가 더 큰 장소가 있는 경우에는 소음도가 높은 곳에서 소음원 방향으로 창문, 출입문 또는 건물벽 밖의 0.5～1 m 떨어진 지점으로 한다.

2. 측정조건

2.1 일반사항

제4장 제1절 2.1항에 의한다.

2.2 측정사항

요일별로 소음변동이 적은 평일(월요일부터 금요일사이)에 당해지역의 도로교통 소음을 측정하여야 한다. 단, 주말 또는 공휴일에 도로통행량 증가되어 소음피해가 예상되는 경우에는 주말 및 공휴일에 도로교통 소음을 측정할 수 있다.

3. 측정기기의 조작

3.1 사용소음계

제4장 제1절 3.1항에 의한다.

3.2 일반사항

제4장 제1절 3.2항에 의한다.

3.3 청감보정회로 및 동특성

제4장 제1절 3.3항에 의한다.

4. 측정시간 및 측정지점수

주간 시간대(06 : 00～22 : 00) 및 야간 시간대(22 : 00～06 : 00)별로로 소음피해가 예상되는 시간대를 포함하여 2개 이상의 측정지점수를 선정하여 4시간 이상 간격으로 2회 이상 측정하여 산술평균한 값을 측정소음도로 한다.

5. 측정자료 분석

측정자료는 다음 경우에 따라 분석・정리하며, 소수점 첫째자리에서 반올림한다.

5.1 디지털 소음자동분석계를 사용할 경우

샘플주기를 1초 이내에서 결정하고 10분 이상 측정하여 자동 연산・기록한 등가소음도를 그 지점의 측정소음도로 한다.

5.2 소음도기록기 또는 소음계만을 사용하여 측정할 경우

계기조정을 위하여 먼저 선정된 측정위치에서 대략적인 소음의 변화양상을 파악한 후 소음계 지시치의 변화를 목측으로 5초 간격 60회 판독・기록하여 다음의 방법으로 그 지점의 측정소음도를 정한다(2015년 12월 31일까지 적용).

5.3 소음연속자동측정기를 사용할 경우

샘플주기를 1초 이내에서 결정하고 1시간 이상 측정하여 자동 연산·기록한 등가소음도를 그 지점의 측정소음도로 한다.

6. 평가 및 측정자료의 기록

6.1 평가

5항으로부터 구한 측정소음도를 도로교통소음의 한도와 비교하여 평가한다.

6.2 측정자료 기록

측정자료는 [서식 5]에 의하여 기록한다.

제2절 철도소음

1. 측정점

(1) 옥외측정을 원칙으로 하며, 그 지역의 철도소음을 대표할 수 있는 장소나 철도소음으로 인하여 문제를 일으킬 우려가 있는 장소로서 지면 위 1.2～1.5 m 높이로 한다.

(2) 측정점에 장애물이나 주거, 학교, 병원, 상업 등에 활용되는 건물이 있을 때에는 건축물로부터 철도방향으로 1 m 떨어진 지점의 지면 위 1.2～1.5 m로 한다.

2. 측정조건

2.1 일반사항

제4장 제1절 2.1항에 의한다.

2.2 측정사항

요일별로 소음변동이 적은 평일(월요일부터 금요일까지)에 당해지역의 철도소음을 측정한다. 단, 주말 또는 공휴일에 철도통행량이 증가되어 소음피해가 예상되는 요일에 철도소음을 측정할 수 있다.

3. 측정기기의 조작

3.1 사용 소음계

제4장 제1절 3.1항에 의한다.

3.2 일반사항

제4장 제1절 3.2항에 의한다.

3.3 청감보정회로 및 동특성

(1) 소음계의 청감보정회로는 A특성에 고정하여 측정한다.

(2) 소음계의 동특성은 빠름(fast)으로 하여 측정한다.

4. 측정시각 및 측정횟수

(1) 측정소음도는 기상조건, 열차운행횟수 및 속도 등을 고려하여 당해지역의 1시간 평균 철도 통행량 이상인 시간대를 포함하여 주간 시간대는 2시간 간격을 두고 1시간씩 2회 측정하여 산술평균하며, 야간 시간대는 1회 1시간 동안 측정한다.

(2) 배경소음도는 철도운행이 없는 상태에서 측정소음도의 측정점과 동일한 장소에서 5분 이상 측정한다.

5. 측정자료 분석

(1) 샘플주기를 1초 내외로 결정하고 1시간 동안 연속 측정하여 자동 연산・기록한 등가소음도를 그 지점의 측정소음도로 한다. 단, 1일 열차통행량이 30대 미만인 경우 측정소음도에 표 6.2의 보정표에 의한 보정치를 보정한 후 그 값을 측정소음도로 한다.

(2) 위 (1)의 규정에도 불구하고 배경소음과 철도의 최고소음의 차이가 10 dB 이하인 경우 등 배경소음이 상당히 크다고 판단되는 경우에는 열차통과 시 최고소음도를 측정하여 다음과 같이 계산한 후, 소수점 첫째자리에서 반올림한다.

$$\mathrm{L}_{\mathrm{eq(1h)}} = \overline{\mathrm{L}}_{\mathrm{max}} + 10\log N - 32.6\ \mathrm{dB(A)}$$

여기서, $\overline{\mathrm{L}}_{\mathrm{max}} = 10\log\left[(1/N)\sum_{i=1}^{N}10^{0.1L_{\mathrm{max}_i}}\right]$

N : 1시간 동안의 열차통행량(왕복대수)

$\mathrm{L}_{\mathrm{max}_i}$: i번째 열차의 최고소음도[dB(A)]

표 6.2 최고소음도와 배경소음도 차이(d)에 따른 보정표[단위 : dB(A)]

차이(d)	보정값(dB)	차이(d)	보정값(dB)	차이(d)	보정값(dB)
10 이상~11 미만	+1.0	22 이상~23 미만	+1.9	31 이상~32 미만	+3.1
11 이상~13 미만	+1.1	23 이상~24 미만	+2.0	32 이상~33 미만	+3.3
13 미만~14 미만	+1.2	24 이상~25 미만	+2.2	33 이상~34 미만	+3.5
14 미만~16 미만	+1.3	25 이상~26 미만	+2.3	34 이상~35 미만	+3.7
16 이상~17 미만	+1.4	26 이상~27 미만	+2.4	35 이상~36 미만	+3.9
17 이상~18 미만	+1.5	27 이상~28 미만	+2.5	36 이상~37 미만	+4.1
18 이상~20 미만	+1.6	28 이상~29 미만	+2.7	37 이상~38 미만	+4.3
20 이상~21 미만	+1.7	29 이상~30 미만	+2.8	38 이상~39 미만	+4.5
21 이상~22 미만	+1.8	30 이상~31 미만	+3.0	39 이상	+4.8

여기서, d : 최고소음도 - 배경소음도

※ 단서조항은 개정규정 시행일 이후 철도건설법에 따른 철도건설기본계획을 수립하여 개량되거나 신설된 노선에 한하여 적용한다.

6. 평가 및 측정자료의 기록

6.1 평가

(1) 5항으로부터 구한 측정소음도를 철도소음의 한도와 비교하여 평가한다.

(2) 철도소음한도를 적용하기 위하여 측정하고자 할 경우에는 철도보호지구 외의 지역에서 측정·평가한다.

6.2 측정자료의 기록

철도소음 평가를 위한 자료는 [서식 6]에 의하여 기록한다.

제3절 항공기소음

1. 측정점

(1) 옥외측정을 원칙으로 하며, 그 지역의 항공기소음을 대표할 수 있는 장소나 항공기 소음으로 인하여 문제를 일으킬 우려가 있는 장소를 택하여야 한다. 다만, 측정지점 반경 3.5 m 이내는 가급적 평활하고, 시멘트 등으로 포장되어 있어야 하며, 수풀, 수림, 관목 등에 의한 흡음의 영향이 없는 장소로 한다.

(2) 측정점은 지면 또는 바닥면에서 1.2～1.5 m 높이로 하며, 상시측정용의 경우에는 주변환경, 통행, 타인의 촉수 등을 고려하여 지면 또는 바닥면에서 1.2～5 m 높이로 할 수 있다. 한편, 측정위치를 정점으로 한 원추형 상부공간 내에는 측정치에 영향을 줄 수 있는 장애물이 있어서는 안 된다. 원추형 상부공간이란 측정위치를 지나는 지면 또는 바닥면의 법선에 반각 80°의 선분이 지나는 공간을 말한다.

2. 측정조건

2.1 일반사항

(1) 소음계의 마이크로폰은 측정위치에 받침장치(삼각대 등)를 설치하여 측정하는 것을 원칙으로 한다.

(2) 손으로 소음계를 잡고 측정할 경우 소음계는 측정자의 몸으로부터 0.5 m 이상 떨어져야 하며, 측정자는 비행경로에 수직하게 위치하여야 한다.

(3) 소음계의 마이크로폰은 소음원 방향으로 향하도록 하여야 한다.

(4) 바람(풍속 : 2 m/sec 이상)으로 인하여 측정치에 영향을 줄 우려가 있을 때는 반드시 방풍망을 부착하여야 한다. 다만, 풍속이 5 m/sec를 초과할 때는 측정 하여서는 안 된다.(상시측정용 옥외마이크로폰은 그러하지 아니하다)

(5) 진동이 많은 장소 또는 전자장(대형 전기기계, 고압선 근처 등)의 영향을 받는 곳에서는 적절한 방지책(방진, 차폐 등)을 강구하여 측정하여야 한다.

2.2 측정사항

(1) 최고소음도는 매 항공기 통과시마다 배경소음보다 높은 상황에서 측정하여야 하며, 그 지시치중의 최고치를 말한다.

(2) 비행횟수는 시간대별로 구분하여 조사하여야 하며, 0시에서 07시까지의 비행 횟수를 N1, 07시에서 19시까지의 비행횟수를 N2, 19시에서 22시까지의 비행 횟수를 N3, 22시에서 24시까지의 비행횟수를 N4라 한다.

3. 측정기기의 조작

3.1 사용 소음계

소음계는 KSC-1502에 정한 보통소음계 또는 동등 이상의 성능을 가진 것이어야 한다.

3.2 일반사항

제4장 제1절 3.2항에 의한다.

3.3 청감보정회로 및 동특성

(1) 소음계의 청감보정회로는 A특성에 고정하여 측정하여야 한다.

(2) 소음계의 동특성을 느림(slow)을 사용하여 측정하여야 한다.

4. 측정시각 및 기간

항공기의 비행상황, 풍향 등의 기상조건을 고려하여 당해 측정지점에서의 항공기소음을 대표할 수 있는 시기를 선정하여 원칙적으로 연속 7일간 측정한다.

다만, 당해지역을 통과하는 항공기의 종류, 비행횟수, 비행경로, 비행시각 등이 연간을 통하여 표준적인 조건일 경우 측정일수를 줄일 수 있다.

5. 측정자료 분석

측정자료는 다음방법으로 분석·정리하여 항공기소음 평가레벨인 $\overline{\mathrm{WECPNL}}$을 구하며, 소수점 첫째자리에서 반올림한다. 다만, 헬리포트 주변 등과 같이 배경소음보다 10 dB이상 큰 항공기소음의 지속시간 평균치 $\overline{D}$가 30초 이상일 경우에는 보정량 $[+10\log(\overline{D}/20)]$을 $\overline{\mathrm{WECPNL}}$에 보정하여야 한다.

5.1 항공기소음 자동분석계를 사용할 경우

샘플주기를 1초 이내에서 결정하고 7일간 연속 측정하여 5.2항의 절차에 준하여 자동연산·기록한 $\overline{\mathrm{WECPNL}}$

5.2 소음도 기록기를 사용할 경우

m(측정일수)일간 연속 측정·기록하여 다음 방법으로 그 지점의 $\overline{\mathrm{WECPNL}}$를 구한다.

(1) 1일 단위로 매 항공기 통과시에 측정·기록한 기록지상의 최고치를 판독·기록하여, 다음 식으로 당일의 평균 최고소음도를 $\overline{\mathrm{L}}_{max}$를 구한다.

$$\overline{\mathrm{L}}_{max} = 10\log[(1/n)\sum_{i=1}^{n}10^{0.1L_i}]\ \mathrm{dB(A)}$$

여기서 n은 1일 중의 항공기소음 측정횟수이며, L_i는 i번째 항공기 통과 시 측정·기록한 소음도의 최고치이다.

(2) 1일 단위의 WECPNL을 다음 식으로 구한다.

$$\mathrm{WECPNL} = \overline{\mathrm{L}}_{\mathrm{max}} + 10\log N - 27$$

여기서 N은 1일간 항공기의 등가통과횟수로 $N = N_2 + 3N_3 + 10(N_1 + N_4)$이다.

(3) m 일간 평균 WECPNL인 $\overline{\mathrm{WECPNL}}$을 다음 식으로 구한다.

$$\overline{\mathrm{WECPNL}} = 10\log\left[(1/m)\sum_{i=1}^{m} 10^{0.1\mathrm{WECPNL}_i}\right]$$

여기서 m은 항공기소음 측정일수이며, WECPNLi는 i일째 WECPNL값이다.

다만, (1) 및 (2)항의 대상 항공기소음은 원칙적으로 배경소음보다 10 dB 이상 크고, 항공기소음의 지속시간이 10초 이상인 것으로 한다.

5.3 소음계만을 사용할 경우

7일간 연속하여 항공기 통과시마다의 최고소음도를 판독하여 기록하고, 시간대별 항공기 통과횟수를 조사한 후 5.2항의 절차에 따라 $\overline{\mathrm{WECPNL}}$를 구한다.

6. 평가 및 측정자료의 기록

6.1 평가

5항에서 구한 측정소음도를 항공기소음도의 한도와 비교하여 평가한다.

6.2 측정자료의 기록

항공기소음 평가를 위한 자료는 [서식 7]에 의하여 기록한다.

Chapter 7

부록

등가소음도 계산방법

관련 서식

등가소음도 계산방법

1. 소음도 기록기를 사용하여 측정할 경우

(1) 5분 동안 측정・기록한 기록지상의 값을 5초 간격으로 50회 판독하여 (표 1) 소음측정기록지의 소음도 구간별 해당 기록란에 V모양으로 기록한다.

(2) 위에서 기록한 각 소음도구간의 샘플수를 전체 샘플수에 대한 백분율을 구해서 (표 2) 등가소음 기록지 (2)란의 해당 소음도 구간에 기록한다.

(3) (표 2) 등가소음 기록지의 (1)란과 (2)란을 곱해서 (3)란에 기입한다.

(4) (3)란의 값을 전부 합하여 합계(Σ)를 구하고 이를 상용대수를 취한 후 10을 곱하면 등가소음도(L_{eq})가 구해진다.

$$L_{eq} = 10 \log \sum_{i=1}^{N} \left(\frac{1}{100} \times 10^{0.1 L_i} \times f_i \right)$$

2. 소음계만으로 측정할 경우

(1) 소음계의 지시치를 계속 주시하면서 5초마다의 소음도를 (표 1) 소음측정기록지의 소음도 구간별 해당 기록란에 V모양으로 50회 기록한다.

(2) (1)에서 소음도를 읽는 순간에 지시치가 지시판 범위를 벗어날 때에는 (이때에 레벨렌지는 변환하지 않음) 각각 지시판의 위 또는 아래쪽에 해당하는 소음도 구간에 발생빈도를 기록한다.

(3) 이같이 결정된 각 소음도 구간의 기록된 샘플수를 전체 샘플수에 대한 백분율을 구해서 (표 2) 등가소음기록지의 (2)란의 해당 소음도 구간에 기록한다.

(4) (표 2) 등가소음기록지의 (1)란과 (2)란을 곱해서 (3)란에 기입한다.

(5) (3)란의 값을 전부 합하여 합계(Σ)를 구하고 이를 상용대수를 취한 후 10을 곱하면 등가소음도(Leq)가 구해진다.

(6) (2)의 지시판 위쪽을 벗어난 소음도 구간에 대해서 (3)에서 구한 백분율이 10%를 초과할 경우에 한하여서는 (5)에서 구해진 등가소음도 값에 2 dB을 더해준다.

주) 기록지나 소음계로부터의 판독치가 각 소음도구간(소음측정기록지)의 하한치일 때에는 당해 소음도구간의 기록란에, 상한치일 때에는 그 다음 소음도구간의 기록란에 기록한다.

표 1 소음측정기록지

소음도[dB(A)]	기록란	비 고
20～25		
25～30		
30～35		
35～40		
40～45		
45～50		
50～55		
55～60		
60～65		
65～70		
70～75		
75～80		
80～85		
85～90		
90～95		
95～100		
100～105		
105～110		

표 2 등가소음측정기록지

소음도[dB(A)]	Li [dB(A)]	$\frac{1}{100}\times 10^{0.1L_i}$ (1)	fi (%)(2)	(1) × (2) = (3)
20～25	22.5	0.178×10		
25～30	27.5	0.562×10		
30～35	32.5	0.178×10^2		
35～40	37.5	0.562×10^2		
40～45	42.5	0.178×10^3		
45～50	47.5	0.562×10^3		
50～55	52.5	0.178×10^4		
55～60	57.5	0.562×10^4		
60～65	62.5	0.178×10^5		
65～70	67.5	0.562×10^5		
70～75	72.5	0.178×10^6		
75～80	77.5	0.562×10^6		
80～85	82.5	0.178×10^7		
85～90	87.5	0.562×10^7		
90～95	92.5	0.178×10^8		
95～100	97.5	0.562×10^8		
100～105	102.5	0.178×10^9		
105～110	107.5	0.562×10^9		
				Σ
				$Leq = 10 \log \Sigma$

【서식 1】

환경소음측정자료평가표

작성년월일 : 년 월 일

1. 측정년월일	년 월 일 요일			시 분부터 시 분까지
2. 측정지역	소재지 :			
3. 측정자	소속 : 직명 : 성명 : (인) 소속 : 직명 : 성명 : (인)			
4. 측정기기	소음계명 : 기록기명 : 부속장치 : 삼각대, 방풍망			
5. 측정환경	반사음의 영향 : 풍속 : 진동, 전자장의 영향 :			
6. 소음측정현황				
지역구분	측정지점	측정시각	주요소음원	측정지점 약도
7. 측정자료 분석결과(기록지 첨부) 가. 측정소음도 : dB(A)				

【서식 2】

공장소음측정자료 평가표

작성년월일 : 년 월 일

<table>
<tr><td>1. 측정년월일</td><td colspan="3">년 월 일 요일 시 분부터
시 분까지</td></tr>
<tr><td>2. 측정대상업소</td><td colspan="3">소재지 : 사업주 :
명칭 :</td></tr>
<tr><td>3. 측정자</td><td colspan="3">소속 : 직명 : 성명 : (인)
소속 : 직명 : 성명 : (인)</td></tr>
<tr><td>4. 측정기기</td><td colspan="3">소음계명 :
소음도기록기명 :
부속장치 : 삼각대, 방풍망</td></tr>
<tr><td>5. 측정환경</td><td colspan="3">반사음의 영향 :
바람, 진동, 전자장의 영향 :</td></tr>
<tr><td colspan="4">6. 측정대상업소의 소음원과 측정지점</td></tr>
<tr><td>소음원(기계명)</td><td>규격</td><td>대수</td><td>측정지점약도</td></tr>
<tr><td></td><td></td><td></td><td></td></tr>
<tr><td colspan="4">7. 측정자료 분석결과(기록지 등 첨부)
가. 측정소음도 : dB(A)
나. 배경소음도 : dB(A)
다. 대상소음도 : dB(A)</td></tr>
<tr><td colspan="4">8. 소음평가</td></tr>
<tr><td colspan="2">항목</td><td>내용</td><td>보정치</td></tr>
<tr><td colspan="2">충격음
관련시간대에 대한 측정소음발생시간의 백분율(%)
시간별
지역별</td><td></td><td></td></tr>
<tr><td colspan="4">보정치 합계</td></tr>
<tr><td colspan="4">9. 평가소음도(대상소음도에 보정치 합계를 보정)
평가소음도 : dB(A)</td></tr>
</table>

【서식 3】

생활소음 측정자료 평가표

작성년월일 : 년 월 일

<table>
<tr><td>1. 측정년월일</td><td colspan="3">년 월 일 요일 시 분부터
시 분까지</td></tr>
<tr><td>2. 측정대상</td><td colspan="3">소재지 :
명칭 :</td></tr>
<tr><td>3. 측정자</td><td colspan="3">소속 : 직명 : 성명 : (인)
소속 : 직명 : 성명 : (인)</td></tr>
<tr><td>4. 측정기기</td><td colspan="3">소음계명 : 기록기명 :
부속장치 : 삼각대, 방풍망</td></tr>
<tr><td>5. 측정환경</td><td colspan="3">반사음의 영향 : 풍속 :
진동, 전자장의 영향 :</td></tr>
<tr><td colspan="4">6. 측정대상의 소음원과 측정지점</td></tr>
<tr><td>소음원</td><td>규격</td><td>대수</td><td>측정지점약도</td></tr>
<tr><td></td><td></td><td></td><td>(지역구분 :)</td></tr>
<tr><td colspan="4">7. 측정자료 분석결과(기록지 등 첨부)
가. 측정소음도 : dB(A)
나. 배경소음도 : dB(A)
다. 대상소음도 : dB(A)</td></tr>
</table>

【서식 4】

발파소음 측정자료 평가표

작성년월일 : 년 월 일

<table>
<tr><td>1. 측정년월일</td><td colspan="3">년 월 일 요일 시 분부터
시 분까지</td></tr>
<tr><td>2. 측정지역</td><td colspan="3">소재지 :
명칭 :</td></tr>
<tr><td>3. 사업주</td><td colspan="3">주소 : 성명 : (인)</td></tr>
<tr><td>4. 측정자</td><td colspan="3">소속 : 직명 : 성명 : (인)
소속 : 직명 : 성명 : (인)</td></tr>
<tr><td>5. 측정기기</td><td colspan="3">소음계명 : 기록기명 :
부속장치 : 삼각대, 방풍망</td></tr>
<tr><td>6. 측정환경</td><td colspan="3">반사음의 영향 : 풍속 :
진동, 전자장의 영향 :</td></tr>
<tr><td colspan="4">7. 측정대상의 소음원과 측정지점</td></tr>
<tr><td>폭약의 종류</td><td>1회 사용량</td><td>발파횟수</td><td>측정지점약도</td></tr>
<tr><td></td><td>kg</td><td>낮 :
밤 :</td><td>(지역구분 :)</td></tr>
<tr><td colspan="4">8. 측정자료 분석결과(기록지 등 첨부)
가. 측정소음도 : dB(A)
나. 배경소음도 : dB(A)
다. 대상소음도 : dB(A)</td></tr>
</table>

【서식 5】

도로교통소음 측정자료 평가표

작성년월일 : 년 월 일

1. 측정년월일	년 월 일 요일 시 분부터 시 분까지	
2. 측정지역	소재지 : 도로명 :	
3. 관리자		
4. 측정자	소속 : 직명 : 성명 : (인) 소속 : 직명 : 성명 : (인)	
5. 측정기기	소음계명 : 기록기명 : 부속장치 : 삼각대, 방풍망	
6. 측정환경	반사음의 영향 : 풍속 : 진동, 전자장의 영향 :	
7. 측정대상과 측정지점		
도로구조	교통특성	측정지점약도
차선수 : 도로유형 : 구배 : 기타 :	시간당 교통량 : (대/hr) 대형차 통행량 : (대/hr) 평균차속 : (대/hr)	(지역구분 :)
8. 측정자료 분석결과(기록지 등 첨부) 측정소음도 : dB(A)		

【서식 6】

철도소음 측정자료 평가표

작성년월일 : 년 월 일

<table>
<tr><td>1. 측정년월일</td><td colspan="2">년 월 일 요일 시 분부터
시 분까지</td></tr>
<tr><td>2. 측정지역</td><td colspan="2">소재지 :
도로명 :</td></tr>
<tr><td>3. 관리자</td><td colspan="2"></td></tr>
<tr><td>4. 측정자</td><td colspan="2">소속 : 직명 : 성명 : (인)
소속 : 직명 : 성명 : (인)</td></tr>
<tr><td>5. 측정기기</td><td colspan="2">소음계명 : 기록기명 :
부속장치 : 삼각대, 방풍망</td></tr>
<tr><td>6. 측정환경</td><td colspan="2">반사음의 영향 : 풍속 :
진동, 전자장의 영향 :</td></tr>
<tr><td colspan="3">7. 측정대상과 측정지점</td></tr>
<tr><td>철도구조</td><td>교통특성</td><td>측정지점약도</td></tr>
<tr><td>철도선구분 :
구배 :
기타 :</td><td>시간당 교통량 :
(대/hr)
평균 열차속도 :
(km/hr)</td><td>(지역구분 :)</td></tr>
<tr><td colspan="3">8. 측정자료 분석결과(기록지 등 첨부)
측정소음도 : Leq(1h) dB(A)</td></tr>
</table>

【서식 7】

항공기소음 측정자료 평가표

작성년월일 : 년 월 일

1. 측정년월일	년 월 일 요일 시 분부터 시 분까지
2. 측정지역	소재지 : 사업주 : 명칭 :
3. 측정자	소속 : 직명 : 성명 : (인) 소속 : 직명 : 성명 : (인)
4. 측정기기	소음계명 : 기록기명 : 부속장치 : 삼각대, 방풍망
5. 측정환경	반사음의 영향 : 풍속 : 진동, 전자장의 영향 :

6. 측정대상과 측정지점

지역구분	측정 지점	일별 WECPNL	비행횟수	측정지점약도
		1일차 : 2일차 : 3일차 : 4일차 : 5일차 : 6일차 : 7일차 :	낮 저녁 밤	

7. 측정자료 분석결과(기록지 등 첨부)

가. 평균지속시간 : 초(30초 이상일 때)

나. 항공기소음 평가레벨 : $\overline{\text{WECPNL}}$ dB(A)

【서식 8】

동일건물 내 사업장 소음 측정자료 평가표

작성년월일 :　　　　년　　　　월　　　　일

<table>
<tr><td>1. 측정년월일</td><td colspan="4">년　　월　　일　　요일　　시　　분부터
시　　분까지</td></tr>
<tr><td>2. 측정대상</td><td colspan="4">건물 소재지 :
건물 명칭 :</td></tr>
<tr><td>3. 관리자</td><td colspan="4"></td></tr>
<tr><td>4. 측정자</td><td colspan="4">소속 :　　　직명 :　　　성명 :　　　(인)
소속 :　　　직명 :　　　성명 :　　　(인)</td></tr>
<tr><td>5. 측정기기</td><td colspan="4">소음계명 :　　　기록기명 :
부속장치 :</td></tr>
<tr><td>6. 측정환경</td><td colspan="4">주요 소음원</td></tr>
<tr><td colspan="5">7. 측정 소음도와 측정점 위치도</td></tr>
<tr><td rowspan="2">측정점</td><td>소음도 1</td><td>소음도 2</td><td rowspan="2" colspan="2">측정점 위치도</td></tr>
<tr><td colspan="2">산술평균 소음도</td></tr>
<tr><td rowspan="2">1</td><td></td><td></td><td rowspan="6" colspan="2">(지역구분 :　　　　)</td></tr>
<tr><td colspan="2"></td></tr>
<tr><td rowspan="2">2</td><td></td><td></td></tr>
<tr><td colspan="2"></td></tr>
<tr><td rowspan="2">3</td><td></td><td></td></tr>
<tr><td colspan="2"></td></tr>
<tr><td colspan="5">8. 측정자료 분석결과(기록지 등 첨부)
가. 측정소음도 :　　　dB(A)
나. 배경소음도 :　　　dB(A)
다. 대상소음도 :　　　dB(A)</td></tr>
</table>

찾아보기 INDEX

아

자

차

타

파

하

영문

저자 : **김재용**

- 고려대학교 화학공학과 공학박사
- 뉴욕주립대학교(SUNY at Buffalo) 방문교수
- 일본 웅본대학교(KUMAMOTO Univ.) 초빙교수
- 현) 충북대학교 환경공학과 교수

최신 환경과 소음 정가 16,000원

발 행 2016년 9월 10일 초판 1쇄
저 자 김재용
발행인 정우용
발행처 도서출판 **동화기술**
경기도 파주시 광인사길 201(문발동, 파주출판도시)
Tel (031)955-4211~6 donghwapub@nate.com
Fax (031)955-4217 www.donghwapub.co.kr
(등록) 1977년 12월 19일/9-16호

ISBN 978-89-425-9099-5